Interaction & Service Design

交互与服务设计

创新实践二十课

李四达 编著

清华大学出版社
北 京

内 容 简 介

移动互联网时代悄然来临，随着电子商务、共享经济和“互联网+”的蓬勃兴起，服务设计已经成为新的设计潮流。本书是国内第一部以课程的形式深入论述交互与服务设计理论、方法、历史和未来发展的教材，重点关注用户体验、可用性、需求分析、服务触点、原型设计、共享经济、设计思维和扁平化UI界面设计等概念与实践。本书共分7篇20课，介绍了用户模型、触点交互、隐形服务、H5广告、谷歌材质设计等创新内容。本书内容丰富，条理清晰，图文并茂，资料新颖，每课都有思考与实践题，可作为高等院校“服务设计”“交互设计”“用户研究”和“界面设计”等课程的教材，不仅适合艺术、设计、动画、媒体和广告等专业的本科生、研究生学习，也可作为设计爱好者的自学用书。

本书提供百度云盘下载资料（1058457949@qq.com，密码为20134560），内容包括课程的电子教案、扁平化UI设计组件和素材包等。本书为清华大学出版社“十三五”数字媒体设计规划教材。

图书在版编目（CIP）数据

交互与服务设计：创新实践二十课 / 李四达编著 . —北京：清华大学出版社，2017（2021. 6重印）
ISBN 978-7-302-45540-0

Ⅰ. ①交… Ⅱ. ①李… Ⅲ. ①软件设计 Ⅳ. ① TP311.5

中国版本图书馆 CIP 数据核字（2016）第 277471 号

责任编辑：袁勤勇 战晓雷
封面设计：李四达
责任校对：徐俊伟
责任印制：沈 露

出版发行：清华大学出版社
网 址：http://www.tup.com.cn, http://www.wqbook.com
地 址：北京清华大学学研大厦 A 座 **邮 编：**100084
社 总 机：010-62770175 **邮 购：**010-83470235
投稿与读者服务：010-62776969, c-service@tup.tsinghua.edu.cn
质量反馈：010-62772015, zhiliang@tup.tsinghua.edu.cn
印 装 者：北京嘉实印刷有限公司
经 销：全国新华书店
开 本：210mm × 260mm **印 张：**21 **字 数：**535 千字
版 次：2017 年 2 月第 1 版 **印 次：**2021 年 6 月第4次印刷
定 价：69.00 元

产品编号：069860-01

前　言

“东风起，云飞扬，各路豪杰齐登场；手机响，微信忙，朋友圈里齐分享；抢红包，做云商，手环健身更时尚；早创业，娶新娘，京东商城是榜样；阿法狗，谷歌狂，智能汽车在前方；逛淘宝，游四方，憧憬未来更辉煌。”2016年，注定是一段不寻常的时光。滴滴出行，网红微商，直播打赏，红包转账……法力无边的移动互联网已经悄然降临。腾讯说：除夕夜有80亿个红包；普华永道说：全国三分之一的消费者手机付账；马云说：刷脸消费会代替银行。智能时代，科技展望，2016年所发生的一切都会给未来生活带来无限遐想！

每一种新媒介的产生，都开创了人类认知世界的新方式，并改变了人们的社会行为。手机改变世界。刷脸购物、共享经济、体验时代、互联网+、O2O……新词汇预示着新生活，如今的“手机人类”正在经历着最剧烈的文化碰撞。正如传媒大师和先哲麦克卢汉所预言的那样：“任何新媒介都是一个进化的过程，一个生物裂变的过程。它为人类打开通向感知和新型活动领域的大门。”体验经济不仅改变了以产品为核心的商业模式，而且改变了设计的方向：从产品走向服务。苹果简约风吹遍全球，微软LOGO换了新装，谷歌的“材质设计”成为UI设计的新时尚，所有这些意味着设计变革的到来，一种基于流动的、交互的、大众的和服务的设计美学呼之欲出。简约、高效、扁平化、直觉、人性关爱、回归自然正是代表了交互与服务设计之美。麦克卢汉曾经说：“无论是科学还是人文领域，凡是把自己的行动和当代新知识的含义把握好的人，都是艺术家。”早在50多年前，前卫艺术家约瑟夫•博伊斯（Joseph Beuys）就宣称一个“人人都是艺术家”的时代的来临，而交互与服务设计正是秉承了博伊斯的理念，将共享、共创、共赢和独特的个性化设计发扬光大。科幻小说家威廉•吉布森（William Gibson）曾经说：“未来已来临，只是尚未广为人知而已。”展望未来，但未来始于现在。今天，后直觉主义、材料美学、超实用性、魔幻现实主义、自然的借鉴、多重维度、交互与流动、触摸与灵感……所有这一切都将成为新时代设计师的语言，个性、顿悟、幽默、创意、梦想、浪漫、伤感、回归和对人生价值的追求将成为未来设计师的坐标。

本书是国内第一部以课程的形式深入论述交互与服务设计理论、方法、历史和未来发展的教材，重点关注用户体验、可用性、需求分析、服务触点、原型设计、共享经济、设计思维和扁平化UI界面设计等概念与实践。作者期望用通俗和简洁的语言、丰富而新颖的插图和课后的思考与实践，带给读者不一样的阅读体验。在这个“手机阅读”的时代，一个精心酝酿、耕耘和纯手工打造的图册会给你带来美的享受和智慧的力量。本教材获得北京服装学院特色教材专项经费的支持，在此表示感谢。

作　者

2016年7月于北京

目　　录

第一篇　交互设计（IxD）

第二篇　素质与技能

第四篇　设 计 思 维

第五篇　服务与设计

第一篇

交互设计（IxD）

第1~3课：交互与体验•设计路线图•原型设计

交互设计就是通过对软件的人性化和通用性设计，来增强、改善和丰富人们的体验，从而满足用户的服务需求。本篇的3课聚焦于交互设计的基础知识、工作流程和原型设计。这些内容勾勒出交互设计行业的基本特征以及最核心的工作方法。

第1课　交互与体验

1.1　交互的体验

“交互”或“互动”的历史可以上溯到早期人类在狩猎、捕鱼、种植活动中的人与人、人与工具之间的关系。在《说文解字》中如此解释:“互，可以收绳也，从竹象形，人手所推握也。”其意思是:“互”是象形字，像绞绳子的工具，中间像人手握着正在操作的样子。范仲淹的《岳阳楼记》中有“渔歌互答”之句;在沈括《梦溪笔谈•活版》当中还有“更互用之”。“交互”除了指人与人之间的相互交往以外，也特指人与物（特别是人造物体）之间的关系，如人们对乐器、饰品、钱币、玩具和收藏品的鉴赏、把玩或体验过程。

中国古代的许多伟大发明都蕴含“交流与互动”的含义。例如，我国1978年在湖北随州出土的曾侯乙编钟就代表了二千多年前古人精湛的工艺制造水平（图1-1）。钟是一种用于祭祀或宴饮的打击乐器。最初的钟是由商代的铜铙演变而来的，频率不同的钟依大小次序成组悬挂在钟架上，形成合律合韵的音阶，称为编钟。曾侯乙编钟是我国迄今发现数量最多、保存最好、音律最全、气势最宏伟的一套编钟。这套编钟深埋地下二千四百多年，至今仍能演奏乐曲，音律准确，音色优美，是研究先秦音乐的重要资料。除了编钟外，中国的许多古代流传下来的玩具、游戏和日用品，如铜镜、风筝、空竹、鞭炮、套圈、七巧板、九连环、华容道、麻将、围棋、象棋、纸牌等，均蕴含了“互动”与“用户控制和体验”的思想。

图1-1　1978年在湖北随州出土的曾侯乙编钟

在今天的信息社会中，我们每时每刻都在享受着交互设计所带来的“数字化生活”。例如，仅仅通过手指和手机触控界面的交互方式就有 25 种以上（图 1-2）！这些交互方式代表了不同的行为，并帮助全球几亿人欣赏照片、分享照片、浏览新闻、发邮件、玩游戏或微信聊天等。所有这些事情都当然都来自我们这个时代的数字和工程技术的发展。正是交互设计（Interaction Design，IxD）使这些数字媒体产品和服务成为人类贴心的伙伴、省力的助手、娱乐的源泉和最亲密的朋友。

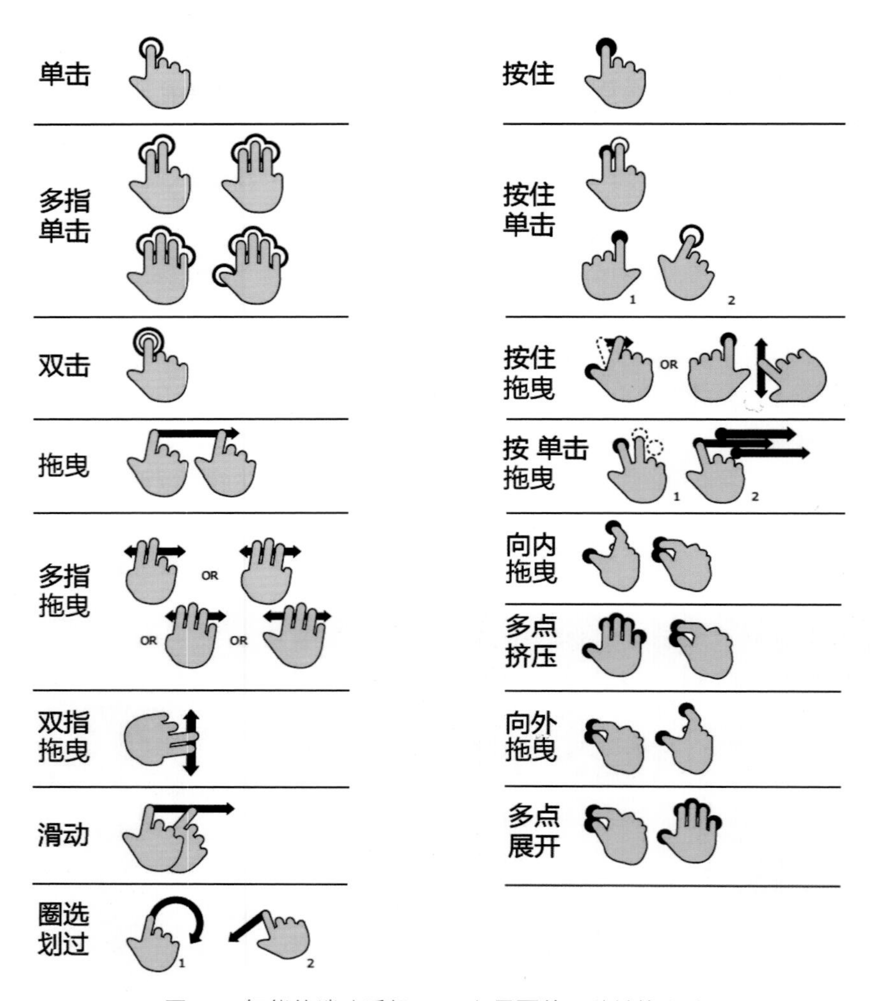

图1-2　智能终端（手机+iPad）界面的25种触控方式

随着近年来智能手机的普及，所有的传统设计都开始从“静态”转向“动效”，从“浏览”转向“交互”。例如，2014 年引爆朋友圈的 H5（HTML5）小游戏《围住神经猫》就是互动游戏分享引爆手机流量的范例。如今手机上的各种 H5 动态效果页（图 1-3）层出不穷，成为吸引人们娱乐、购物和社交的重要形式。这种 H5 广告除了各种翻页特效外，还有问答、评分、随机测试、输入文字、擦除屏幕、滑动屏幕、重力感应（摇一摇）等非常丰富的手机交互形式，也成为交互设计师发挥创意的舞台。

图1-3　基于HTML5的手机交互网页有着很强的交互性

1.2 比尔·莫格里奇

20 世纪 80 年代中期，硅谷 IDEO 公司的工业设计师比尔·莫格里奇（Bill Moggridge，1943—2012）首次提出了“交互设计”（interaction design）一词，并用来描述他们发明的世界第一台笔记本电脑 GRiD Compass（图 1-4，左）的工作。他认为：“数字技术改变我们和其他东西之间的交流（交互）方式，从游戏到工具。数字产品的设计师不再认为他们只是设计一个物体（漂亮的或商业化的），而是设计与之相关的交互。”莫格里奇曾担任伦敦皇家艺术学院客座教授以及美国斯坦福大学教授，他在2003年出版了该领域第一本学术专著——《设计交互》（图 1-4，右），系统地介绍了交互设计发展的历史、方法以及如何设计交互体验原型。

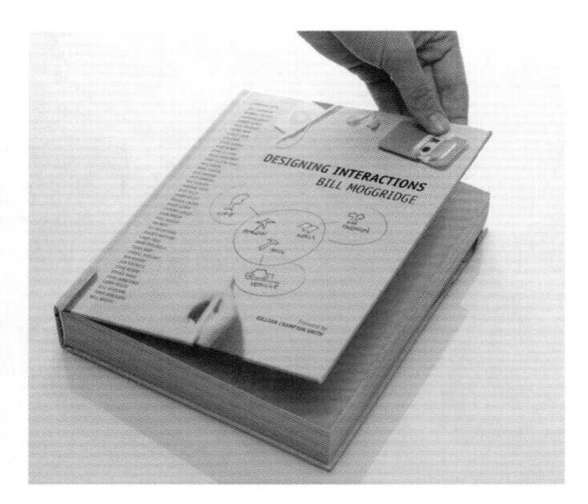

图1-4　世界第一台笔记本电脑GRiD Compass（左）和《设计交互》封面（右）

莫格里奇指出，当设计师关注如何通过了解人们的潜在需求、行为和期望来提供设计的新方向（包括产品、服务、空间、媒体和基于软件的交互），那他从事的工作就是属于交互设计。从 20 世纪 80 年代开始，交互设计就从一个小范围的特殊学科成长为今日世界成千上万人从事的庞大行业。美国的许多大学，如斯坦福大学、卡耐基·梅隆大学、芝加哥大学、麻省理工学院（MIT）等都开设了交互设计专业的学位课程，在软件公司、设计公司或咨询公司随处可见交互设计师的身影；银行、医院甚至博物馆这样的公共服务都需要有专业的交互设计师为展品设计提供解决方案（图 1-5）。而交互设计的思想、方法，特别是创造力的培养和实践更是这个时代各公司聚集的领域。移动媒体时代人人离不开手机，正是交互设计师帮助我们把复杂的人机交互处理得简单、有趣而且有意义。

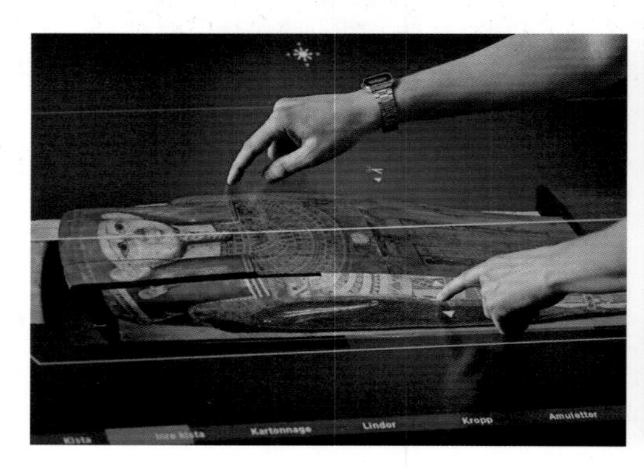

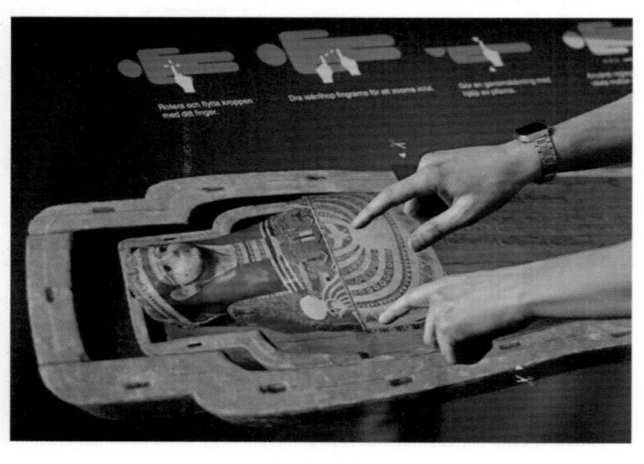

图1-5　大英博物馆的平面触控交互装置（展示古埃及文物的细节）

1.3 交互设计

人类是社会化群居的动物，语言和文字是人们基本的交流方式，而交互设计则与交互媒体（软件、网页和 App 等）的出现有关。交互设计专家琼·库珂（Jon Kolko）在《交互设计沉思录》中指出："所谓交互设计，就是指在人与产品、服务或系统之间创建一系列的对话。""交互设计是一种行为的设计，是人与人工智能之间的沟通桥梁。"因此，交互设计就是通过产品的人性化，增强、改善和丰富人们的体验。无论是微信还是美团，陌陌还是滴滴打车，所有的服务都离不开对用户需求的分析。无论是老年人还是儿童，都是当今信息社会的成员，但作为特殊群体，他们也同样面临着与当下技术环境"对话"的困惑或障碍（图 1-6），而交互设计师正是通过产品设计的人性化和通用性来帮助这些特殊群体克服技术障碍的人。

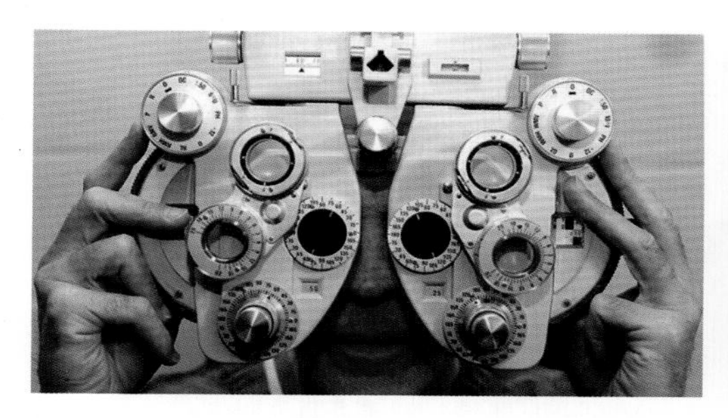

图1-6 无论是老年人（左）还是儿童（右）都需要面对信息社会的人机交互

斯坦福大学教授、《软件设计的艺术》的作者特里·维诺格拉德（Terry Winograd）把交互设计描述为"人类交流和交互空间的设计"。毕业于卡耐基·梅隆大学的交互设计师、《交互设计指南》的作者丹·塞弗（Dan Saffer）也认为："交互设计是围绕人的：人是如何通过他们使用的产品、服务连接其他人。"他还专门绘制了一张学科关系图（图 1-7）来说明交互设计与用户体验、工业设计、视觉设计、心理学等诸多学科的关系。交互设计（英文缩写为 IxD，用以区别于工业设计的缩写 ID）具有的跨学科和多层次的特征，它是以用户体验（UX 或者 UE）为核心，涵盖信息构架、视觉传达、工业设计、认知心理学、人机工程学和界面设计等多学科的综合实践领域。

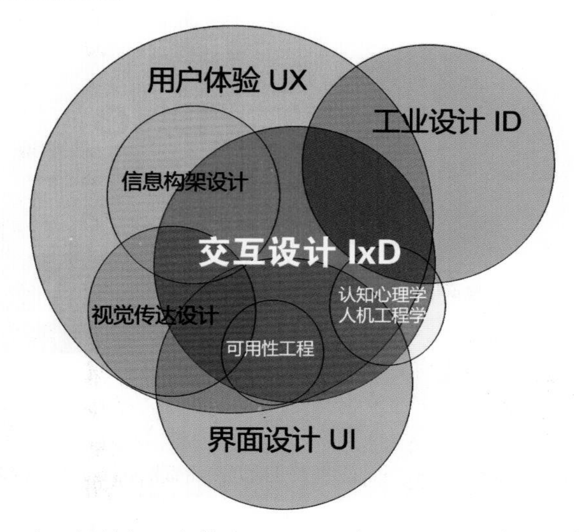

图1-7 交互设计与用户体验、工业设计、心理学等诸学科的关系

交互设计的本质就是沟通的设计。从狭义上看，是指虚拟产品（软件）的界面视觉和交互方式的设计，包括界面视觉（色彩、图像、版式、图标和文字）、控件（按键、窗口、手势、触控）、信息架构（导航）以及动画、视频和多媒体设计的工作。从广义来说，交互设计属于服务设计（Service Design，SD）的范畴。例如，互联网企业最热衷的O2O业务（如滴滴打车、淘宝电影、美团、天猫商城）就是指从线上（online，指尖的服务）到线下（offline，实体的服务）的一整套产品和服务体系（图1-8）。线上是交互设计，而线下则更多涉及物流、餐饮、休闲方式的设计。如果不了解服务的流程和用户体验，自然也很难设计出贴心的App应用。交互设计师的工作重点是尝试理解用户的不同需求，并通过产品设计或服务设计来改变人们的行为，例如，陌陌关注陌生男女交往的方式；美团或点评则关注城市白领的餐饮习惯和休闲行为，特别是抓住了“省钱”和“分享”的体验（图1-9）。交互设计师还是产品“幕后”的策划者和工程师，他不仅要洞悉用户消费心理，而且还应该从各个环节来提高服务的“贴心”和“满意”程度。交互设计师是消费者和产品、服务与企业的沟通桥梁。腾讯、百度等国内企业把交互设计师、视觉设计师（GUI）和用户体验设计师都归类于用户体验部（UED），他们的工作可以统称为用户体验设计（UE）。

图1-8　手机应用的O2O模式服务流程（平台+线上+线下）

图1-9　美团、点评和陌陌的界面与交互

2010年，苹果前总裁史蒂夫·乔布斯曾经指出："我们所做的要讲求商业效益，但这从来不是我们的出发点。一切都从产品和用户体验开始。"由此我们可以看到用户体验的重要性。虽然交互设计和用户体验的概念只有短短十几年，但随着全社会信息化的高速发展和"互联网+"的概念深入人心，它在我国的普及速度和影响力与日俱增。其相关理论和应用领域非常广泛，并已经开始从互联网企业向制造业和服务业蔓延。交互与服务设计方法，如用户体验设计（UE、UX）、创新体验、以用户为中心设计（UCD）、信息架构和可用性等已经成为当前设计界最关注的话题。它的影响力可以堪比历史上的包豪斯、极简主义、功能主义、国际主义等著名设计理论。可以预见，用户体验设计的价值观会成为设计界公认的标准，无论是视觉传达、环境、工业造型还是新媒体，都必须考虑用户体验，需要用"用户的角度"来看待设计。

1.4 用户体验设计

用户体验设计（User Experience Design，UED）包括用户研究、创建人物角色、产品概念设计、信息架构、交互设计、原型设计、视觉设计以及可用性测试。国内一些大的互联网公司有专门的UED部门，如百度MUX、网易杭州研究院UED、腾讯CDC、搜狐UED、携程UED、支付宝UED、人人网FED和新浪UED团队等。UED团队的兴起和发展也表明国内互联网公司越来越重视产品的用户体验，实践着以用户为中心的设计理念。其中，腾讯的用户体验设计部（UED）成立最早，最有规模，也最有代表性（图1-10）。

图1-10 腾讯用户体验设计部

腾讯用户体验设计部（UED）分属于两个事业群：技术工程事业群（TEG）和社交网络事业群（SNG），分别对应两个部门：用户研究与体验设计部和互联网用户体验设计部（图1-11）。腾讯用户研究与体验设计部（CDC）属于平台研发的技术工程事业群，被外界所熟知的微信广州研发团就属于这个事业群。CDC分成四个中心：用户研究、体验设计、品牌设计和设计研发，大约100人的规模。用户研究中心主要从事用户研究工作，包括互联网网民及腾讯用户的基础研究、公司重点产品的体验评估、前瞻性探索等。CDC 体验设计中心负责公共产品以及公司各种管理平台的建设，如统一的安全与支付体系、公益平台等，也负责腾讯的投资公司如京东商城等提升用户体验。CDC 品牌设计中心负责为腾讯集团进行品牌设计、品牌形象产品研发以及礼品研发。该部门也会参与和负责各种品牌建设、传播及营销活动。设计研发中心主要是建设用户研究与设计相关的工具和平台，如腾讯的用户体验中心，设计导航和腾讯问卷等，对负责内搭建腾讯设计资源管理以及设计管理平台。CDC 团队有一句口号叫做“快乐生活，快乐工作”，他们的工作、研究、探索和学习气氛都比较浓厚。

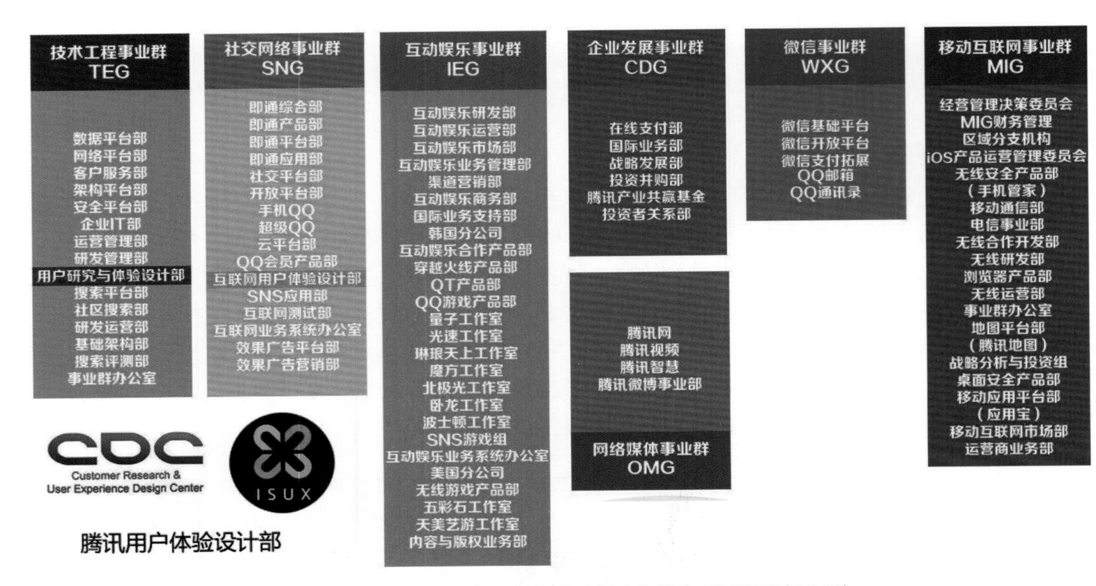

图1-11　腾讯用户体验设计部的两个部门及所属事业群

除了 CDC 外，腾讯还有另一个用户体验设计部门——互联网用户体验设计部（ISUX）。该部门成立于 2011 年，是腾讯 QQ 时代的核心设计团队之一，目前属于腾讯社交网络事业群。在 QQ 时代，该团队负责的是互联网业务，如腾讯网、QQ 会员、数字多媒体、SNS 应用、社交与开放平台和电商等。目前该部门主要负责腾讯的社交网络相关产品的用户体验设计与研究，主要工作包括视觉设计、交互设计、用户研究和前端开发。该团队有着强大的创意与视觉设计能力，如他们发明的“设计师的思维工具——ISUX 五维创意卡”就获得了许多设计师的青睐。该套创意卡片类似于扑克牌（图 1-12），将常见的词组如“录音”或“短信”写在卡片上，任意组合不同的卡片就可以形成新概念来激发创意，如“录音 + 短信 = 微信”。五维创意卡中的“五维”的含义是：该套卡片能辅助设计师制作故事板，考虑到一个完整的故事包括起因、经过、结果，而故事板中也必然包括人物、时间和地点等因素。因此该套卡片分为“人、物、事、地、时”五个维度，结合这五类卡片上的提示信息，就可以设想故事场景，然后在故事情节中寻找用户需求，产生新的创意。卡片由“激发想象力的图片”“相关的词组”和“提示性的短信”三部分组成，由此可以通过头脑风暴产生很多创意。该套创意卡可以广泛运用在互联网产品设计、工业设计、广告设计等领域。

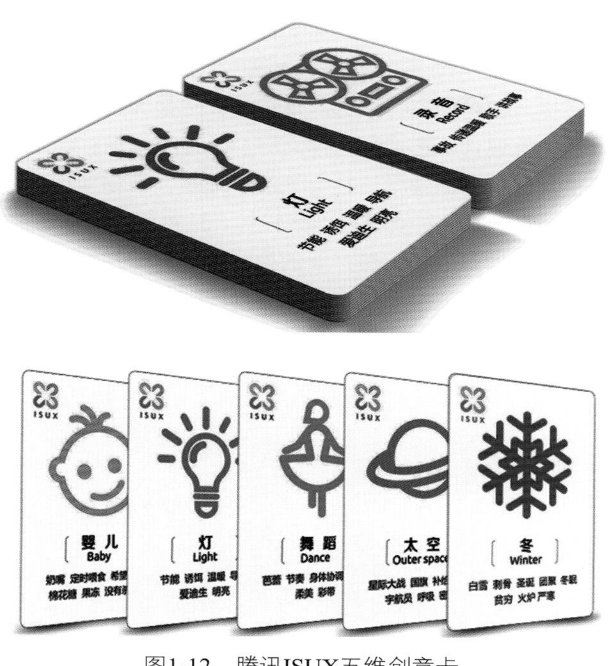

图1-12　腾讯ISUX五维创意卡

1.5　行业生态圈

交互设计是新兴的行业，虽然从比尔·莫格里奇首创“交互设计”算起，已有约 30 多年的历史，但是直到 21 世纪初，许多国家的网页设计师岗位才开始大量出现。早期的界面设计师（UI）从事的多数属于网站美工的业务范畴。近年来，伴随着移动互联网和电子商务的普及，越来越多的公司将用户体验提升到公司产品的战略高度。交互设计师也当之无愧地成为和产品经理（PM）和前端开发（FD）等并列的岗位。传统企业转型互联网 +，互联网创业公司大量涌现，UI 设计师岗位出现人才缺口，也成为许多艺术设计学生的就业目标。据国际体验设计协会（IxDC）统计，目前我国交互设计师超过 60% 是具有艺术设计专业背景的大学生和研究生（图 1-13）。这群年轻人的从业时间相对较短，平均年龄在 25 ～ 30 岁，年平均薪酬为 5 ～ 15 万元。

图1-13　我国交互设计师的行业生态

随着我国“大众创业，万众创新”国家战略的发展，互联网企业将逐渐主导传统行业。餐饮、医疗、汽车服务、物流、房产、婚庆、社区、金融、教育等行业领域都会有更多的商机出现，这也带给交互设计师更多的发展机遇。与此同时，目前这个行业还存在很多问题，如加班多、任务重、跳槽多、要求高和受尊重程度较低等问题。因此，快速提升自己的能力，从单一走向综合，从“动手”转向“动脑、动口与动手”（创造性、沟通性与视觉表现力）是交互设计师提升自己的不二之选。传统设计师是面向营销的，而交互设计师是面向服务的，服务设计是交互设计师拓展的方向之一。未来交互设计会从重视技法转向重视对产品与行业的理解。交互设计对心理学、社会学、管理学、市场营销和交互技术的专业知识有着更多的需求。现在的设计师往往更擅长艺术设计，而未来还要看他对相关市场的洞察力，如做租车行业的设计师就需要深入了解该产业的盈利模式和用户痛点。在世界上更加成熟的互联网企业如美国硅谷的企业中，单一的 UI 视觉设计师已经不存在了。产品型设计师（UI+交互 + 产品）、代码型设计师（UI+ 程序员）和动效型设计师（UI+ 动效 /3D）初成气候。交互设计正在朝向全面、综合、市场化和专业化的方向发展。

思考与实践1

一、思考题

1. 什么是交互或互动？什么是交互设计（IxD）？

2. 交互设计是从什么时期开始得到快速发展的？

3. 比尔·莫格里奇对交互设计的重要贡献是什么？

4. 什么是界面和人机交互？

5. 交互设计和人机界面设计、工业设计和视觉传达有何不同？

6. 什么是用户体验（UE）？用户体验包括哪些内容？

7. 交互设计师的主要职责是什么？

8. 什么是O2O（线上到线下）服务模式？

9. 交互设计师未来的职业发展空间在哪个方向？

二、实践题

1. 目前智能可穿戴技术已成为交互设计领域发展的新趋势，如图1-14所示的婴儿24小时体温、心跳速率监控等产品已成为交互产品的新兴市场。请调研该领域的（母婴市场）的智能产品并从用户需求、用户体验和功能定位三个角度分析该类产品的优缺点和市场商机。

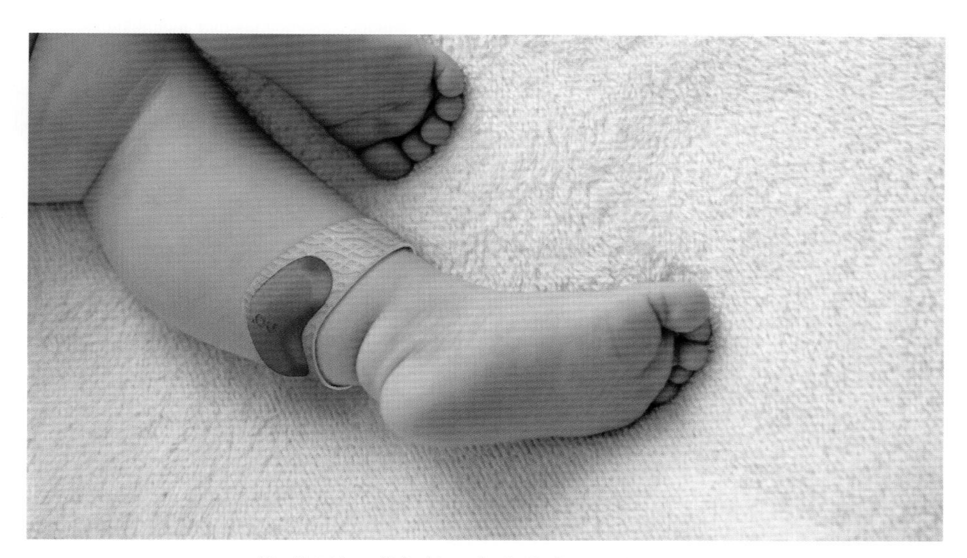

图1-14　针对婴幼儿的智能可穿戴传感器（与手机终端相连）

2. 请调研50~70岁的中老年人群的社交习惯并尝试为他们设计一款专用的社交工具（客源考虑以下关键词：子女圈、同事圈、朋友圈、社工、集体舞、医疗保健、金融理财、家庭医生、紧急救助、健身和旅游）。请根据上述调研和产品定位的设想提出设计原型和方案。

第2课　设计路线图

2.1　工作流程图

VB之父、Cooper交互设计公司总裁艾伦·库珀（Alan Cooper）在IDEO工作期间曾经领导发展了一种开发软件和数字交互产品的方法——目标导向设计（Goal-Directed Design）。该方法给设计师提供了一个研究用户需求、交互设计和用户体验的操作流程。该设计流程可以分为5个阶段，即同理心（理解用户）、观察和发现需求、形成观点和创意、原型设计和产品检验（图2-1）。该方法并不是一个线性过程，而是不断重复、迭代的螺旋式开发过程。艾伦·库珀指出："交互设计不是凭空猜测，成功的交互设计师必须在产品开发周期的紧迫而混乱中保有对用户目标的敏感，而目标导向设计也许是回答大部分重要问题的有效工具。"1991年，IDEO公司设计师比尔·莫格里奇等人在担任斯坦福大学设计学院教授时推广了这套设计方法并整理创新成为设计思维的基础。

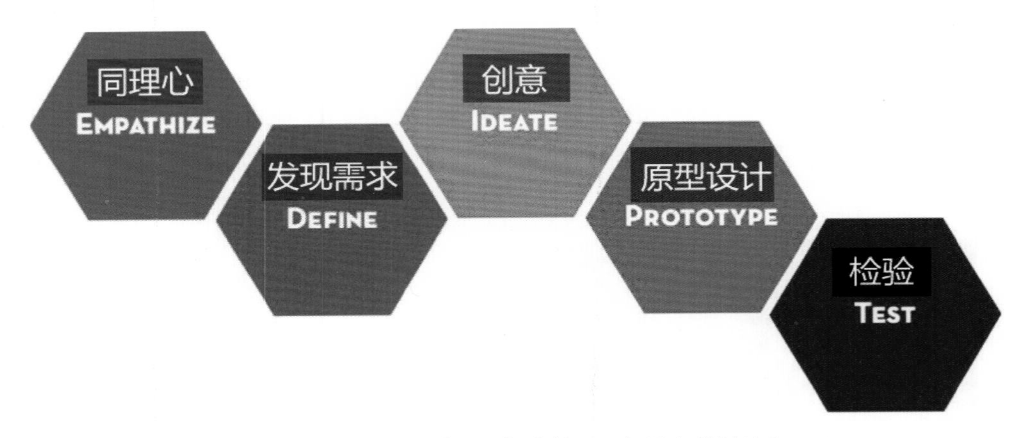

图2-1　由IDEO设计公司提出的"目标导向设计法"

交互设计是一项包含了产品设计、服务、活动与环境等多个因素的综合性工作流程。对于交互设计师来说，工作往往是从一份PPT简报开始：从需求分析、原型设计、软件开发、技术深入到产品跟踪，交互设计渗透到产品开发的全部环节。这些流程可能是"瀑布式"的或者是"螺旋式"的（图2-2），但无论简单或者复杂，都构成了一个明确的目标导向的产品开发周期的循环。艾伦·库珀指出：用户目标导向设计是"以用户为中心的设计"思想的具体呈现，采用"用户目标导向"的方式开展交互设计活动，可以体现用户的诉求，提升产品的可用性和用户体验。该方法综合了现场调查、竞品分析、利益相关者（如投资商、开发商）访谈、用户模型和基于场景的设计，形成了交互设计原则和模式。该方法是面向行为的设计，旨在处理并满足用户的目标和动机。设计师除了需要注重形式和美学规则，更要关注通过恰当设计的行为来实现用户目标，这样所有的一切才能和谐地融为一体。

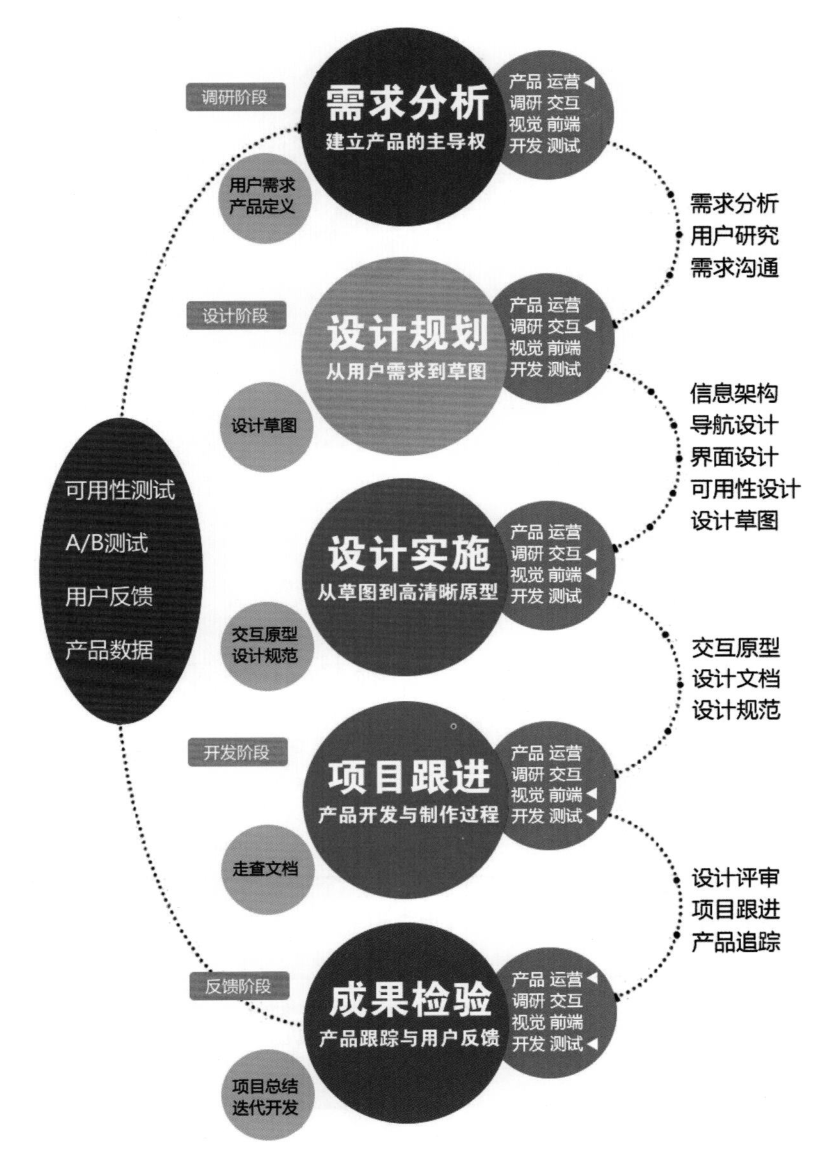

图2-2　经典的交互设计流程图（从上到下的迭代过程）

在工作流程中，产品设计与用户研究往往相互迭代，交替完成，由此推进产品研发的正循环。规划新产品、新功能必须回答的三个问题是：用户是否有需求？用户的需求是否足够普遍？提供的功能是否能够很好地满足这些需求？因此，需求分析、设计规划、设计实施、项目跟进和成果检验不仅是多数互联网公司和IT企业的产品开发流程，而且其中的用户研究、原型设计、产品开发、产品测试和用户反馈也是交互设计所遵循的方法和规律。因此，从时间管理的角度上看，交互设计实际上是伴随着产品开发的进程，由多层环节嵌套的、迭代式的工作流程和方法。该产品设计流程不仅被IDEO、苹果、微软等著名IT公司所推崇，而且也成为国内众多互联网创新企业，如百度、360、小米、腾讯、阿里巴巴和创新工场等所熟悉的项目管理方法和产品创新方法（图2-3）。

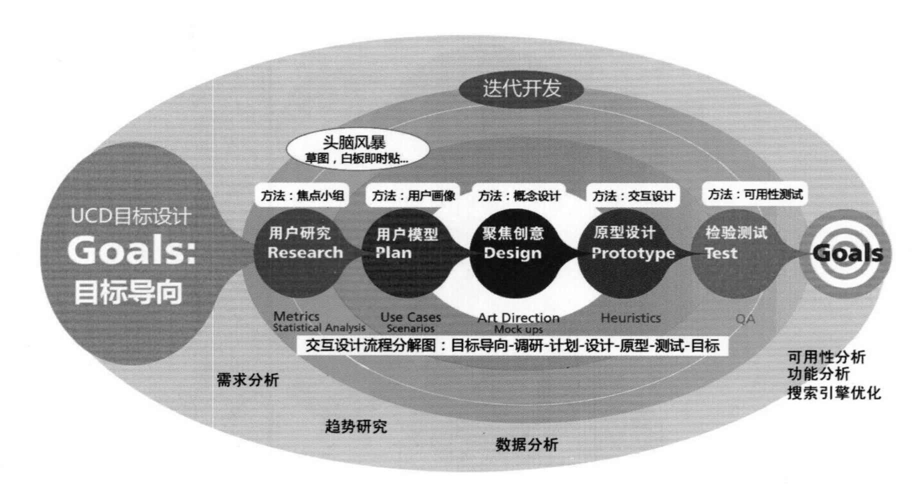

图2-3　交互设计流程：目标导向-调研-计划-设计-原型-测试-目标

2.2　交互产品要素

交互产品主要是以 Web 网站、游戏、手机 App 和各种智能设备的软件形式来呈现的。为了清晰地说明交互产品这种集编程与艺术于一身的特殊性，Ajax 之父、美国著名的 Web 交互设计专家詹姆斯·加瑞特（James. J. Garrett）在《用户体验的要素：以用户为中心的 Web 的设计》一书中通过 5S 模型图（图 2-4）解析了这种软件的构成要素。他将 Web 网站

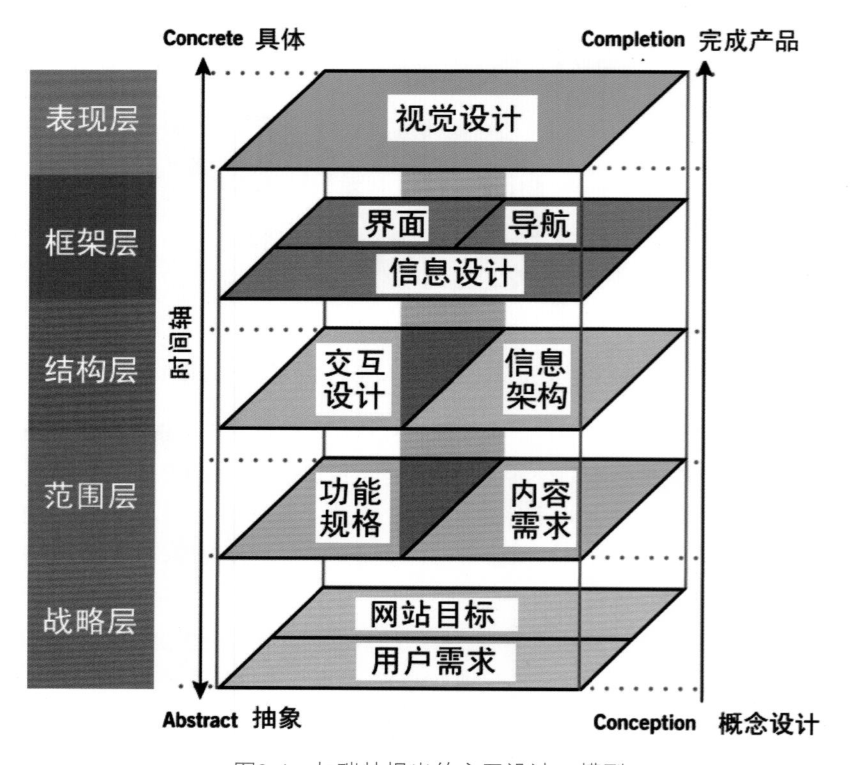

图2-4　加瑞特提出的交互设计5S模型

划分成了 5 个不同的层次（5S）：战略层（Strategy）、范围层（Scope）、结构层（Structure）、框架层（Skeleton）和表现层（Surface）。这个模型从抽象到具体、从概念到产品的完成过程来说明交互产品的特征。

首先，最底层的是战略层，主要聚焦产品目标和用户需求，这个层是所有软件产品设计的基础，往往由公司最高层负责。第 2 层是范围层，具体设计软件相关的功能和内容，该层往往由公司的产品部负责监督实施。第 3 层是结构层，交互设计和信息架构是其主要的工作，该层也是交互设计师所关注的重点。通常互联网公司的 UED 部门就负责这个层的业务。第 4 层为框架层，主要完成交互产品的可视化工作，包括界面设计、导航设计和信息设计等工作。最顶层为表现层，主要涉及 Web 视觉设计、动画转场、多媒体、文字和版式等具体呈现的形态。加瑞特的交互产品分析模型在交互设计和用户体验领域被广泛采用，Web 网站、游戏、手机 App 和各种智能设备的软件形式都符合这个设计过程。

该 5S 模型中的结构层、框架层和表现层都是交互设计师、界面（UI）设计师和用户体验设计师的工作范畴，最终产品的呈现形式是由他们所决定的。在加瑞特模型中，战略层和范围层属于“不可见”的领域，结构层和框架层是交互设计师和后台程序工程师共同打造的，而最后呈现的产品画面和触控方式就是交互设计师的精心之作（图 2-5）。根据斯坦福大学的一项研究成果表明，网站整体的视觉传达设计，包括版面设计、排印方式、字体大小和颜色方案等因素会显著影响人们对网站可信度的判断。相对于结构、信息、内容和知名度而言，网站对人感官感受的影响更为深远。从结构上，交互产品可以分解为程序设计层、交互设计层、界面设计层、信息设计层、动态效果层、语音音乐层、图形设计层和文字信息层 8 个部分。除了底层（后台）的编程层外，其他 7 个层面都必须依靠交互设计师的参与才能实现（图 2-6）。

图2-5　交互产品是交互设计师和后台程序工程师合作的结晶

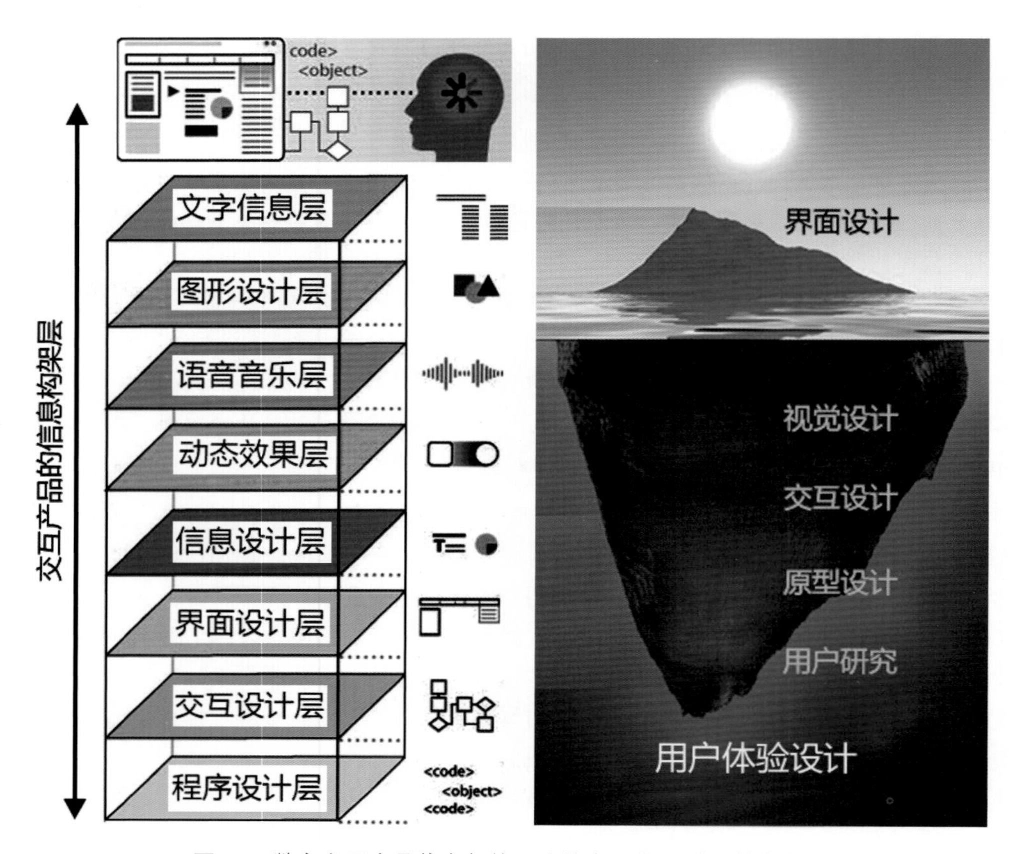

图2-6　数字交互产品信息架构图（从底层代码到视觉传达）

2.3　用户体验

用户体验（User Experience，UX）是指人与环境（技术与服务）交互过程中的心理感受，如日本家庭浴室的设计就营造出了一种“温馨自然”的舒适体验（图 2-7）。对于不同的公司来说，用户体验的目标是不同的，像社交类、阅读类、娱乐类 App 更加关注社交与情感，而服务类和电商类 App 则关注人们的衣食住行各个方面，但对用户的理解（定性、定量）和同理心（感同身受）是互联网企业生存和发展的关键。腾讯 CEO 马化腾说：“腾讯对待消费者不是以客户的形式来对待，而是以用户的形式来对待。用户与客户之间，虽然一字之差，但却有着天壤之别。用户思维是一种打动思维，以打动用户的心来形成消费者的黏性。”腾讯副总裁张小龙认为：用户体验和人的自然本性有关。例如，微信当年的“摇一摇”寻找附近陌生人交友就是一个以“自然”为目标的设计。因为“抓握”和“摇晃”是人类在远古时代没有工具时必须具备的本能。最原始的体验往往是最好的。詹姆斯·加瑞特认为，用户体验就是“产品在现实世界的表现和使用方式”，包括用户对品牌特征、信息可用性、功能性和内容的多方面的感知。

图2-7　日本家庭浴室的设计（简洁、清晰、美观、舒适）

用户体验源自需求研究和用户心理学的研究。早在20世纪50年代，美国行为心理学家马斯洛（Maslow，1908—1970）就认为人类需求的层次有高低的不同，低层次的需要是生理需要，向上依次是安全、爱与归属、尊重和自我实现的需要。同样道理，大多数技术产品和服务的体验也都要经历5个等级，从最底部到最顶部，从“嘿，这玩意儿还真管用”到“它让我的生活充满意义”。这个金字塔模型自下而上，是一个基本的产品进化模式图（图2-8），这也是用户体验的依据。正如我们在迪士尼乐园乘坐过山车时所经历的胆怯、兴奋、狂喜和巨大的满足感，产品除了可用性和易用性外，还包括享受、美学和娱乐的体验。也就是说在产品、系统与人交互的过程中除了要达到可用性目标中的效率、有效、易学、安全和通用性之外，还应该具备令人满意、有趣、富有启发、美感、成就感等。如何使某个事物从情感上对人具有吸引力且令人难忘？通过运用亲切的语言、绚丽的色彩、加入幽默元素以及激发人的好奇心都可以达到这个目标。同样，创造流畅的操控，如购物网站的浏览、选单、下单和付款的流程和可靠安全的策略（如刷脸购物）也可以创造出更愉悦的用户体验。

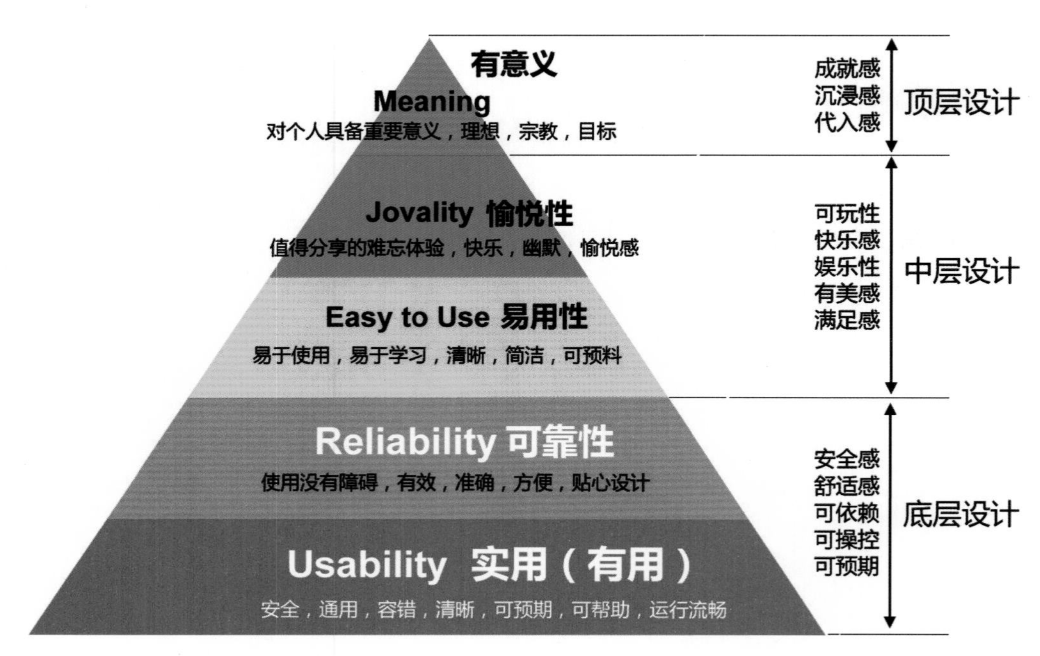

图2-8　心理学家马斯洛所提出的人类需求金字塔模型

从底层设计、中层设计到顶层设计，优秀的产品或服务，无论是苹果公司的 iPhone 还是海底捞店独具特色的员工服务模式，都体现出了用户体验的本质：以人为本，关注细节，将顾客的满意和期待作为设计工作的宗旨。此外，这个模型的挑战在于，要创造一个革命性的产品，就必须自上向下地思考问题，从你希望人们拥有的体验开始并发掘出许多新的点子，而以更好的方式改变一些停滞不前的产品。该模型还有一个启示：在一个成熟的市场中，如果你已拥有稳定可用的产品，将其发展到下一个级别意味着你要专注于更感性的东西，如情感、表达和美学体验。

2.4　设计任务书

根据目标导向设计原则，交互产品的设计流程可以分解为“设计任务书”的图表形式。设计任务书要求学员以项目小组的形式对产品和服务进行设计和量化评估（图 2-9）。该流程包括调查研究、情境建模、定义需求、概念设计、细化设计以及修改设计。项目团队既可以选择已上市的产品或软件（如小米手机、聊天软件、购物体验或者手机服务，如团购、交友、婚礼、鲜花、餐饮、旅游等），也可以是基于概念设计的产品或服务（如儿童防拐可穿戴设备、智能跑鞋、宠物服务、医疗体感可穿戴产品、老人保健智能产品等）。需要说明的是：这个图表并不是迭代式的循环开发过程，而是简化版的线性流程。

研究课题小组成员： 执笔人（项目经理）：

研究选题 （20%，每项5分）	用户调研 （30% 每项5分）	改进建议 （20%，每项4分）	原形设计 （20%，每项5分）	分析报告 （10%）
☐ 目标产品或服务对象 ☐ 资料收集、角色扮演和任务分配 ☐ 研究计划的可行性分析 ☐ 前期PPT项目说明	☐ 用户统计资料 ☐ 用户访谈或网络调研资料 ☐ 产品（服务）观察与分析（如论坛） ☐ 竞争性产品或服务归纳研究 ☐ 产品数据对比分析图表（表格） ☐ 用户建模	☐ 产品可用性分析 ☐ 产品服务模式分析（可选） ☐ 产品外观或界面设计问题 ☐ 产品可持续竞争力分析 ☐ 基于新技术、新材料、新型媒介环境的产品创新	☐ 手绘草图＋标注 ☐ PS-AI 高清晰图＋标注 ☐ Axure RP 交互式原型设计 ☐ 原形设计说明 ☐ 产品服务模式图	☐ 规范分析报告（Word） ☐ 摘要和插图 ☐ 研究结论和建议 ☐ 投资风险预期分析
核心问题： 目标立项	**核心问题： 用户研究故事卡**	**核心问题： 可用性头脑风暴**	**核心问题： 设计与创新**	**核心问题： 报告和总结**
• 该产品或服务对象是谁 • 产品调研的可行性 • 相关用户调研的可行性 • 需要设计调查问卷吗 • 这个选题有何意义 • 该选题预期取得什么成果	• 看到了什么（观察） • 了解到了什么（收集） • 问到了什么（访谈） • 你对该产品亲自尝试过吗 • 竞争性产品或服务有几家 • 能归纳分析同类产品吗 • 什么是该产品的目标用户 • 年龄、性别、职业、收入、爱好等	• 什么是该产品的可用性 • 该产品的突出优势在哪里 • 功能、易用性、价格和周期 • 该产品的潜在问题有哪些 • 该服务的 UI 设计有何缺陷 • 新媒体环境对其有何影响 • 产品可持续竞争力在哪里？如技术、服务、价格、品牌等	• 该原型设计的优势在哪里 • 该原型设计的创新点在哪里 • 该原型设计费钱费事吗 • 该原型设计环保吗 • 同宿舍同学喜欢你的设计吗 • 该设计有何不确定的风险	• 该报告的价值 • 该策划报告设计规范吗 • 摘要、插图、统计、结论 • 该报告的创新点在哪里 • 市场研究数据可靠吗 • 该报告主要提供给谁

图2-9 交互设计任务书

2.5 流程管理图

流程管理代表了交互产品能够顺利完成的时间节点和任务分配。以手机 App 应用程序设计来说，产品开发过程包括战略规划、需求分析、交互设计、原型设计、视觉设计和前端制作（图 2-10）。产品开发流程中每个阶段都有明确的交付文档。战略规划期的核心是产品战略、定位和“用户画像”。产品战略和定位确定之后，用户研究员就可以参与到目标用户群的确定和用户研究中，包括用户需求的痛点分析、用户特征分析、用户使用产品的动机等，采用的方法包括从定性到定量的一系列方法和步骤。对上述方面进行研究之后，用户研究员协同产品经理就可以共同出具“用户画像”的角色文档，确定目标用户群。

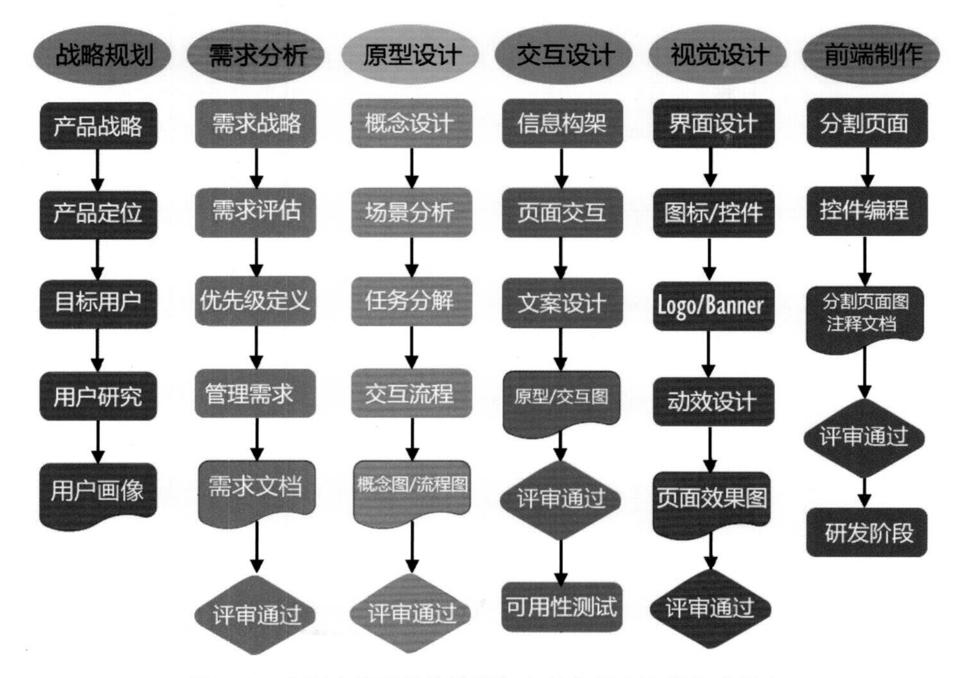

图2-10　交互产品开发的流程和支付文档（阶段性成果）

需求分析的核心是需求评估、需求优先级定义和管理需求的环节。要求还原从用户场景得到的真实需求，过滤非目标用户、非普遍和非产品定位上的需求。通常需求筛选包括记录反馈、合并和分类、价值评估、风险机遇分析、优先级确定等几个步骤。价值评估包括用户价值和商业价值，前者包括用户痛点、影响多少人和多高的频率，后者就是给公司收入带来的影响。ROI 分析是指投入产出比，也就是人力成本、运营推广、产品维护等综合因素的考量。优先级的确定次序是：用户价值 > 商业价值 > 投入产出比（ROI）。需求分析主要由产品人员负责和驱动，最终的交付物是产品需求文档（PRD)。在产品团队内部，会对产品需求文档进行严格评审，如果需求文档质量不合格，需要修改和完善需求文档直到评审通过。UED 团队的所有人员要尽可能熟悉产品需求文档，理解产品需求需到位。PRD 应该包括产品开发背景、价值、总体功能、业务场景、用户界面、功能描述、后台功能、非功能描述和数据监控等内容。

产品需求文档通过评审之后，接下来的步骤是原型设计。这个步骤主要完成产品的概念设计、功能结构图、用户使用产品的场景分析、任务分解和整个产品的交互流程，主要的交付物是产品概念图和业务流程图。关于原型设计的内容在第 3 课中会有详细的介绍。下一个步骤就是交互设计，包括信息架构、页面交互、文案设计等环节，主要的交付文档是设计原型图和页面交互图。原型图可以是手绘界面图、逻辑线框图或 Axure RP 的效果图等。下一个步骤是视觉设计。该过程主要由视觉设计师完成各个页面的详细设计，包括界面设计、导航设计、UI/ 控件设计、Logo 和 Banner 设计和宣传企划的海报、包装等工作，还可能会包括动态转场、动画效果和视觉特效等。交付物主要是页面效果图、设计文档和相关的图片支撑材料等。前端制作阶段则是根据提供的页面效果图，由前端工程师负责页面的切割编码，前端制作通过评审之后，就可以进入产品的制作阶段。

思考与实践2

一、思考题

1. 简述交互设计的工作流程？交互设计从哪里开始？

2. 交互设计师重点负责的内容有哪些？

3. 产品经理（PM）和交互设计师（IxD）的区别在哪里？

4. 交互产品的要素有哪些？和交互设计的工作流程有何联系？

5. 交互产品的 5 个层面（加瑞特的 5S 模型）是什么？它对设计师有哪些启示？

6. 用户体验（UX）目标可以分成哪两个层面？什么是可用性？

7. 用户体验必须兼顾哪三个方面的利益？说明其原因？

8. 什么是目标导向设计（GDD）？ 分为哪几个阶段？

9. 什么是同理心？为什么"感同身受"是交互设计的核心？

二、实践题

1. "自助式"服务不仅可以降低商业成本，而且也提升了顾客的服务体验。如何借助智能手机、自助服务、O2O 平台和客服系统实现汽车自助型无人加油站（图 2-11）可能是今后高速公路服务模式改革的方向。请调研该领域的智能产品，并从用户需求、用户体验和功能定位三个角度设计"自助加油"的 App。

图2-11　手机App的自助式加油服务

2. 迪士尼主题公园以规范化、人性化的服务设计著称于世。请参观上海迪士尼乐园并从普通家庭（3 口之家，月均收入 1 万元）的角度体验该乐园在服务、管理、价格、娱乐性、可用性方面存在的问题和改进的可能方法。（1）如何通过设计可穿戴、智能化的园内服务 App 来提升用户体验？（2）如何解决乐园服务设计中的商业回报、技术成本、用户需求这三者的矛盾。

第3课　原 型 设 计

3.1　设计原型

设计原型（Prototypes of Design，PD）就是把概念产品快速制作为“模型”并以可视化的形式展现给用户。设计原型也用于开发团队内部，作为讨论的对象和分析、设计的接口。在交互产品设计中，设计师更加关注影响用户行为与习惯的各种因素，使用户在交互过程中获得良好的体验。为此，设计团队往往需要根据创意概念构建出一系列的模型来不断验证想法，评估其价值，并为进一步设计提供基础与灵感。无论是软件、智能硬件还是服务模式，都可以建立这种初级的产品雏形并与之交互，从而获得第一手体验。这个模型的构建与完善的过程称为原型构建。原型的范围相当广泛，从纸面上的绘图到复杂的电子装置，从简陋的纸板模型（图 3-1）到高精度的 3D 打印模型，都可以被认为是原型。总之，原型是任何一种帮助设计师尝试未知、不断推进以达到目标的事物。

图3-1　用硬纸板设计的儿童活动空间的原型

交互设计的原型与工业设计模型的区别在于：交互设计的原型是一个多方面研究创意概念的工具，而工业设计模型则是用于测试与评估的第一个产品版本。原型是创意概念的具体化，但并不是产品，而模型则与最终产品非常接近。原型聚焦于创意概念的各方面评估，是各种想法与研究结果的整合；模型则涉及整个产品，特别是有关与实际生产、制造及装配衔接的方案。构建原型往往是为了“推销”设计团队的想法与创意，而制作模型则更侧重于实际生产与制造。交互设计原型是快捷并且相对廉价的装置，如纸板、塑料甚至手绘图稿等，其目的在于解决关键问题而不必拘泥于细节的推敲（图 3-2）。

图3-2　快速原型包括卡片（左）或即时贴（右）等多种形式

由此可以看出，构建交互设计原型更自由，更随意，设计师们不需要因为小心翼翼地构建一个原型而阻碍自己灵感的迸发。例如，在 IDEO 设计公司，设计团队对于原型构建有着极宽容的态度，即便知道结果不是预想的，但他们还是会完成原型，因为这样便能更快地修改，并发现不合理的地方，甚至“可能还会有些额外的新发现”。所以，使用原型的根本目的不是为了交付，而是沟通、测试、修改，解决不确定性。在 IDEO 公司的设计流程中，原型构建就是将头脑风暴会议产出的结果或创意点子更进一步形成可视化的具体概念。原型构建可以加快产品的开发速度，使其能够快速迭代进化。从设计流程上看，原型构建过程的本质就是承上启下，有目的地快速进化产品，其地位非常重要。在交互产品、交互系统设计的过程中，以原型设计为核心的跨学科设计团队往往能起到事半功倍的成效。

3.2　快速原型

快速原型（Rapid Prototyping，RP）设计，又常被称为快速建模（mockup）、线框图、原型图设计、简报、功能演示图等，其主要用途是：在正式进行设计和开发之前，通过一个仿真的效果图来模拟最终的视觉效果和交互效果。早在 1977 年，硅谷的著名工业设计师比尔・莫格里奇就和苹果公司的设计师们一起，通过纸上原型（paper prototyping）的方式，探索最早的便携式电脑的创意和设计（图 3-3）。随后，莫格里奇和大卫・凯利（IDEO 设计公司总裁）等人也通过设计纸上原型或者“板报即时贴”来组织各种创意和产品原型的设计。快速原型是工业设计的经典方法。决策者在将产品推向市场之前，都希望最大程度地了解最终的产品到底是什么样子的，但是又不能投入时间真正地做出一个真实的产品。对于快速原型的重要性，大卫・凯利指出：“我们尽量不拘泥于起初的几种模型，因为我们知道它们是会改变的。不经改进就达到完美的观念是不存在的，我们通常会设计一系列的改进措施。我们从内部队伍、客户队伍、与计划无直接关系的学者以及目标客户那里获取信息。我们关注起作用的和不起作用的因素，使人们困惑的以及他们似乎喜欢的东西，然后在下一轮工作中逐渐改进产品。”

图3-3　莫格里奇（左三）和苹果公司设计师们一起研究原型

纸上原型是一种常用的快速原型设计方法。它构建快速，成本较低，主要应用于交互产品设计的初始阶段。纸上原型材料主要由背板、纸张和卡片构成。它通常在多张纸和卡片上手绘或标记，用以显示不同的目录、对话框和窗口元素。设计师可以将这些元素组合拼凑，粘贴到背景板上构成设计原型。这种简易的操作模式让纸上原型构建更快，修改更方便。纸上原型尽量用单色，这样更简洁，而且不会在重要的流程中分散注意力。当然必要时可使用鲜艳颜色的便签纸记录重要的修改方案。纸上原型不会受诸如具体尺寸、字体、颜色、对齐、空白等细节的干扰，也有利于对文档即时的讨论与修改。它更适合在产品创意阶段使用，可以快速记录闪电般的思路和灵感。照片、手绘和打印的图片都可以设计出快速原型，如很多界面设计的原型就是通过手绘草稿完成的（图 3-4）。纸上原型也可以制作成简单的“交互模型”供大家讨论研究，其好处是“内容”和“框架”可以替换或重新组合（图 3-5）。原型也可以应用软件完成，如手机原型图软件 Balsamiq Mockup、流程效果图软件 Visio、高保真设计原型设计软件 Axure RP。其他可以设计原型的工具还包括微软的 PowerPoint 和 Adobe Photoshop 等，这些工具各有利弊，如纸上原型精度不高，PPT 太麻烦，也不能演示交互效果，而原型设计软件如 Axure RP 等则可以较好地解决这些问题。

图3-4　手绘草图往往是快捷方便的原型设计方法

图3-5　纸上原型可以制作成“低模”进行交流和演示

3.3　低保真原型

产品设计中的低保真原型（Low-Fidelity Prototyping，LFP）简称“低模”，是和高保真原型（High-Fidelity Prototyping，HFP）相对的设计原型。通常来说，低保真原型要比纸上原型与手绘草图更具有“触感”和“空间感”（图 3-6），同时相对于高保真原型，它又是低精度的和快捷的原型表现。原型精度包括广度、深度、表现、感觉、仿真度等多个指标。实际上，“原型”一词来自于希腊语 prototypos，是由词根 proto（代表“第一”）和词根 typos（代表“模型”“模式”或“印象”）组成，其原始的含义就是“最初的，最原始的想法或者表现”，也就是指“低保真原型”。这种原型设计通常不需要专门技能和资源，同时也不需要太长的时间。制作低保真原型的目的不是要让用户拍案叫绝，而是通过这个东西来向他们请教。例如，通过建立一个模拟 iPad 应用程序的原型，就可以将设计的布局、色彩、文字、图形等要素直观地呈现出来（图 3-7）并用于演示。因此，在某种程度上，低保真原型更有利于倾听，而不是促销或者炫耀。该原型将用户需求、设计师的意图和其他利益相关者的目标结合在一起，成为共同讨论和对话的基础。

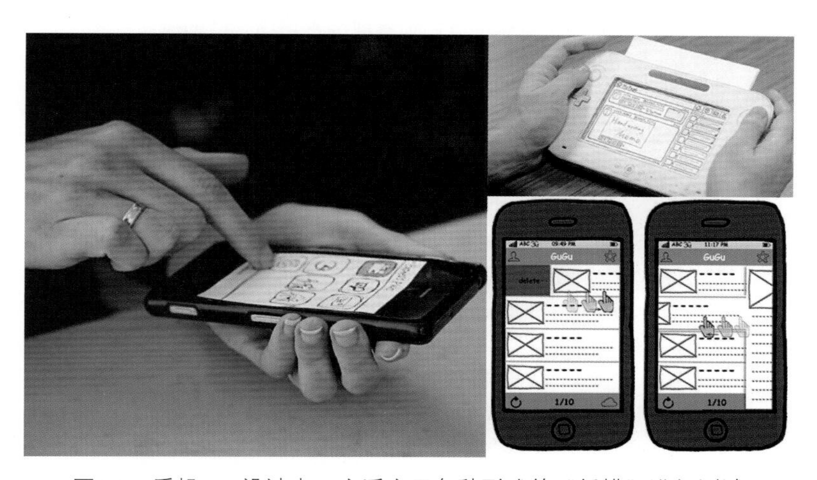

图3-6　手机App设计中，广泛应用各种形式的“低模”进行测试

图3-7　纸板的“iPad低模”可以表现App的版式布局

低保真原型主要用于展示产品功能和界面并尽可能表现人机交互和操作方式。这种原型特别适合于表现概念设计、产品设计方案和屏幕布局等（图 3-8）。从历史上看，低保真原型很早就出现了，从早期人类在洞穴墙壁上的涂鸦到达・芬奇的手绘草稿，快速、简洁、涂鸦和创意无疑都属于“原型设计”的特点。随着软件服务和互联网产业的兴起，21 世纪的软件敏捷设计思想推动了“快速产品迭代”和“低保真原型”的流行（图 3-9），“微创新”和“小步快跑”式的产品更新换代已经成为趋势。低保真原型设计不仅用于早期产品的验证和可行性研究，在协同设计过程中，用户还可以不断跟踪原型的改进，这也是“以用户为中心”设计思想的体现。

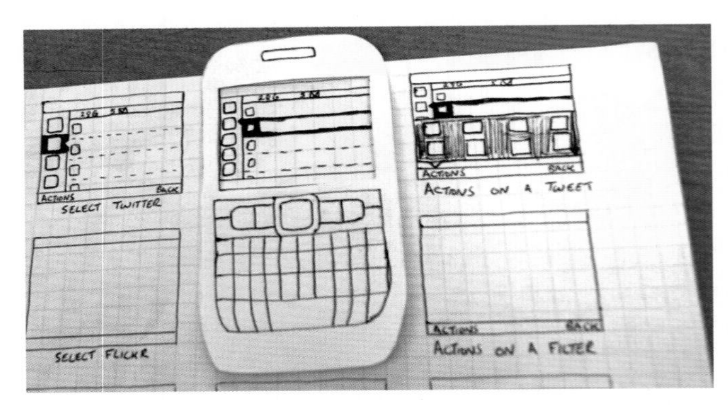

图3-8　LFP原型非常适合于表现屏幕布局和产品概念

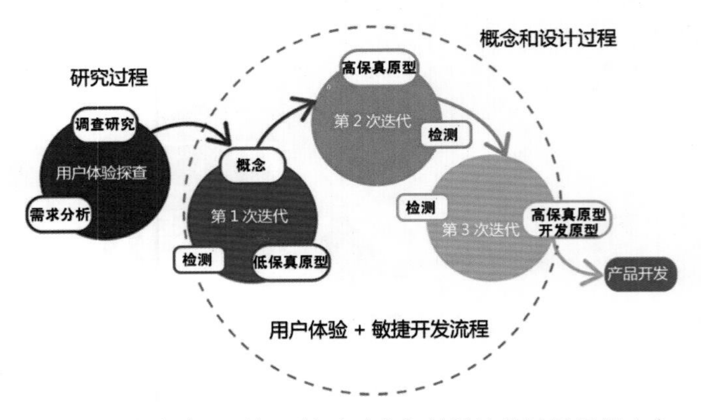

图3-9　低保真原型与“快速迭代”的敏捷设计思想相吻合

3.4 高保真原型

高保真原型（HFP）是指尽可能接近产品的实际运行状态的模型。从交互产品来说，就是指通过原型软件开发的，在操控上几可乱真的交互程序。例如，通过原型工具 Axure RP，Justinmind 开发的 Web 客户端或移动终端 App 的原型设计往往可以模仿手机的全部操作，如单击、长按、水平划屏、垂直划屏、滑动、划过、缩放、旋转、双击、滚动等，由此高度仿真地实现了各种手势效果，交互程序原型甚至可以直接导入手机中进行仿真的操作。采用高保真原型首先可以降低沟通成本。所有人只需要看一个最终的、标准化的交付原型，并且这个原型可以反映最新的、最好的设计方案，包括产品的流程、逻辑、布局、视觉效果和操作状态等，这对于和客户沟通来说非常方便。高保真原型还可以降低制作成本。由于该原型可以帮助开发者模拟大多数使用场景、操作方式和用户体验，因此，可以作为产品迭代开发之前的蓝本，为所有设计师、编程工程师提供未来产品的开发方向。

近年来，一些高保真原型设计工具包，如丹麦乐高公司和麻省理工学院的媒体实验室（MIT Media Lab）共同开发的可编程积木（Programmable Brick）套件 LEGO Mindstorms NXT 已经被广泛应用于国内中学生和少年宫的科技创客活动，如机器人、自动识别 / 探测、远程控制和智能玩具等。这些套件包括 NXT 可编程微型电脑、可充电锂电池、伺服电机、声光电、超声波和触动传感器、乐高积木配件等（图 3-10）。该套件可用来构建可操作，能感知声、光、距离等物理量的交互式产品原型，并可以通过图形编程工具对动作等进行自动控制。LEGO 本身提供的 NXT-G 图形编程软件操作简单，功能强大，利用交互界面提供的命令图标可以方便快速地实现对 NXT 的编程，使用者不需要专业的编程知识。

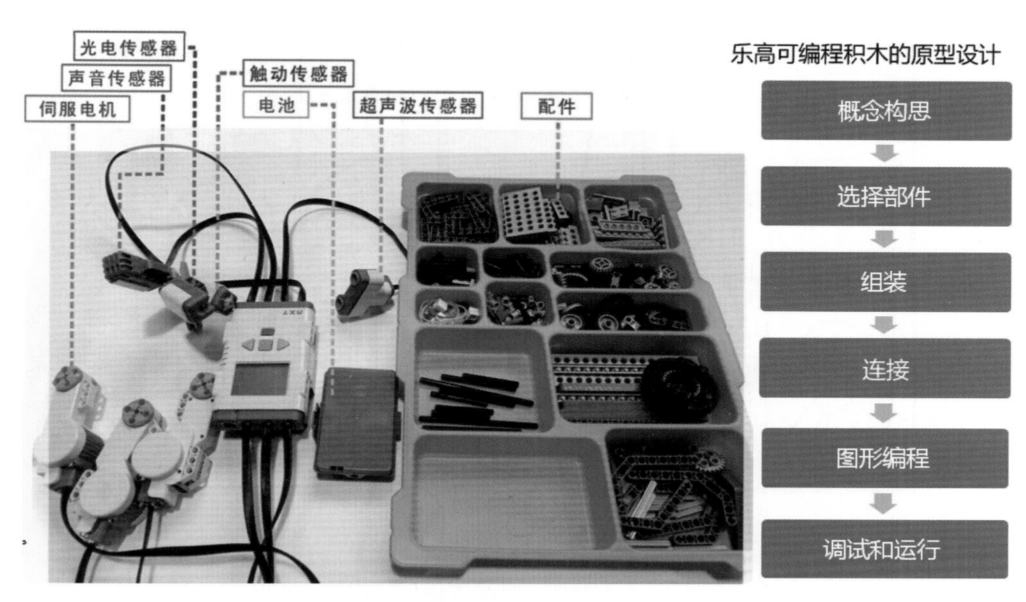

图3-10　乐高可编程积木的原型工具包之一（左）和组装流程（右）

3.5　故事板原型

从系统的角度去体察一个设计，最好的办法就是将其放入一个具体情境中，而不是对各种要素进行分解。故事板原型（Storyboard Prototypes，SP）就是将用户（角色）需求还原到情境中，通过角色、产品、环境的互动，说明产品的概念和应用。设计师通过这个舞台上的元素（人和物件）进行交流互动来说明设计所关注的问题。“角色”就是产品的消费者与使用者，或者说目标消费群的典型代表，人物角色的原型构建不是一个真实的人物，但是它在设计过程中代表着真实的人物，它们是真实用户的假想原型。在交互设计中，选择合适的原型构建出设计的“情境与角色”有助于设计师找到设计的落脚点，而不致于随着设计流程推进，最后迷失方向。例如，基于车载 GPS 定位的导航 App 就离不开场景（汽车）、人物（司机）和特定行为（查询）。

通过构建场景原型和故事板，可以为设计师提供一个快速有效的方法来设想设计概念的发生环境。一个典型的场景构建需要描述出人们可能会如何使用所设计的产品或者服务。并且在场景中，设计师还会将前面设定的人物角色放置进来，通过在相同的场景中设置不同的人物角色，设计团队可以更容易发现真正的潜在需求。构建场景原型可以通过图片或者是动态的影像记录，也可以直接通过文字记录下关键点。故事板是一种来自电影与广告的一种原型构建技术，其叙事性的图像表达可以成为设计人员讲解一个故事或者服务同时展现其特色情境的有力工具。故事板原型对于细节的展示比较明确，所以还可以充当一个复杂过程或功能的图像说明。在构建故事板原型中，可以采用手绘场景或者剪贴照片的方法（图 3-11）。

图3-11　构建故事板可以采用手绘场景的方法

故事板原型已经成为许多高科技公司创新产品的设计方法之一。例如，美国知名智能穿戴公司蓝星科技（Blue Spark Technologies）在 2015 年推出了针对婴幼儿的 24 小时不间断智能温度计 TempTraq（图 3-12）。它可以借助皮肤感应贴纸 + 智能手机随时监测婴儿的体温，如果发现异常就会及时警报。这家公司在研发该产品时就采用了故事板原型设计（图 3-13）。

通过不同场景下的性能测试，这些低保真原型迅速获得了用户的反馈，成为产品开发的重要参数。

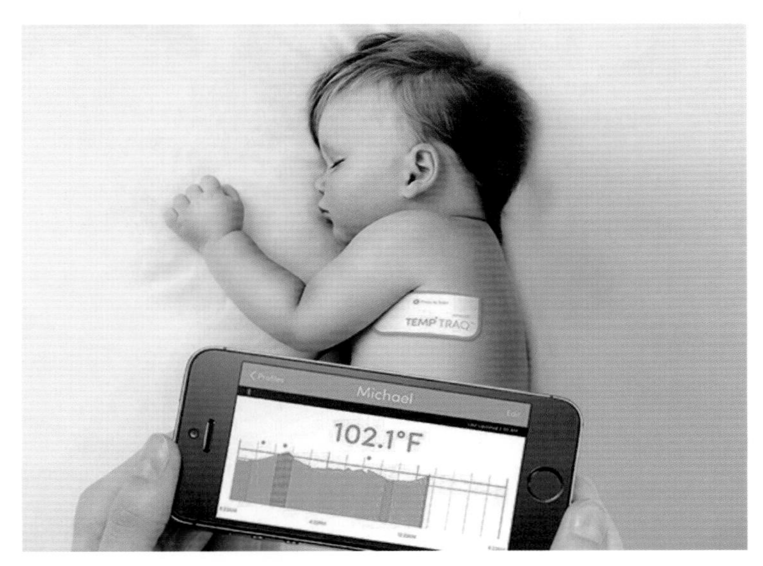

图3-12　美国蓝星科技针对婴幼儿开发的24小时智能温度计

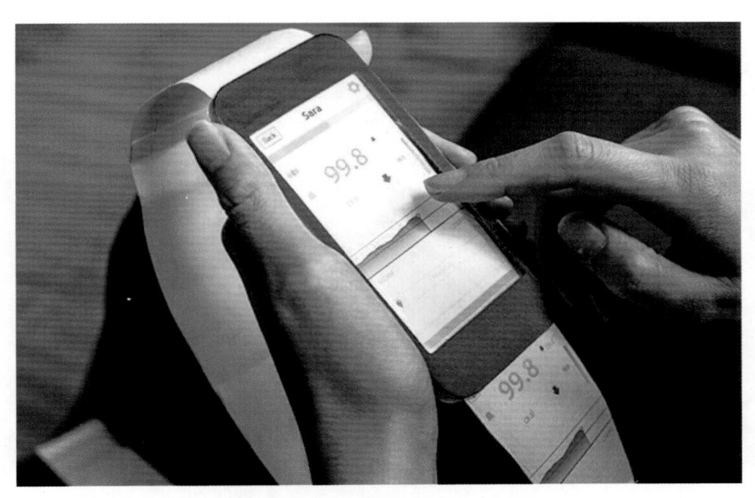

图3-13　蓝星科技智能温度计的原型设计

思考与实践3

一、思考题

1. 什么是设计原型？

2. 设计原型与工业设计的模型有何区别？

3. 为什么说原型设计是整个产品设计流程的核心？

4. 什么是快速原型和快速建模？如何实现？

5. 什么是产品设计中的低保真原型和高保真原型？

6. 什么是故事板原型？它的作用是什么？

7. 原型设计的依据源于哪里？

8. 说明概念图、草图、纸模型、高保真模型之间的联系和区别？

9. 原型设计的软件都有哪些？各自的优缺点是什么？

二、实践题

1. 在特殊场合（如驾驶）使用手机往往会导致一些意外事故发生。图 3-14 为一个司机开车时使用手机的情景。请调研驾驶时使用手机的情景和发生概率。可以进一步通过可穿戴技术为司机设计一款可以开车时提示来电或协助通话的智能腕表。请绘制故事板原型和设计原型，说明产品的功能定位和使用场景。

图3-14　司机在驾驶时使用手机的情景

2. 假期外出旅游的人们往往会担心家中的绿植会缺水死亡。请设计一个可以远程控制自动浇花的智能 App，其中的原型设计包括：

① 手机 App 界面；

② 远程摄像头；

③ 自动浇花的机械臂；

④ Arduino 芯片连接的传感器电路。

第二篇

素质与技能

第4~6课：交互设计师•交互设计工具•H5云端设计

交互设计师的工作内容包括用户研究、交互设计（服务设计）和视觉设计（界面设计）三个交叉领域，综合性是交互设计师的基本特征。本篇的3课从交互设计师的职业特征、设计工具、手机H5设计规范三个方面深入分析了交互设计师的素质和岗位要求。

第4课　交互设计师

4.1　综合能力

由心理学家、交互设计专家唐纳德·诺曼（Donald Arthur Norman）领衔的尼尔森·诺曼集团曾经在2013年对美国、英国、加拿大和澳大利亚的近千名用户体验设计师进行了调查。该公司的调研报告显示：当前，大多数交互设计师都在从事用户研究、交互设计和信息架构（IA）领域的工作，包括绘制线框、收集用户需求或开展易用性研究等。除了必需的视觉表达和绘画技巧外，设计、文档写作、编程、心理学和用户研究也都是其工作内容（图4-1）。通过访谈和问卷调查，该报告指出了交互设计职业的几个特征：

（1）工作内容不确定（依照需求而改变）。

（2）你永远不是自己的用户（了解他人的想法更重要）。

（3）该工作的目的在于改进系统和界面（你是无法改进人类的）。

（4）要让用户参与设计的过程。

（5）随时需要总结自己的工作，并且学会包容与帮助他人。

（6）随时归纳自己的数据，并确保它们是合理且有说服力。

（7）需要关注一些意想不到的结果并探索其原因。

图4-1　交互设计师一天的工作内容

唐纳德·诺曼指出，用户体验领域最显著的一个特点是其综合性。虽然设计学、心理学、社会学、工业设计和计算机科学是与该专业最接近的领域，但多数交互设计师还是必须通过实践来不断完善自己。类似于建筑师，交互设计师是为产品设计架构和交互细节的人（图4-2）。他们的工作决定了产品的导航和交互方式。因此，不仅需要关注看得见的内容，如颜色、外观、布局、图像、文字、版式等，也需要关注那些隐藏的或深层次的信息结构和交互细节，如信息结构、可控和不可控的元素、后台数据、可用性、易用性和可寻性等。交互设计师的主要职责是让系统（软件）更容易上手，更快捷方便，同时带给用户以美的享受和丰富的体验。正如国外针对女性推出的一款移动健康监测包（图4-3），将技术与艺术完美地结合在一起，既方便易用，又像是装饰品，在保障女性健康的同时，也带来美和愉悦的感觉。

图4-2　交互设计师类似于建筑师（产品设计规划）

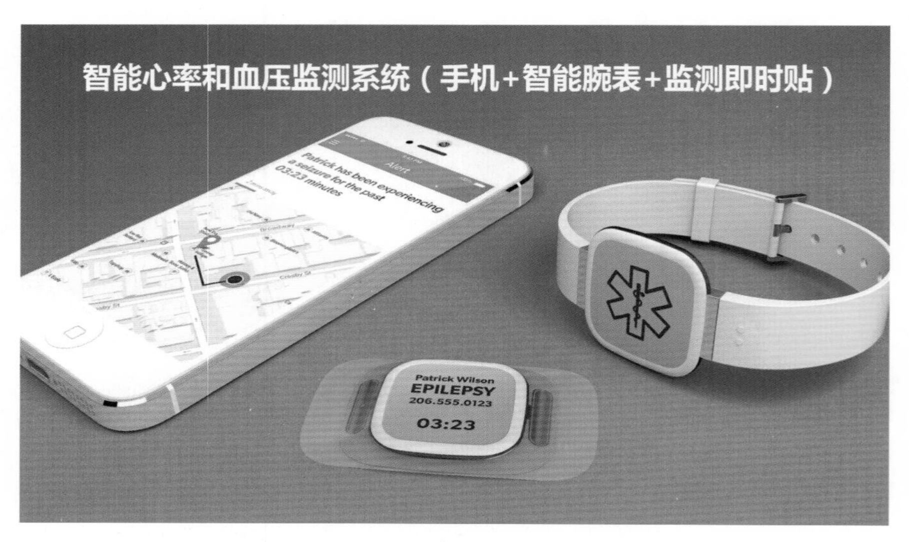

图4-3　针对女性的移动健康监测系统

让产品具备有用性、可用性和吸引力是所有企业所追求的目标。因此，用户研究无疑是交互设计师最重要的任务。用户需求的研究包括定性研究（比如逐一访问用户，了解他们的动机和体验）和定量研究（比如大范围采集数据，分析用户的行为、痛点、态度等）。用户研究的具体任务清单包括 21 项内容（表 4-1），对应的与产品外观或界面设计相关的任务有 10 项。因此，几乎所有的工作都会涉及视觉思维或者设计表达能力，用户研究同样需要更多的时间和精力。交互设计师首先应该是领导的“高级参谋”，给产品创意出谋划策，随后才是产品设计师和界面设计师。根据国内对知名互联网企业的调查，对交互设计师的要求侧重于“沟通能力、需求理解、产品理解和设计表达”的能力，而用户研究（UE）则倾向于“需求理解、用户体验、逻辑分析、数据分析、产品理解和行业分析”的能力，视觉设计的工作则倾向于“团队合作、设计表达和创造力”。由于在实际环境中，交互设计师往往会同时涉及上述 3 种不同性质的工作，这也要求设计师要有“多面手”的综合能力。

表 4-1　用户研究（UE）和产品外观或界面设计（UI）的具体任务清单

用户研究（UE）的任务	UE 和 UI 共同的任务	产品外观或界面设计（UI）的任务
• 现场调研（走查） • 竞争产品分析 • 与客户面谈（焦点小组） • 数据收集与数据分析 • 用户体验地图（行为分析） • 服务流程分析 • 用户建模（用户角色） • 设计原型 • 风格设计（用户情绪板研究） • 产品关联方专家咨询	• 交互设计 • 高保真效果图 • 低保真效果图 • 撰写项目专案 • 情景故事板设计 • 可用性测试（A/B 测试） • 项目头脑风暴（小组） • 信息构架设计 • 演讲和示范 • 与编程师的对接 • 深度访谈（一对一面谈）	• 图形设计（标识、图像） • 界面设计（框架、流程、控件） • 视觉设计（文字、图形、色彩、版式） • 框架图设计 • 交互原型（手绘、板绘、软件） • 图表设计 • 图形化方案 • 手绘稿，PPT 设计 • 包装设计 • 动画设计（转场特效、动效）

4.2　职业与工具

从工作性质上看，交互设计师应该是一个具有“十八般武艺”的综合型人才。懂设计，会画图，善于表达，也会使用一些技术工具。交互设计师最重要的素质就是要懂得倾听和思考。同时，交互设计也是不断迭代更新的行为过程，只有了解过去大师们的工作，才能取得更高的成就。同样，无论是产品的更新换代还是概念设计，都是深思熟虑、反复验证的结果。创新产品源于创造性的思想碰撞和严谨的逻辑论证，这个思索分析的过程贯穿于交互设计工作流程的每个环节。一个优秀的交互设计师必然是一个善于准确表达自己想法和观点的人。与此同时，交互是一门分享的艺术，需要的是开放的性格和良好的沟通技巧。表 4-2 是根据国内一些知名互联网企业的调查得到的交互设计师的职业素养。

表 4-2　交互设计师的职业素养

职 业 素 养	具 体 描 述
相互尊重	从同事群体中时刻吸收各种观点和灵感
动笔思考	经常绘制草图会让思路和灵感更容易
不断学习	通过设计圈和分享平台来不断完善和提高自己
有取有舍	能够按轻重缓急合理安排工作
重视自己	倾听内心的声音，自己满意才能说服别人
乐观进取	和团队保持更融洽的工作气氛
技术语言	理解网络基础语言知识（HTML5，Java，JavaScript）
软件工具	能够利用软件绘制线框图、流程图、设计原型和 UI
专业技能	能够用工程师的语言交流（数据和精度）
同理心	能够感受到用户的挫败感并且理解他们的观点
价值观	简单做人，用心做事，真诚分享
说服力	语言表达和借助故事、隐喻等来说服别人
专注力	勤于思考，喜欢创新，工匠精神
好奇心	学习新东西的愿望和动力，改造世界的愿景
洞察力	观察的技巧，非常善于与人沟通
执行力	先行动，后研究，在执行进程中不断完善创意

目前，针对用户体验设计有许多设计工具，但这些工具或语言是根据不同的任务开发的，主要用于绘制线框图、流程图、设计原型、演示和 UI 设计。部分工具和编程也被用于开发软件、建立网站、编写 APP 应用以及进行交互设计，例如 Arduino 开源套装、HTML/CSS/JavaScript 程序语言、Processing、MAX/MSP 动态编程、jQuery Mobile 等。部分工具如苹果 Xcode、Interface Builder 和 Unity 3D 5 等也都是非常专业的开发软件。通用型软件，如微软的 PowerPoint、Visio，还有 Adobe Photoshop 等都是公司里常用的演示和创意的工具。表 4-3 给出了目前国内常用的原型设计、数字编程和界面设计工具。

表 4-3　交互设计师所应掌握的工具与程序

设计工具或编程	主 要 用 途
Snagit 12，HyperSnap7	抓屏，录屏
Microsoft PowerPoint 2013	展示，原型设计
Keynote	流程动画，展示，原型设计（苹果电脑）
Mockflow	在线原型设计软件

续表

设计工具或编程	主 要 用 途
Adobe Photoshop CC	图像创作，照片编辑，高保真建模
Sketch	移动端原型绘制工具（苹果电脑），原型设计
HTML/CSS/JavaScript 程序语言	网页编辑，原型设计
Axure RP 7/8	线框图绘制，原型设计
Processing，MAX/MSP 动态编程	交互装置，智能硬件
Arduino 编程和硬件套装	交互原型工具，开放源代码硬件 / 软件环境
Vxplo 互动大师，易企秀等	HTML5 在线设计工具，快速设计
Unity 3D 5	三维动画、游戏、交互装置、智能硬件
JustinMind Prototyper 7	线框图绘制，手机原型设计
Microsoft Visio 2013	流程图绘制，图表绘制
Adobe Illustrator CC	矢量图形创建，线框图
Balsamiq Mockups 3	线框图，快速原型设计
Xcode 和 Interface Builder	苹果 iOS 应用程序（App）开发工具
PIXATE	图层类交互原型软件
LEGO Mindstorms NXT	乐高可编程积木套件，原型设计工具
Adobe InDesign CC	网页设计，排版
Aquafadas（拓鱼）	交互媒体、交互杂志设计工具（Indesign 插件）
Apple iBook Author	交互式电子杂志，电子绘本设计工具
jQuery Mobile	移动端 App 开发工具，HTML5 应用设计工具
Adobe Dreamweaver CC	网页设计，布局
Skitch	抓屏，分享，注释
Adobe Flash CC	动画，应用原型设计
Mindjet Mindmanager 15	流程图绘制，图表绘制，思维导图绘制
Google Coggle	在线工具，艺术化思维导图绘制
Flurry， Google Analytics，Mixpanel	网络后台数据分析工具（网站和 App）
友盟、TalkingData、腾讯移动统计	网络后台 App 数据分析工具
麦客 CRM	在线表单收集和设计工具

全球顶尖的设计与创新公司 IDEO 曾经总结过用户体验设计师的核心技能。

① 原型设计能力（产品功能定位）;

② 视觉设计能力，或者说是产品概念视觉化、具体化的能力，也是设计师审美修养的体现;

③ 市场分析能力。这代表了交互设计师的眼光与敏锐的观察能力，特别是通过对商业案例的分析与研究，为公司的产品与服务模式提供独到的视角。

其中，原型设计能力与视觉设计能力交叉的领域就是 UI 设计；原型设计能力与市场分析能力交叠的区域就是产品测试和迭代更新；视觉设计能力与市场分析能力交叠的区域就是交互设计，也就是针对市场和服务的产品定位。这 3 个圆圈交叉的核心就是用户体验，也就是以用户为中心的设计（UCD）思想（图 4-4）。

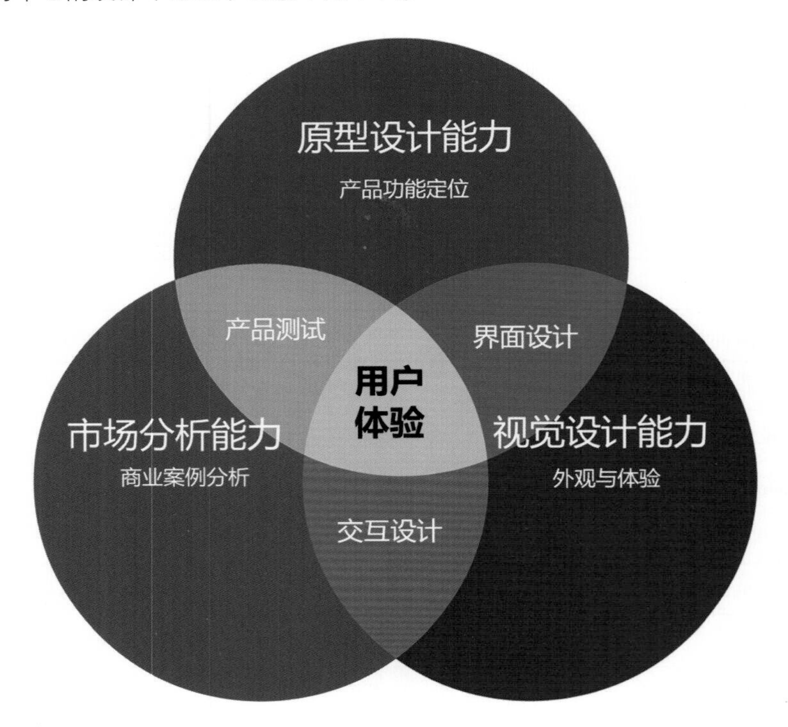

图4-4　交互设计师的能力：原型设计、市场分析与视觉设计

综合所有这些能力，最重要的一点就是执行力。交互设计专家、心理学家唐纳德·诺曼在一篇名为《先行动，再研究》的文章中指出："我相信研究是非常重要的，但是这并不意味着设计项目一开始的时候就要介入设计研究。这些研究可以在非常早之前就被完成了，或者甚至在项目开始以后做也可以。好的设计师应该总是专注于观察、思索、创作设计表现产物、手绘、书写、计划等等。最后，所谓的'用兵一时'，好的设计师完全不需要研究如何做设计，依靠的只是不断积累的智慧。如果涉足的领域是非常陌生的，设计师马上要转换自己的角色，去当一回学生，去快速吸收相关领域的知识，和这个领域的专家紧密合作。但是，研究和设计活动的联系不需要是时间性的必然前后联系。很多时候，这些活动可以被拆分开来，时间性上的顺序有时完全可以颠倒。"因此，"先行动，后研究"，或者说"一直研究，一直行动"，这可以说是诺曼总结出的"设计之道"。

4.3 岗位要求

随着移动互联网的快速发展和国家互联网 + 的战略实施，国内对用户体验人才的需求连年增长，交互设计师也成为各大 IT 公司、电商或传统企业争相招聘的对象。但很多人并不了解相关企业对该岗位的要求。因此，应聘者需要了解各公司对于交互设计师的要求，做到知己知彼才能发现更适合自己的位置。例如，百度移动用户体验部（MUX）对交互设计师（UE）、视觉设计师（UI）和用户体验师（UX）都有明确的工作职责和职位要求（图 4-5）。

图4-5　百度移动用户体验部（MUX）的校园招聘H5广告

MUX 负责百度所有无线产品的视觉、交互设计和用户研究方面的工作，其 2015 年的招聘要求如下。

交互设计师（UE）的工作职责：

• 负责百度移动云事业部相关产品的交互设计工作。

• 参与到产品的规划和创意过程中，分析业务需求，并加以归纳，分解出交互需求。

• 设计产品的人机交互界面结构、用户操作流程等。

• 完成界面的信息架构、流程设计和原型设计，提高产品的易用性。

• 编写交互设计说明书、交互设计标准规范和交互元件库，并对标准规范及元件库进行维护。

• 配合视觉设计师完成产品视觉设计，并协同前端及开发团队实现交互效果。

• 组织或参与用户访谈，配合用研人员进行可用性测试。

• 研究用户行为和使用场景，优化现有产品的设计缺陷并提出优化解决方案。

• 参与竞品研究、用户反馈和数据分析，进行产品可用性和易用性测试和评估。

• 分享设计经验，沉淀设计方法，总结设计思想，与团队共同成长。

交互设计师（UE）的职位要求：

- 对行业内产品和应用有深入体验经验和理解、见解，对行业内产品和应用保持高度热情。
- 熟悉 UED 设计方法和工作流程，对交互设计有较深的理解和实践。
- 可以独立完成整个设计过程（对流程图、线框图等交互设计方法能熟练应用）。
- 能够独立负责多个产品或整个产品线，在产品规划、策略等方面有效推动交互设计思路。
- 能够积极参与研究过程，能够将调研结论有效转化为交互设计方案，发现并提出交互设计中的调研需求。
- 对产品有整体规划和梳理产品信息架构的能力，善于梳理各种因素之间的关系。
- 熟悉研究方法论和一般研究步骤，了解各种研究方法，有一定的统计和数据分析基础。
- 了解手机等移动客户端的交互设计和表现方法，较强的理解能力和逻辑思维能力，良好的沟通与协调的能力。
- 熟练应用需求分析等交互设计方法，有 1 年以上交互设计经验。
- 工业设计、计算机、心理学、平面设计、广告设计等相关专业，本科以上学历，良好的英语阅读能力。
- 熟练掌握设计和原型开发工具，如 Photoshop、Illustrator、Axure、Visio 等。
- 对各类资讯及大众软件动向有灵敏的嗅觉，并能第一时间尝试和分析。
- 乐于动手实践，有创造力，具备以用户为中心的思想、良好的合作态度及团队精神。

视觉设计师（UI）的工作职责：

- 负责参与产品（网页、手持方向）的前期视觉用户研究、设计流行趋势分析。
- 主导产品的整体视觉风格设定，拆分设计工作量和时间安排，并跟进产品开发落地。
- 负责日常的运营活动及功能维护，提供美术支持，并能够形成产品独特的、具传播力的设计风格。
- 参与设计体验、流程的制定和规范。
- 负责分享设计经验、推动提高团队的设计能力。
- 负责百度移动产品的线上线下推广、活动、产品创意设计相关工作。
- 参与产品品牌建立与相关视觉体系规范建设。

视觉设计师（UI）的职位要求：

- 本科及以上学历，美术、设计或相关专业本科以上学历，具备扎实的美术功底，优秀的视觉表达执行能力。
- 从事设计行业工作 3 年以上，对工具型网站的设计有丰富经验，有成功案例者优先。

- 具有深厚的设计理论与娴熟的设计技巧，善于捕捉流行趋势，并能推动团队的设计能力提高。
- 热爱设计，拥有宽广的行业视野与时尚的审美标准。
- 对平面设计、界面设计、网页设计、图标设计、符号设计、品牌设计、手持界面设计等都有了解甚至熟知。
- 精通 Photoshop、Illustrator、Flash 等设计工具，了解 Flash（ActionScript）动画设计者优先。
- 具备良好合作态度及团队精神，并富有工作激情、创新欲望和责任感。
- 能承受高强度的工作，具有良好的项目沟通能力，具备一定的创意文案能力。
- 对互联网广告行业有一定的了解，对互动设计的流行趋势有灵敏的嗅觉和领悟能力，对潮流信息敏感。
- 具备 Flash 或 AE 动画广告的设计和制作，擅长把创意概念转化为有视觉冲击力的互动作品，具备较好的手绘能力。
- 极富创新精神，构思新颖，创意独特，对待设计永葆激情。

用户体验师（UX）的工作职责：

- 负责百度移动相关产品的用户研究工作，能够根据产品发展方向及需求合理规划该产品线。
- 推动用户研究计划实施，通过用户研究帮助相关团队提升产品用户体验和用户黏性。
- 与 PM、RD、设计师等沟通项目需求，合理选择研究方法。
- 通过严谨、客观的研究设计和高质量的项目实施保证研究质量，并通过逻辑严密的数据分析得出合乎逻辑的研究结论。
- 思路清晰，有较强的沟通表达能力，能够清晰地将研究发现传达给相关部门。
- 具备跨团队的协作能力和推动能力，能有效帮助用户研究成果的转化，在公司内提升用户研究结果的有效性和影响力。
- 指导新入职人员的研究工作，提升团队研究能力。

用户体验师（UX）的职位要求：

- 心理学、社会学、工业设计、可用性等相关专业背景，三年以上用户研究经验。
- 熟练使用 SPSS、Excel 等工具进行数据库管理和基础分析，熟练使用 PPT 等常用办公工具。
- 熟练掌握多种用户常用研究方法，能独立负责用户观察、深度访谈、焦点小组、定量问卷调研等工作；能独立进行科学、严谨的实验设计并实施。
- 主动性强，善于学习各种知识，善于总结项目中的经验教训并乐于与团队成员分享。
- 热爱用户研究工作，有敏锐的数据洞察和分析能力，能承受较高强度的工作压力。
- 有互联网行业从业经验或移动互联产品研究经验者优先。视野广阔，乐于尝试各种互联网应用者优先。
- 有用户行为数据分析经验者优先。有团队管理或新人指导经验者优先。

4.4 薪酬待遇

交互设计师（UE）、视觉设计师（UI）和用户体验师（UX）以及相关的移动产品经理（IM）通常都属于公司的用户研究及产品开发团队。腾讯、百度、京东、小米等传统互联网公司都对交互设计人才十分青睐，从各大公司的招聘广告（图 4-6、图 4-7）中就可以看出人才争夺的白热化程度。特别是随着近几年移动互联网和在线服务产业的兴起，越来越多的传统公司如电信、硬件、物流、证券、金融、旅游等也加入了这个潮流，交互设计师的岗位工资有所提升。IDG 集团在 2015 年末发布了《IT 互联网公司薪酬调研报告》，根据该报告，交互设计师的年平均薪酬（基本工资 + 年终奖 + 福利金 + 加班费）在 10 ～ 15 万元之间。其中，有 1 ～ 2 年经验的用户研究设计师年薪在 12 ～ 19 万元区间。有 1 ～ 2 年经验的视觉设计师平均年薪在 10 ～ 15 万元区间。移动产品经理的平均年薪在 23 ～ 35 万元区间。虽然这份报告是基于 147 家互联网创投公司的数据归纳，相比整体行业的平均薪酬要高，但该报告仍是一个“风向标”，可供应聘者参考。

图4-6　腾讯、京东、奥美广告和We+的手机H5招聘海报

图4-7　腾讯校园招聘H5广告《面试官的声音》和百度MUX招聘广告

4.5 校园招聘

高校作为一个巨大的人才储备库，可谓“人才济济，藏龙卧虎”。学生们经过几年的专业学习，具备了系统的专业理论功底，尽管还缺乏丰富的工作经验，但仍然具有很多就业优势（图 4-8）。比如，富有热情；学习能力强；善于接受新事物；对未来抱有憧憬；而且都是年轻人，没有家庭拖累；可以全身心地投入到工作中。更为重要的是，他们是“白纸”一样的“职场新鲜人”，可塑性极强，更容易接受公司的管理理念和文化。正是毕业生身上的这些优秀特质，吸引了众多企业的眼球，校园招聘也成为企业重要的招聘渠道之一。每到大学毕业季，各大 IT 企业的招聘活动就纷纷开始。除了各大公司宣讲会之外，公司的校园 H5 招聘广告也开始流行起来，如腾讯就推出了专门针对毕业生的手机广告《鹅历》（图 4-9）。

图4-8　刚毕业的大学生是各大企业所青睐的对象

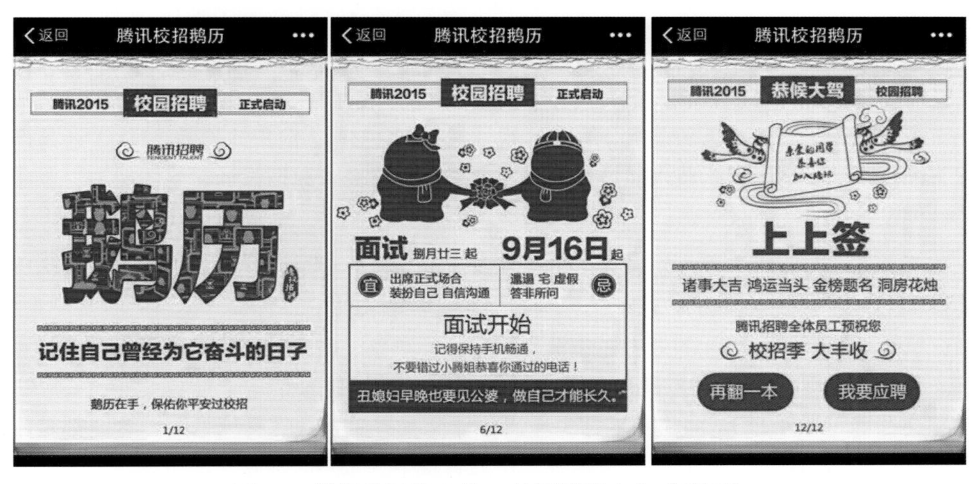

图4-9　腾讯公司推出的H5校园招聘广告《鹅历》

通常来说，各大 IT 企业的校园招聘的时间和流程都比较相似，时间段也比较集中。一般企业 9 月中旬就开始启动下个年度的招聘计划。招聘时间主要集中在每年的 9 ~ 11 月和次年的 3 ~ 4 月。因此，每逢进入毕业季，学生们便开始奔波于各大公司宣讲会之间，行色匆匆，有些甚至不远千里跨省参加招聘会。简历更是通过网络从全国四面八方涌入企业的招聘邮箱。而寒假、春节前后是校园招聘的淡季，节后 3 ~ 4 月份招聘的对象主要是寒假毕业的研究生。从招聘流程上看，腾讯的产品设计师的面试共有 7 轮，包括简历筛选、电话面试、笔试、群体面试、专业初步面试、HR 面试和总监面试等过程，其他各企业的招聘方式也大同小异。校园招聘的基本环节包括以下流程（图 4-10）：

（1）公司宣讲会和网络公示招聘计划。学生在网上填写申请表，投递简历（网申）。

（2）公司业务部门对简历进行初步筛选。企业通知学生参加笔试。

（3）参加多轮面试，包括电话面试、群体面试（交叉面试，即分组的团队测试）、业务部门面试、人事部门（HR）面试、总监面试（最终面试）等。

（4）企业最终确定录用（入职）。

图4-10　各大IT企业校园招聘的基本环节和流程

通常互联网企业考察新人的重点是分析与思维能力、观察和叙述能力、原型设计能力、团队合作能力。表 4-4 是 2012—2015 年百度在北京、上海和深圳校园招聘的部分笔试题目。由此可以看出，无论是交互设计师（UE）、视觉设计师（UI）、用户体验师（UX）还是产品经理（PM），都不是纯粹的技术岗位，而是熟悉“用户研究、原型设计、绘图能力、概念阐述和流程设计”的专业设计师。

例如表 4-4 中的第 1 题就需要分析用户需求，也就是分析用户在百度搜索“欧洲杯”这个关键词的意图是什么，如开始时间、地点、32 强名单和首发阵容等，还有一些商业需求，如预订机票、门票等。其他的内容还包括赛事进程、结果、赛事直播、相关新闻、访谈和综述等。原型设计则主要考察应聘者信息设计的能力，包括信息结构（导航）、色彩、风格、版式和交互等（图 4-11），同时要求考生画出软件交互界面和低保真原型图，这些都是艺术类考生应该熟悉和掌握的技术。这道题目考察的就是毕业生平时对软件的研究、分析和表达的能力。而这些恰恰也是交互设计师需要关注的重点内容。

表 4-4　2012—2015 年百度校园招聘的部分笔试题目

笔 试 题 目	考 察 重 点
在百度搜索“欧洲杯”这个关键词，在世界杯开赛前、开赛期间和结束后，用户的主要需求是什么？请设计搜索结果的展示页面	用户研究，原型设计，绘图能力，概念阐述，界面设计
说出一款 O2O 产品简述核心功能，分析优缺点	竞品分析，分析和表达
如果发现校园里效率很低的事，有没有想过提高效率？针对校园痛点分析需求，分析用户群及特征，估计用户数量及使用频率，画出流程图，说明如何提高效率	用户研究，原型设计，绘图能力，概念阐述，流程设计
将百度地图和百度大数据结合，在不考虑数据成本的情况下设计一款产品。给出产品设计思路、功能框架图以及产品的价值。产品可以是 App，也可以是附属在百度地图中的应用	原型设计，绘图能力，概念阐述，分析和表达，界面设计
选择一种互联网产品，说明其特点，再选择其他两种产品，比较三者的特性（用户人群、用户体验、产品设计、发展趋势等）	竞品研究，分析和表达
选择一种产品，例如百度电影、百度美食、百度地产，为其设计一个页面，说出它的一两个特点。然后说说为什么选择这种产品并画出界面	用户研究，原型设计，造型能力，概念阐述，界面设计
任选一款自己熟悉的百度产品，谈谈它在用户体验方面最大的问题是什么，并针对此问题给出解决思路	用户研究，分析和表达
针对百度知道的提问界面，分析它的问题，给出你的改进意见并阐明理由	用户研究，原型设计，界面设计
对于百度网页搜索，试分析任意两个关键词的用户需求是什么以及满足需求的完整路径，并给出搜素结果的效果图	用户研究，原型设计，触点分析，概念阐述，界面设计
列举一项自己日常生活中见到的，令自己印象深刻的优秀设计（或者恶劣设计）并说明理由	综合判断，概念阐述，竞品分析

图4-11　百度在2016年法国欧洲杯期间提供的页面

笔试完成后的面试同样是考察上述能力，同时也是考察应聘者团队合作能力的环节。例如群体面试（交叉面试，即分组的团队测试），俗称“群面”，也叫做“无领导小组讨论”(group interview)，面试的方式是：若干应聘者组成一个小组，共同面对一个需要解决的问题，如游戏的策划、产品设计或者一个新产品的营销推广方案等，也有比较发散的题目：如何用互联网思维做校园产品？从功能、运营、监管、战略角度讨论打车软件的利弊？请找出生活中不方便的现象并设计一款 App 来解决这个需求等。小组成员进行讨论，汇集各种观点，共同找出一个最合适的答案。小组面试的步骤一般是：①接受问题；②小组成员轮流发言，阐述自己的观点；③成员交叉讨论并得出最佳方案；④解决方案总结并由组长汇报讨论结果。整个群体面试包括自我介绍、讨论和总结陈述。面试官全程参与并通过行为观察决定谁将进入下一个环节。

群体面试后的环节都是以一对一的形式由面试官和应聘者进行单独交谈。其中常见的问题包括：你印象最深刻的项目是哪个？你觉得交互设计师需要具备什么样的素质和能力？你觉得怎样的产品才是一个成功的产品？你觉得产品设计和产品运营有什么区别和联系？在你实习过程中（或者项目经历）最有成就感的一件事是什么？你遭遇的最大挫折是什么，如何看待这次挫折，怎么解决的？你在实习中学到最有价值的东西是什么？如果在产品设计过程中和上级或者同事出现分歧，你会怎么解决？平时都会使用哪些应用或网站？觉得有哪些应用设计得比较好？最近一年最想做的产品是什么，为什么想做，打算怎么做？你每周最常浏览的网站有哪些？最近一个月你关注的 IT 行业动态有哪些？等等。其中专业面试的问题会比较具体而专业，而人事部门的面试多涉及简历、实习等较为宽泛的内容。总监面试则会是一些行业方向性的问题。这些都需要同学们平时多思考和多积累，才能够胸有成竹，对答如流。

思考与实践4

一、思考题

1. 交互设计师的职业特征是什么?

2. UE 和 UI 这两种工作的联系与区别在哪里?

3. 说明交互设计师、产品经理和界面设计师的工作区别。

4. 交互设计师应该是一个具有“十八般武艺”的综合人才，为什么?

5. 用户体验设计师应具有哪三个相互交叠的能力?

6. 百度移动用户体验部（MUX）对交互设计师的要求是什么?

7. 交互设计师的薪酬情况如何?

8. 校园招聘的一般步骤和流程是怎样的?

9. 什么叫群体面试? 它主要考察应聘者的哪些能力?

二、实践题

1. 深度访谈是交互设计师了解用户、产品和市场的重要方法（图 4-12）。深度访谈可以是一对一或多对一的形式，访谈的内容可以涉及竞品研究、用户体验、个人感受和趋势分析等话题。为了保持用户研究的一致性，访谈员需要有一个基本的“剧本式”的提纲作为指导。请设计一个采访大纲来了解一个手机游戏设计公司的产品定位和市场前景。

图4-12　深度访谈

2. 调研招聘类、猎头类的网站和手机 App。归纳和分析 IT 人才供需市场的信息，然后设计一款名为“校聘网”的专门针对大专院校毕业生校招的手机 App。需要给出产品定位、人群特征、盈利分析、市场前景、竞品分析和风险评估。

第5课　交互设计工具

5.1　Axure RP 7.0

对于高保真的快速原型设计来说，往往需要借助专业的原型设计软件来完成。Axure RP 就是目前国内外应用较为广泛的一款专业化的原型设计工具。该软件是美国 Axure Software Solution 公司旗舰产品，作为专业的原型设计工具（图 5-1），它能快速、高效地创建原型，同时支持多人协作设计和版本控制管理，可以让负责定义需求和规格、设计功能和界面的专家快速创建多种规格的手机 APP 应用、Web 网站线框图、流程图、原型和规格说明文档。商业分析师、信息架构师、可用性专家、产品经理、用户体验设计师、程序开发工程师、交互设计师、界面设计师等都非常青睐这款原型设计工具。目前包括 IDEO、青蛙设计（Frog Design）、苹果、谷歌等知名设计公司和 IT 企业都在使用 Axure RP，国内的淘宝、雅虎、腾讯和当当等公司的设计师、产品经理也都使用这款软件作为原型开发和演示的工具。Axure RP 中的 RP 是快速原型（Rapid Prototyping）的缩写。

图5-1　专业原型设计工具Axure RP的界面

Axure RP 所依赖的快速原型法（rapid prototyping）是一种有效的、高效率的、以用户为中心设计（User-Centered Design）技术，可以帮助用户体验专家、设计师、工程师创造更加有用的、高可用性的产品。Axure RP 最大的优点是无须编程，只通过控件拖曳和图形化人机交互的方式就能够生成应用程序或者网站模型。这对于没有太多编程基础的设计师和美工来说无疑是个福音。Axure RP 可以通过简洁直观的方式快速进行线框图和高保真原型的设计。其设计原型可以直接在手机上让客户体验和验证，也可以通过大屏幕向用户演示。不仅可以在手机屏幕上看到这个应用的图标，还可以执行单击、长按、水平划屏、垂直划屏、滑动、双击、滚动、切换窗口、浏览动画和广告等操作，就像运行一个真的 App。还可以让所有相关人员“安装”这个高保真应用（图 5-2）。当设计师更新了原型之后，所有相关人员都可以看到最新的反馈。此外，Axure RP 8 还可以应用多个动画功能，如褪色、移动、动态旋转部件或变形部件等。当设置动态面板的交互状态时，翻转动画可以同时被应用。另外，Axure 还能让团队成员进行多人协同设计并对设计进行方案版本控制管理。

图5-2 Axure RP的手机高保真App原型设计界面

5.2 Justinmind 6.5

在开始原型设计之前，首先要做的就是选择一款设计工具。目前国内外有十几款交互设计原型软件，除了 Axure RP 外，比较流行的还有 InVision、Proto.io、Balsamiq Mockups、Codiqa 和 FluidUI 等。这些工具功能相似，但各有优缺点。2015 年，库珀（Cooper）设计公司的艾米丽 • 施瓦兹曼 (Emily Schwartzman) 通过速度、保真度、分享（导入原型到手机）、用户测试、技术支持、触控（手势交互方式）和动态控件这 7 个指标对包括 Axure RP 在内的 8 款原型设计软件进行了评测和比较。其中，西班牙 Justinmind 公司出品的原型制作工具 Justinmind Prototyper 获得了除速度外的 6 项好评，其中“良好”（good）4 项，“优秀”2 项，其表现超过了 Axure RP 的评分，也成为领先其他软件的佼佼者（图 5-3，有删节，仅保留了其他 4 款同类软件的评测数据）。总体来说，Justinmind 满足了一款优秀的移动 App 产品原型设计工具所应该具备的条件：

① 支持移动端演示；

② 组件库的支持和插件灵活使用；

③ 可以快速生成全局流程图或 HTML；

④ 可以多人在线协作；

⑤ 具有手势操作、转场动画和交互特效。

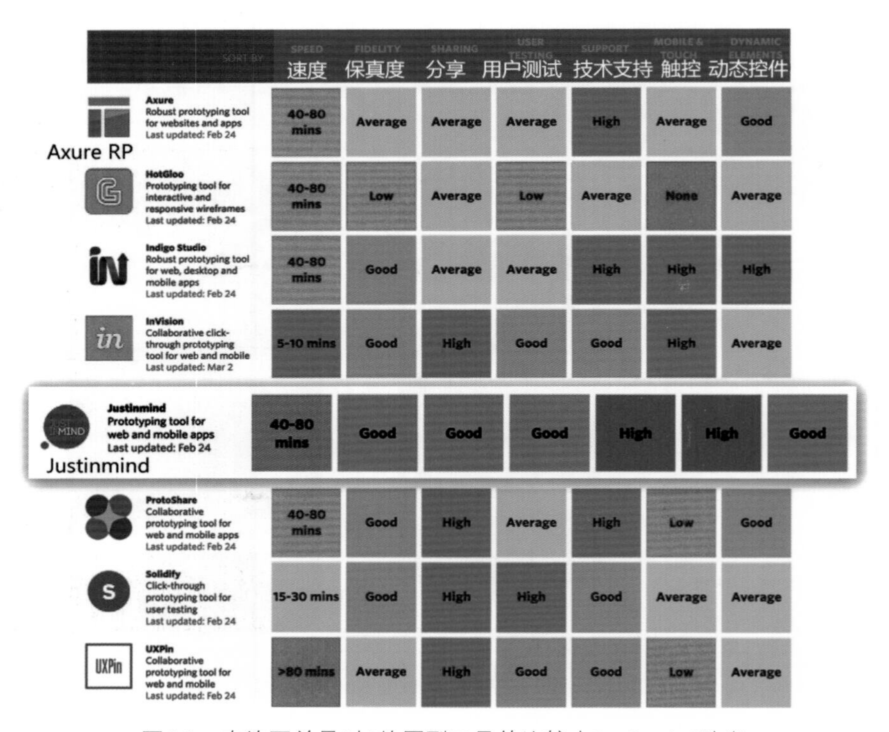

SORT BY	SPEED 速度	FIDELITY 保真度	SHARING 分享	USER TESTING 用户测试	SUPPORT 技术支持	MOBILE & TOUCH 触控	DYNAMIC ELEMENTS 动态控件
Axure RP — Axure: Robust prototyping tool for websites and apps. Last updated: Feb 24	40-80 mins	Average	Average	Average	High	Average	Good
HotGloo: Prototyping tool for interactive and responsive wireframes. Last updated: Feb 24	40-80 mins	Low	Average	Low	Average	None	Average
Indigo Studio: Robust prototyping tool for web, desktop and mobile apps. Last updated: Feb 24	40-80 mins	Good	Average	Average	High	High	High
InVision: Collaborative click-through prototyping tool for web and mobile. Last updated: Mar 2	5-10 mins	Good	High	Good	Good	High	Average
Justinmind — Justinmind: Prototyping tool for web and mobile apps. Last updated: Feb 24	40-80 mins	Good	Good	Good	High	High	Good
ProtoShare: Collaborative prototyping tool for web and mobile apps. Last updated: Feb 24	40-80 mins	Good	High	Average	High	Low	Good
Solidify: Click-through prototyping tool for user testing. Last updated: Feb 24	15-30 mins	Good	High	High	Good	Average	Average
UXPin: Collaborative prototyping tool for web and mobile. Last updated: Feb 24	>80 mins	Average	High	Good	Good	Low	Average

图5-3　在施瓦兹曼对8款原型工具的比较中Justinmind胜出

因此，与目前市场其他的设计工具相比，Justinmind 更适合设计移动终端 App。该软件能够很方便地进行移动端 App 的原型设计，不用代码编程就能轻松实现交互效果，特别是针对 iPhone 6 plus、iPad、黑莓和 Android 手机的移动端触屏手势操作，如单击、长按、水平划屏、垂直划屏、滑动、划过、缩放、旋转、双击、滚动等就多达 18 种（图 5-4），甚至还可以捕捉设备方向来模拟重力感应。此外，当数据列表或数据网格的值变化时可以触发交互事件（on data change），当变量的值发生变化时也可以触发事件（on variable change），由此高度仿真地实现了各种手势效果。该软件还有丰富的组件，如菜单、表单或数据列表，以协助实现绘制高保真原型，同时可以由用户创建自己的组件库。

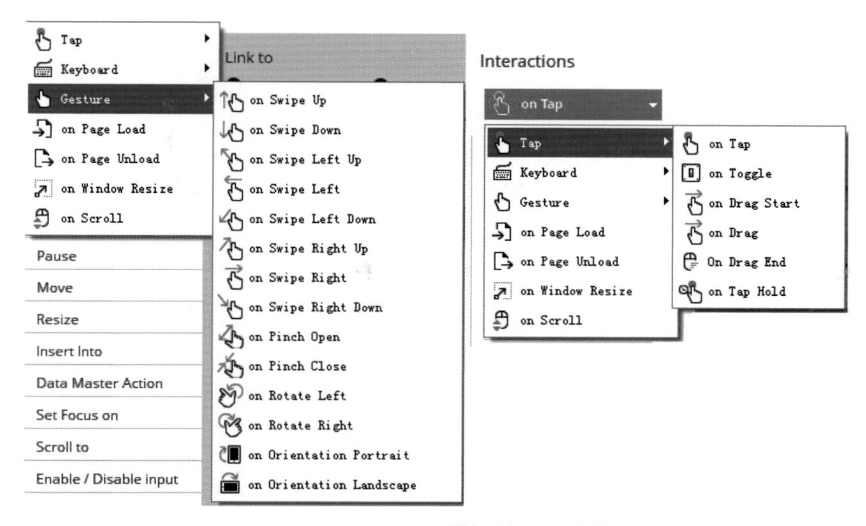

图5-4 Justinmind可以模拟的手机触控方式

此外，Justinmind 的操作简洁方便，可以通过拖曳等方式来实现跳转、定向等交互效果，无须像 Axure RP 一样每一步都只能通过点击来完成。并且该软件的显示更为直观（如进度条）。这些基于手机交互的响应和反馈相比 Axure RP 来说更为快捷和灵敏。更诱人的是，该软件生成的交互程序原型可以直接导入手机中进行仿真操作，让用户能够更直观地感受交互原型的魅力（图 5-5）。Axure RP 最早是专门针对 Web 应用而发展起来的原型工具，虽然后期针对移动设备作了大量的改进，但用户测试显示，该软件在移动端演示的流畅性和交互性上要明显逊色于 Justinmind。同样，在移动端触屏手势、组件、动态控件、图形和模板的数量上，Axure RP 也无法和 Justinmind 相比。Justinmind 不仅使用简单易懂，提供了多种规格的移动端模板，同时也能进行 PC 端的原型设计，其暗黑色的界面风格也很具现代感。除了 Justinmind 自带的图形库外，网络上也有各种各样的组件、模板，如专门针对苹果 iWatch 智能手表的各种控件，用户可以根据需要选择相应的控件进行使用。因此，Justinmind 是手机高保真原型设计的利器，是高保真原型开发与操作不可或缺的软件。

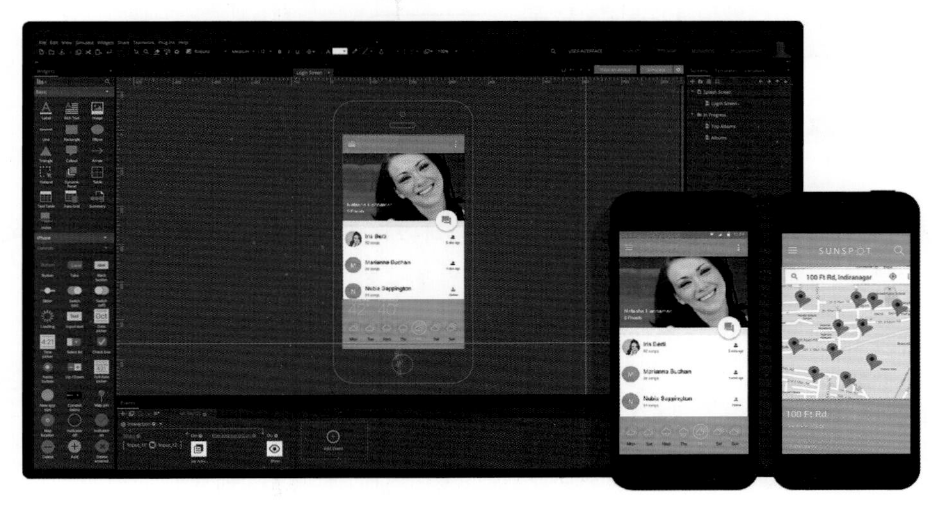

图5-5 Justinmind交互原型可以直接在手机中模拟

5.3 Balsamiq Mockups 3

Balsamiq Mockups 是美国 Balsamiq 工作室于 2008 年推出的一款手绘风格的产品原型设计工具。Balsamiq 软件是交互设计师绘制 Web 产品线框图或产品原型界面的利器。它属于轻量级的原型设计软件，内置了常用的控件和图标，对于设计师来说，只要拖曳再加上一些简单的编辑（如输入文本）就可以呈现出媒体设计的低精度原型。使用 Balsamiq 软件画出的原型图都是手绘风格的图像，看上去类似涂鸦般的简洁。该软件提供了 9 大类共计 50 多个控件，比如按钮（基本按钮、单选按钮等）、文本框、下拉菜单、树形菜单、进度条、多选项卡、日历控件、颜色控件、表格、Windows 视窗等。除此以外，它还支持 iPhone 手机和 iPad 平板电脑元素原型图。虽然这种涂鸦般的手绘风格看上去略显粗糙，但对于“快速原型”来说，这种“低分辨率”的草图式设计更接近于纸上原型，使得设计师可以快速向用户展示其设计思想。在原型阶段，手绘风格可以强迫设计者和客户把注意力集中在程序的功能、布局和交互上，而舍弃不必要的细节内容（图 5-6）。

图5-6 Balsamiq Mockups 3的界面和控件

除了能够导入图片外，Balsamiq Mockups 还可以将图片转换成手绘风格。该软件的其他优点包括：

① 易用性，其 UI 控件支持自动拖曳并且可以实现自动对齐；

② 丰富性，该软件提供了多样的组件，从按钮到输入框，从导航到页面、表格，甚至包括了最新的 iPhone 元素（图 5-7）；

③ 便捷性，用户对元素的修改除了工具栏外，还可以使用隐藏编辑框，支持快捷键；

④ 兼容性，该软件可使用 XML 语言保存元素，也可以导出 PNG 图片，还可以插入到

任何项目；

图5-7　Mockups模拟手机界面的控件

⑤ 跨平台，包括 Windows、Mac OS、Linux 下都可以使用。Balsamiq 不足之处在于：相对于纸和笔，它不够灵活；而相对于 Axure RP 7 或 Justinmind 7 来说，它精度不够，也不能制作交互效果，不能将重复区域做成模板，只能做界面布局或 UI 的前期设计。

5.4　思维导图工具

思维导图 (mind map) 又称脑图、心智图，是由英国头脑基金会总裁东尼 • 博赞（Tony Buzan）在 20 世纪 80 年代创建的一套表达“发散思维”的创意和记忆方法。博赞受到大脑神经突触结构的启发，用树状或蜘蛛网状的多级分支图形来表达知识结构，特别强调图形化的联想和创意思维（图 5-8）。思维导图类似于计算机的层级结构，通过主题词汇→二级联想词汇→三级联想词汇的串联，形成“节点”形式的知识体系，这有些类似于大脑神经突触结构。思维导图运用图文并重的技巧，把各级主题关系用相互隶属的层级图表现出来，把主题关键词与图像、颜色等建立逻辑，利用记忆、阅读和思维的规律，协助人们在科学与艺术、逻辑与想象之间平衡发展，从而成为联想思维和“头脑风暴”的创意辅助工具。

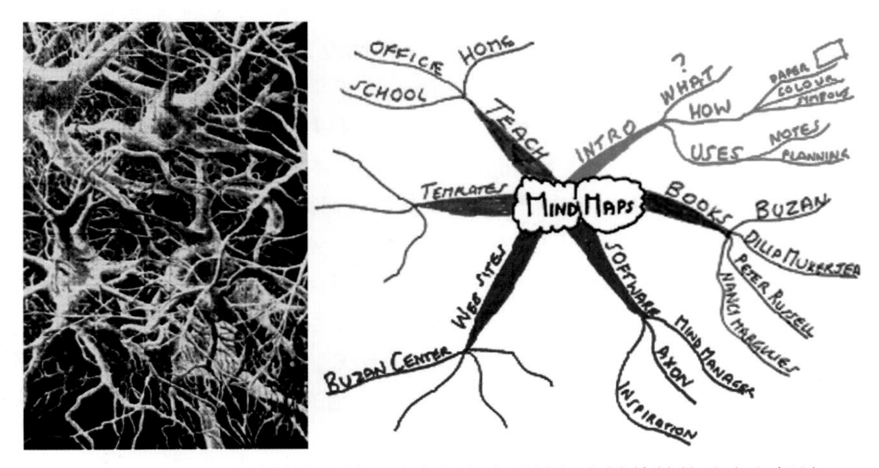

图5-8　发散思维的树状分枝图（右）和大脑神经突触的结构（左）相关

思维导图是一种发散思维的方法。每一种进入大脑的资料，不论是感觉、记忆或是想法，包括文字、数字、符码、食物、线条、颜色、节奏或音符等，都可以成为一个思考中心，并由此中心向外发散出更多的二级结构或三级结构，而这些“节点”也就形成了个人的数据库（图 5-9）。思维导图会把大脑里面混乱的、琐碎的想法贯穿起来，最终形成条理清晰、逻辑性强的知识结构，如鱼骨图、二维图、树形图、逻辑图、组织结构图等。思维导图遵循一套简单、基本、自然和易被大脑接受的规则，如颜色分类、突破框架、深入思考、分享创意和双脑思维等。思维导图通过“自由发散联想”形成触类旁通、头脑激荡的特点，适用于“头脑风暴”式的创意活动，也成为 IDEO、苹果、百度、腾讯等 IT 企业创新型思维的活动形式之一。

图5-9　思维导图通过主题词汇建立层级和联想

虽然思维导图可以直接用水彩笔、铅笔或钢笔来手绘制作，但在实践中，为了加快创意进度，设计师们还是愿意选择思维导图软件来帮助设计（图 5-10）。目前市场上的思维导图软件可以分为专业类（如 Mindjet MindManager）、开源类（如 XMind）和在线工具类（如 Google Coggle）等十多款。这些软件功能相似，也多是基于分层树状结构，其设计原理和界面也大同小异。MindManager 是 Mindjet 公司所推出的专业思维导图工具。设计师可以在视图中组织想法并通过拖曳来整理思维导图，其中还可以添加图像、视频、超链接和附件，进行项目管理和任务管理（图 5-11）。该软件不仅用于头脑风暴和创意设计，同时也是一个创造、管理和交流思想的工具，能够很好地提高项目组的工作效率和小组成员之间的协作性。它可以帮助项目团队有序地组织思维、资源和项目进程。MindManager 不仅可以将思维的路径图形化、条理化，以非线性的方式整合起来，而且可以使头脑风暴能够最终落实为有组织、有计划的任务。此外，该软件还提供专业的拼写检查、搜索、加密甚至音频笔记的功能。

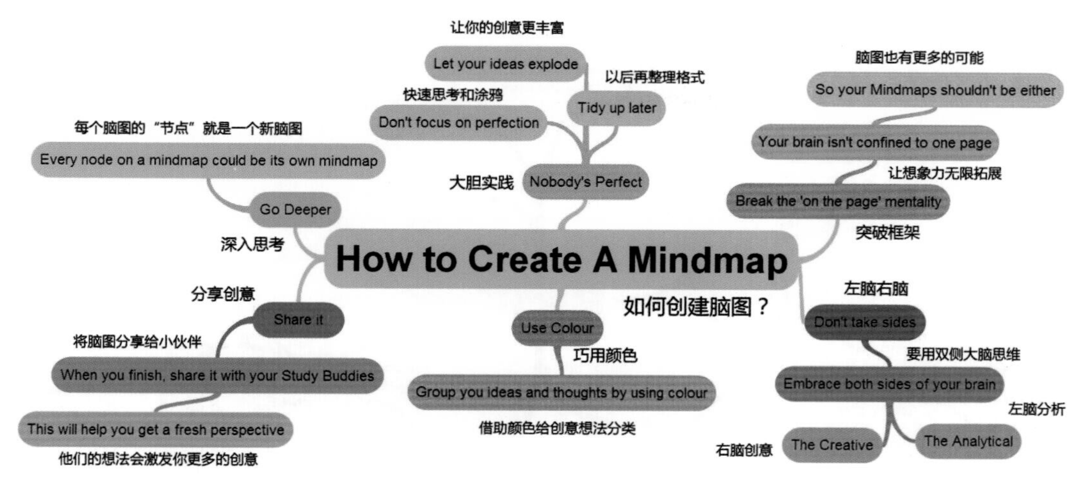

图5-10　思维导图适合头脑风暴式的创意活动

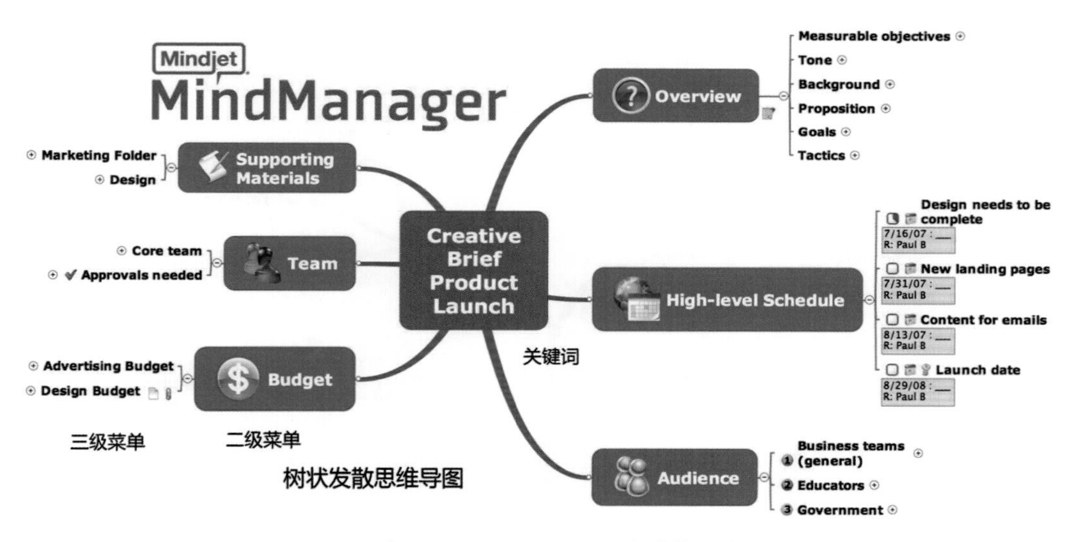

图5-11　由Mindjet MindManager生成的思维导图

除了上述专业思维导图设计工具外，在线设计工具类如百度脑图、MindMeister 和 Google Coggle 等也成为许多设计师的首选。这些轻量级工具操作简便，图形新颖，可以满足很多普通用户的需求。对于企业设计师来说，还可以通过注册会员和分期付费的方式得到更专业的服务，如模板、搜索以及插入数据图表、照片和视频等功能。Google Coggle 采用了扁平化的树状和发散形的设计风格，路径清晰，简洁美观（图 5-12），更重要的是能够便捷地同朋友和同事分享和协同，因此成为广受市场欢迎的轻量级脑图创意和设计工具之一。

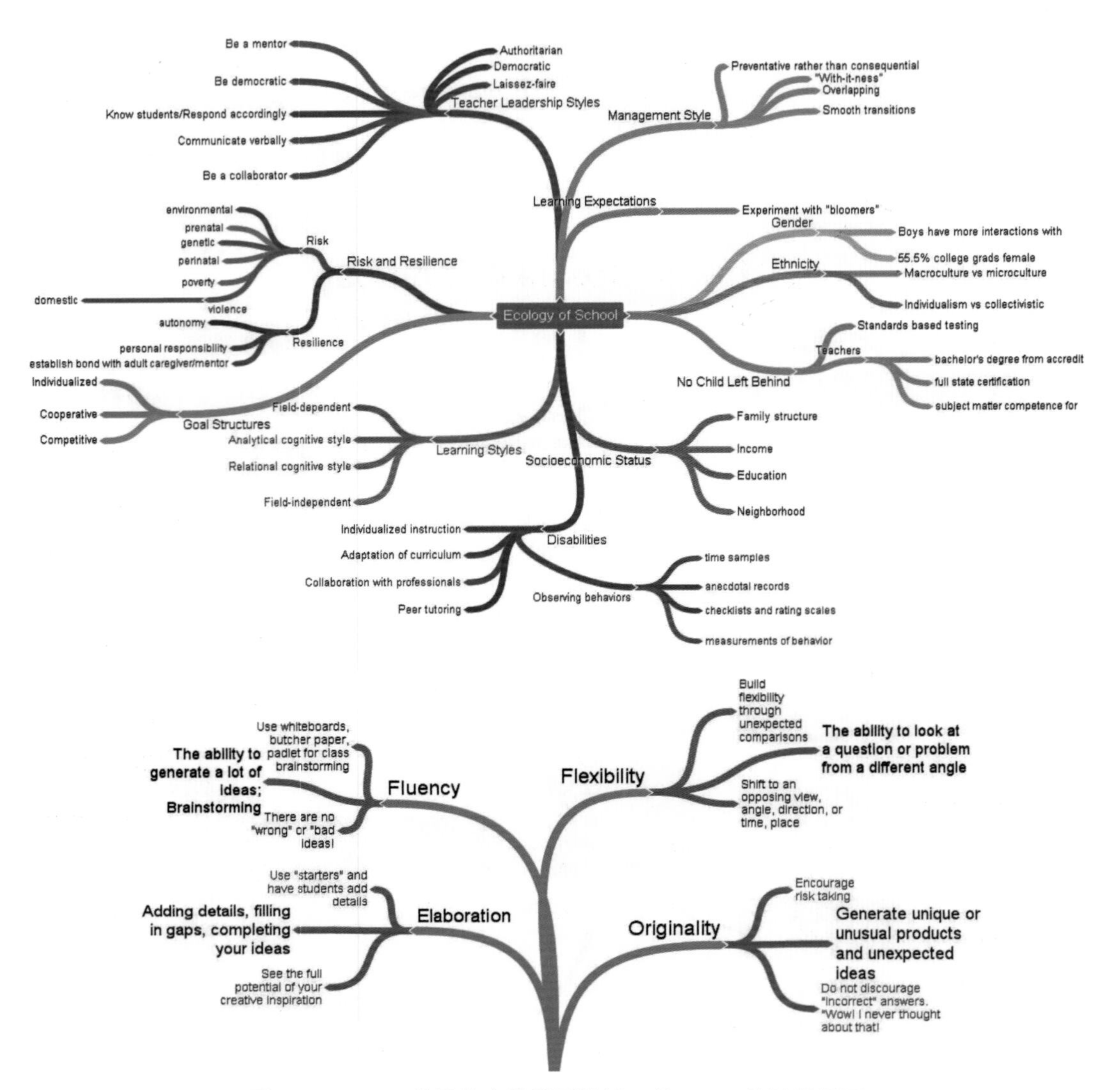

图5-12　Google公司的在线脑图设计工具Coggle的思维导图

思考与实践5

一、思考题

1. Axure RP 的主要用途是什么?

2. 作为手机 App 原型设计软件，Justinmind 有哪些突出的优势?

3. Balsamiq Mockups 原型设计的特点是什么?

4. 什么是思维导图? 其主要用途有哪些?

5. 举例说明思维导图在发散思维和创意中的应用。

6. MindManager 设计思维导图的优势有哪些?

7. MindManager 作为项目管理软件的优势有哪些?

8. 举例说明纸原型和原型软件各自的优势和短板。

9. 涂鸦型思维导图工具 Google Coggle 的特点有哪些?

二、实践题

1. 原型设计的主要用途在于设计媒体界面和交互方式。请调研陌陌（图 5-13）的界面设计（主界面和信息、附近、对话和好友等二级界面）并画出原型图。利用 Justinmind 重新设计其内容和交互方式，从趣味性、可用性、可爱性和游戏性来重新定位该产品。

图5-13　陌陌的界面设计

2. 思维导图可以通过关键词进行延展和发散思维，如以“服务设计”为关键词，就可以发散衍生出“服务”“设计”“体验”“交互”“目标用户”“服务模式”和“需求分析”等二级词汇。请借助 MindManager 软件，对这些二级词汇进一步分类和细化（三级词汇），并构建“服务设计”的知识体系，构建该领域的树形图或鱼骨图。

第6课　H5云端设计

6.1　H5+CSS3

从 2010 年开始，H5（HTML5）就一直是互联网技术中最受关注的话题。从前端技术的角度，互联网的发展可以分为 3 个阶段：第一阶段是以 Web 1.0 为主的网络阶段，前端主流技术是 HTML 和 CSS；第二阶段是以 Web 2.0 为代表的 Ajax 应用阶段，热门技术是 JavaScript/DOM 异步数据请求；第三阶段是目前的 H5 和 CSS3 阶段，这两者相辅相成，使互联网又进入了一个崭新的时代。在 H5 之前，由于各个浏览器之间的标准不统一，Web 浏览器之间互不兼容。而 H5 平台上的视频、音频、图像、动画以及交互都被标准化了。

H5 的主要优势包括兼容性、合理性、高效率、可分离性、简洁性、通用性、无插件等。自从 2010 年正式推出以来，它就以一种惊人的速度被迅速推广。H5 在音频、视频、动画、应用页面效果和开发效率等方面给网页结构带来了巨大的变化，给传统网页设计风格及相关理念带来了冲击。为了增强 Web 应用的实用性，H5 扩展了很多新技术并对传统 HTML 文档进行了修改，使文档结构更加清晰明确，容易阅读（图 6-1）。同时，H5 增加了很多新的结构元素，降低了复杂性，这样既方便了浏览者的访问，也提高了 Web 设计人员的开发速度。H5 设计的网页不仅美观、清晰、可用性强，而且还有可移植性，能够跨平台呈现为移动媒体或手机网页。目前，H5+CSS3 规范设计已成为网络媒体的设计标准。

图6-1　国外公司采用H5设计的多风格网页模板

6.2 H5广告设计

据统计，近年来，我国移动互联网的用户、终端、网络基础设施规模在持续稳定地增长，移动应用开发者数量超过 300 万人，同比增长约 16%，移动应用生态链初步形成，展现出勃勃生机，为 H5 广告提供了技术驱动力。智能终端设备和 4G 网络的普及以及社交功能 App 的推行带来了用户数量的提升。随着智能手机的普及，用户的信息获取方式逐渐社交化、互动化、移动化、富媒体化。多元化社交网络平台的普及为 H5 广告的传播制造了可能。随着移动媒体、App 和微信、朋友圈营销的火爆，H5 互动手机广告成为各大电商和企业营销推广的新媒体（图 6-2）。这些手机交互广告炫目多彩，风趣幽默，还可以如游戏般地用户互动。这个技术的核心就是 H5 + CSS3 + JavaScript 语言的合集，可以实现 3D 动效、GIF 动图、时间轴动画、H5 弹幕、多屏现场投票、微信登录、数据查询、在线报名和微信支付等一系列功能。其中，H5 负责标记网页里面的元素（标题、段落、表格等），CSS3 则负责网页的样式和布局，而 JavaScript 负责增加 H5 网页的交互性和动画特效。

图6-2 淘宝网推出的“淘宝造物节邀请函”H5手机广告

H5 技术的不断成熟使得 H5 定制化公司（如易企秀、MAKA、兔展、Vxplo 互动大师等）提供的模板和工具平台等大量涌现。这些集策划、设计、开发于一身的互动营销公司和技术平台不仅有效降低了广告制作成本，小公司还可以依靠云端设计工具来“自助式”开发 H5 广告。当前，“H5 营销”的推广方式包括微信公众号、朋友圈、微信群、微博、LinkedIn、QQ 群、QQ 空间、新闻客户端、App 广告、线下海报等，其中效率最高的是微信群、朋友圈和公众号。H5 技术的简单、快捷的优点也超越了其他技术。例如，传统视频文件大，传输慢，制作复杂，修改麻烦；Flash 页面虽可以互动，但对 iOS 手机和 H5 支持力度则远远不够。

H5 广告属于近一两年才兴起的新广告媒体，这对交互设计师的能力带来了不少的挑战。例如，传统平面广告制作周期长，环节多，而 H5 广告则要快捷得多。此外，平面设计师的制作工具较为单一，而 H5 广告则要求设计师还应该会音视频剪辑、动效和初步编程（交互）等。传统的广告设计师功夫在于做画面，内容是静止的；而 H5 广告能够融合平面、动画、三维、交互、电影、动效、声音等，其表现的范围和潜力要大得多。此外，二者在文案策划的思路上也存在差异。平面广告多在户外公共空间或纸媒展示，往往内容更加“高大上”；而 H5 广告主要针对非特定的手机用户群，因此，广告文案要求更“接地气”，面向普通消费者的诉求（图 6-3）。

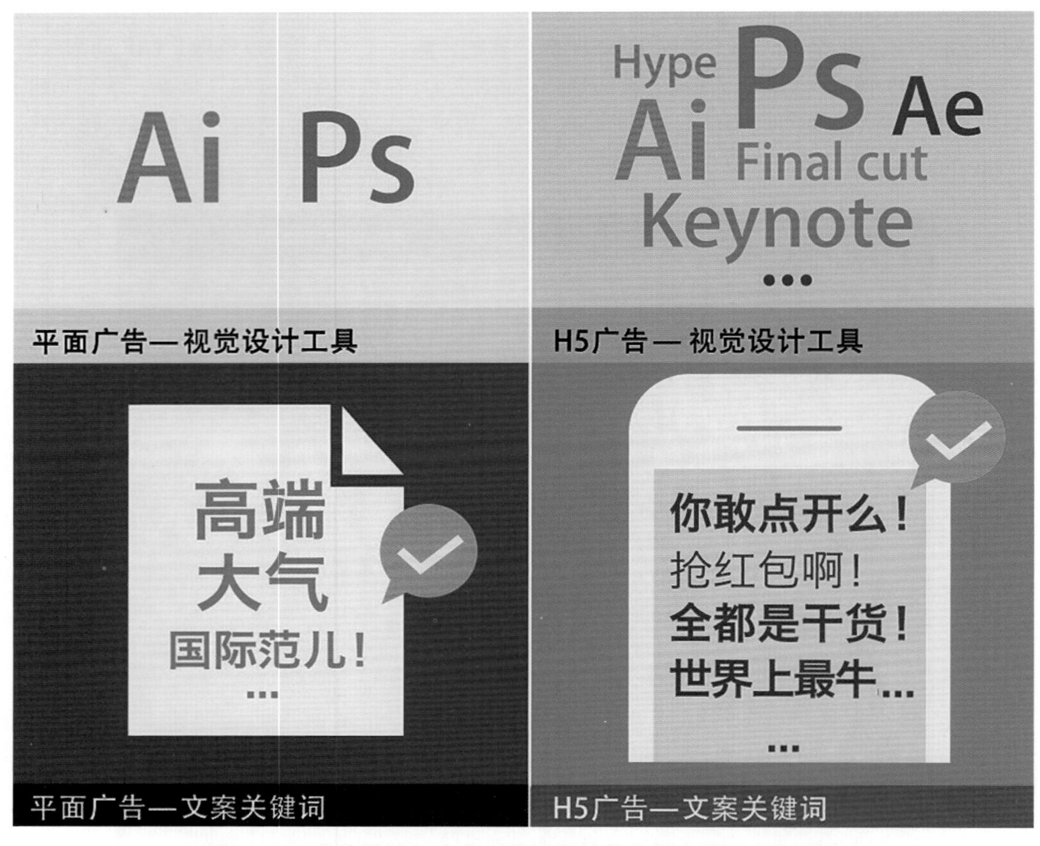

图6-3　H5广告设计与文案对设计师的能力提出了更高的要求

H5 广告的创意并不在于炫酷，独特的画风、抓眼球的内容和有趣好玩的交互性往往是致胜法宝。例如，《冲破次元壁——学渣的救星》（图 6-4）是腾讯推广其动漫 App 的 H5 广告。漫画属于二维的空间，喜欢手绘漫画的人通常都被叫做二次元星人。该 H5 广告采用漫画形式，画风大胆而有冲击力。它从一个平淡无奇的校园故事开始，而结果却让人出乎意料。特别是通过学生最熟悉的考试方式来判定次元，5 道题中除了地球人会选择的答案，还有脑洞大开的二次元星人会选择的答案，实现了学渣和学霸的转换，让真正热爱漫画的玩家体验到一种亲切感。又如阿里巴巴为推广“金芝麻奖”所制作的 H5 手机广告《阿里巴巴 • 明星电商影响力盘点》（图 6-5、图 6-6）就结合智能手机的特点，将手绘、插画、社会热点、幽默和角色代入感融为一体。

图6-4　腾讯游戏H5手机广告《冲破次元壁——学渣的救星》

图6-5　阿里巴巴H5手机广告《阿里巴巴·明星电商影响力盘点》之一

图6-6　阿里巴巴H5手机广告《阿里巴巴・明星电商影响力盘点》之二

6.3　Vxplo互动大师

Vxplo 互动大师是一款制作 H5 页面的工具。该软件的优势就是通过用户“自助模板菜单式”的技术服务，让不懂代码的人也可以进行 H5 页面的定制。当用户注册登录后，就可以看到其作品展示区、模板区和推荐作品（图 6-7，上）等，帮助用户选择不同设计风格和动态效果的模板。单击右侧的+按钮进入“新建案例”后，就会弹出作品创作和编辑页面(图6-7，下)，通过左侧的工具栏就可以导入文字、图像、音乐和视频。同时，借助属性面板、对象树、事件面板、时间轴面板等参数设置，还可以进一步添加和编辑页面元素的各种动态和交互效果（时间轴、按钮、交互事件、二维码等），一个很有创意的酷炫 H5 作品就可以创作出来了。甚至可以翻转页面或者设计一些复杂的小游戏和交互应用，如多点触摸的项目等。

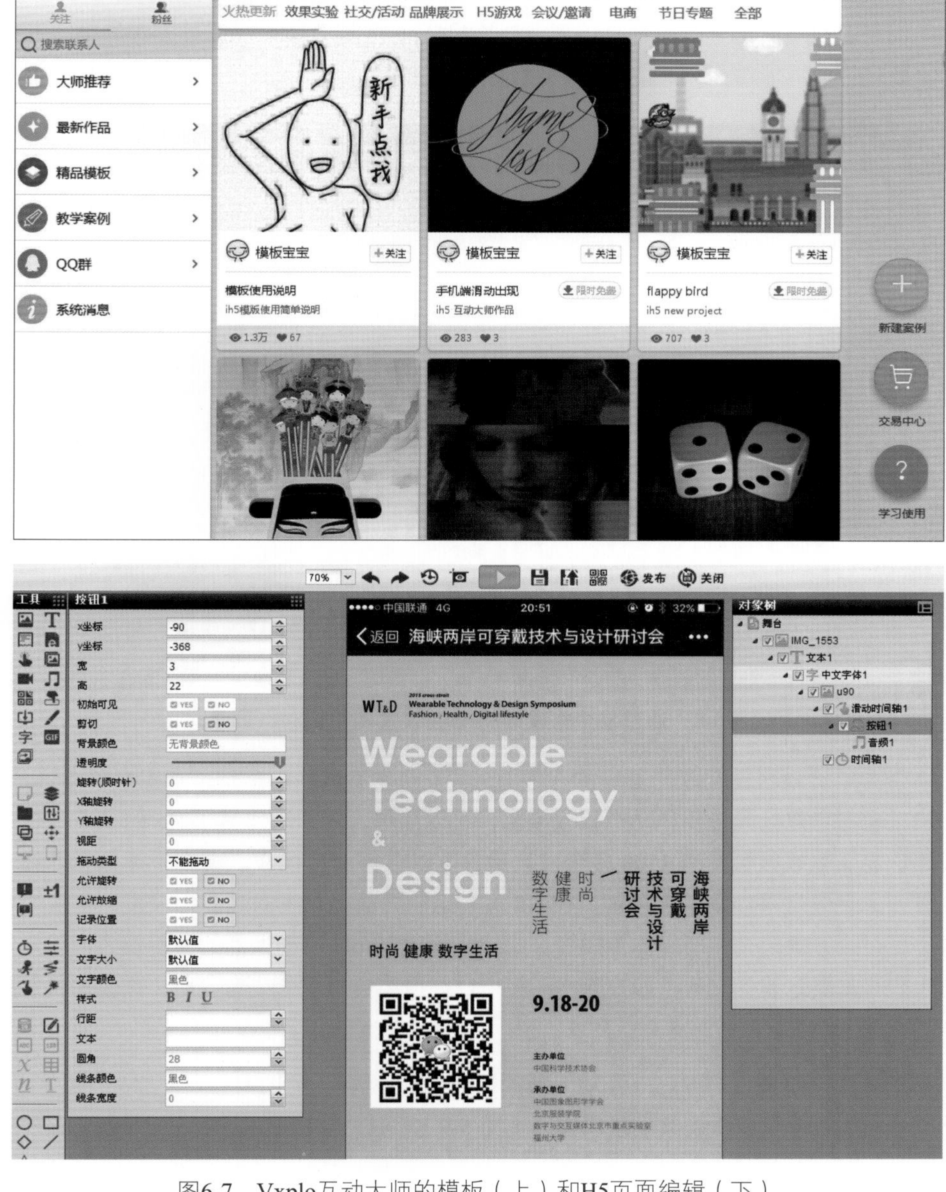

图6-7　Vxplo互动大师的模板（上）和H5页面编辑（下）

6.4　易企秀

从名字就可以看出，这个编辑器的定位是中小企业和团队的 H5 页面制作。易企秀可以制作出各种可以刷爆朋友圈的 H5 动态页面。此外，该软件还提供各种邀请函、微杂志、微贺卡、公司招聘、企业宣传等众多的样例模板（模板里有表单），在此基础上，用户通过进一步编辑修改就可以制作成为动感十足的宣传推广网页，如会议宣传、企业宣传、活动宣传和商业产品推广等（图 6-8）。此外，易企秀的页面管理方便，可以通过在线编辑的方式随时修改或更新，实现微营销和自营销。易企秀网站和手机 App 的数据是完全互通的，用户不仅可以在电脑上修改，甚至还可以在手机 App 中随时修改，还可查看浏览次数和收集到的数据。

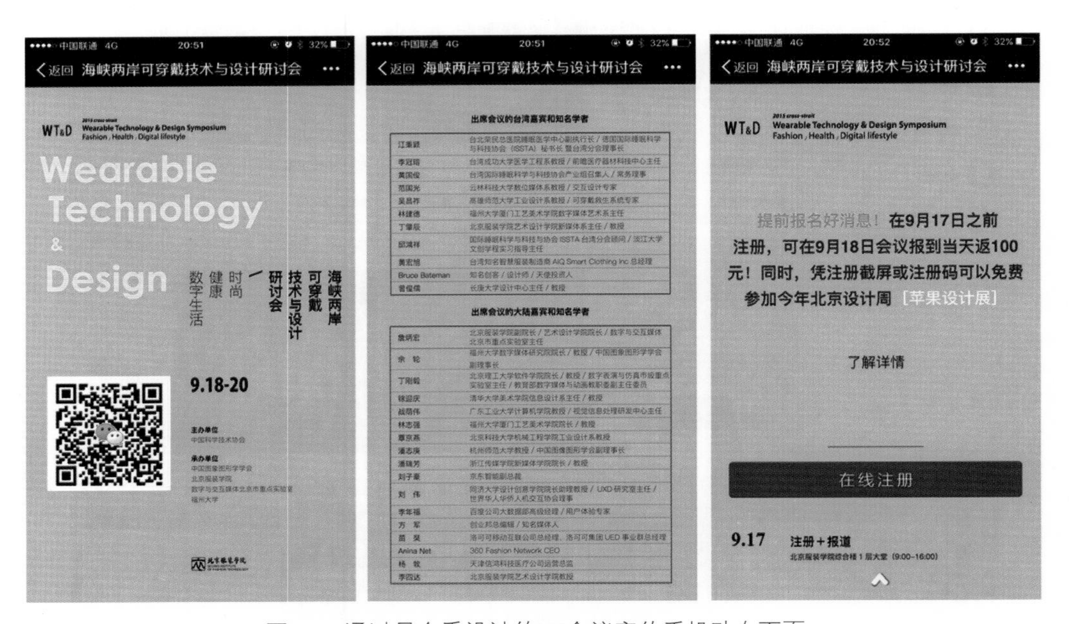

图6-8　通过易企秀设计的H5会议宣传手机动态页面

易企秀是针对移动互联网营销的在线 H5 场景制作工具，包括苹果和安卓移动客户端，在手机上也可创建场景应用，动态模板丰富，可以简单、轻松制作基于 H5 的精美手机幻灯片页面。易企秀模板数量有 1100 多个，且用户可以自行上传模板，模板分类标签详细。由于其最初的定位是移动场景自营销，在 H5 页面定制方面，易企秀起步比较慢，而且专业性略显不足，如方案策划和新媒体传播等。此外，相比 Vxplo 互动大师的免费模式，该软件在企业用户和需要定制的服务（如去除水印等）往往需要会员积分或者收费，这也是目前这类服务的一个大趋势。

易企秀的操作方法与 Vxplo 互动大师的操作大同小异。当用户注册（可以用微信或 QQ 注册）登录后，就可以看到其场景制作区（图 6-9）。可以选择自主创建场景或者借鉴已有的场景模板。在个人场景中包括招聘、简历、节日、贺卡、商品、介绍等可选择的定制栏目，企业和行业的模板需要会员升级等付费服务。顶部工具栏提供了包括字体、文字、图像、视频、音乐、形状、图集、表单、互动和特效的选项，可以为页面添加各种动效和交互事件。单击右下角的 + 按钮就可以添加新的一页。制作成功的场景需要保存，但保存的场景还需要发布才能在朋友圈出现。单击“发布”按钮就可以直接发布 H5 页面。同时，该软件还在后台提供了“收集数据”和“场景展示”的数据服务，包括报名情况和阅读量等。相比 Vxplo 互动大师，易企秀的操作方法更为简单，容易上手，特别是对非美工出身的人来说，更容易实现初步的动态 H5 页面的制作。

图6-9　易企秀的模板页面和编辑工具

6.5　MAKA

MAKA 和易企秀、兔展、人人秀和 Vxplo 互动大师并称为国内五大微信 H5 页面制作工具。MAKA 的口号是“简单、强大的 H5 创作工具”。其编辑界面有新手（有模板）和高阶（无模板）两种编辑模式，提供大约 60 个模板和一些特效模板。该软件可用于微信动态消息制作，现在有 App 和 PC 两个版本，iPhone 和 Android 都可以下载。可以展示文字、图片和音乐等信息。作为在线 H5 动态手机网页的设计工具，MAKA 和易企秀、Vxplo 互动大师的操作非常相似，登录 www.maka.im 并用邮箱注册，新建项目后选择合适的模板就可以进行页面的设计（图 6-10）。

图6-10　MAKA的网站启动和注册后的界面

和其他几款 H5 页面制作工具相比，MAKA 的工作界面更加简洁、清晰和精致，支持动态和延迟操作；还有摇一摇、重力感应等多种交互方式（图 6-11）用户可以编辑文字、动画、背景音乐和动画特效。完成后可以进行预览，还有二维码可以分享。与其他的微信消息编辑器比较，MAKA 制作的流程较为便捷，操作也比较简单，其中的图画和界面都可以随个人喜好进行改变。总之，MAKA 是一款大众化的 H5 页面制作工具，朋友圈里那些点开即自动播放、动感十足、图文并茂、自带配乐的“多媒体幻灯片”很多都是 MAKA 的功劳。在新媒体时代，数字营销手段紧跟潮流，刷刷朋友圈，看看订阅号，微信营销也成为产品推广的新宠，而 MAKA、易企秀、兔展、we+ 和 Vxplo 互动大师等 H5 页面定制工作室和相关制作工具的普及为交互设计师提供了发挥创意和推广形象的新舞台。

图6-11　MAKA的模板（左）和图文编辑工具（右）

6.6　H5设计类型

伴随着移动互联网的用户、终端、网络基础设施规模持续稳定增长，H5 广告日益成为新媒体广告的一个重要传播形式。H5 广告包括活动推广、品牌推广、产品营销和总结报告几大类型，有手绘、插画、视频、游戏、邀请函、贺卡、测试题等表现形式。其中，为活动推广运营而打造的 H5 页面是最常见的类型。H5 活动运营页需要有更强的互动、更高质量、更具话题性的设计来促成用户分享传播。从进入微信 H5 页面到最后落地到品牌 App 内部，如何设计一套合适的引流路线也颇为重要。例如，大众点评网为“5.15—5.17 吃货节”设计的推广页（图 6-12）便深谙此道。复古拟物风格的视觉设计让人眼前一亮，富有质感的插画，配以幽默的动画与音效，围绕“517 我要吃”这个关键词，用“夏娃”“爱因斯坦”“猴子”和“思想者”等噱头，配以幽默的文字，成为“邮票式”H5 海报设计的创意经典。同样，杜蕾斯“动动节”款定制避孕套的 H5 广告（图 6-13）也颇具创意。该广告结合了微信摇一摇 + 双屏互动的技术，用户可以测试两个人之间的契合指数，还能定制属于两个人的杜杜包装盒，图案、文字都由用户自己选择和填写，很有私人定制的感觉，这也是互动广告的精髓。

图6-12　大众点评网为“5.15—5.17吃货节”设计的H5广告

图6-13　杜蕾斯“动动节”定制避孕套的H5广告

不同于讲究时效性的活动运营页，品牌宣传型 H5 页面等同于一个品牌的微官网，更倾向于品牌形象塑造，向用户传达品牌的精神态度。在设计上需要运用符合品牌气质的视觉语言，让用户对品牌形成深刻印象。如 H5 品牌广告《京东的十大任性》(图 6-14) 就用 10 张横屏页面讲述了京东在 2014 年的十大成就，视觉设计上采用简洁的扁平风插画，加入纸面质感，形成复古卡片拼贴感。不同页面间通过手指滑动实现流畅的动效。该 H5 页面应该是京东集团品牌形象广告的代表。

图6-14　品牌H5广告《京东的十大任性》截图

除了品牌形象外，产品营销 H5 广告聚焦于产品功能介绍，运用互动技术优势尽情展示产品特性来吸引用户。例如，耐克 (NIKE) 利用运动鞋品牌 AIR MAX 的 29 周年庆活动策划了一个 H5 产品广告 (图 6-15)，让大家回顾 AIR MAX 的历史和每一款产品，同时可以上传自己喜欢的照片，在此基础上再创作出自己心仪的运动鞋外观。该广告提供了 AIR MAX 家族贴纸、气氛贴纸、道具贴纸，既有互动性，又有纪念意义。该广告的设计以清爽的淡蓝作为主背景，配合各款 AIR MAX 的鞋子颜色。产品展现和背景为动态特效，DIY 创意海报为静态，动静结合，符合运动品牌的理念。该广告在交互上采用滑动、点击等方式，在文案上则简洁清新，言简意赅。

图6-15　耐克运动鞋品牌AIR MAX手机H5互动网页

H5 广告设计和平面版式设计类似，字体、排版、动效、音效和适配性这五大因素可谓“一个都不能少”。如何有的放矢地进行设计，需要考虑到具体的应用场景和传播对象，从用户角度出发去思考：什么样的页面是用户最想看的，最会去分享的。通过“测试题”“小游戏”和“互动分享”等方法是很多 H5 广告拓展流量的法宝。例如拍拍网全球同步发售 iPhone 6 的 H5 广告就是一个脑爆创意的经典（图 6-16）。该广告通过《关于 iPhone 6 的哥德巴赫猜想》的互动游戏形式，将“求中奖”行为和测试结合起来，通过更含蓄和貌似“不经意”的方法达到营销的目的。

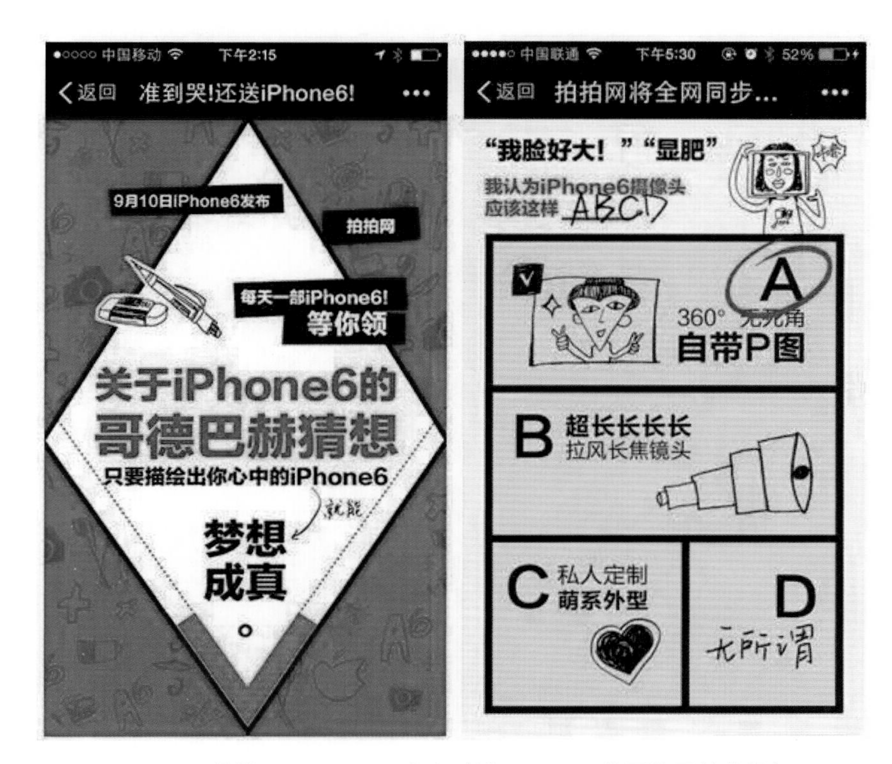

图6-16　拍拍网iPhone 6 H5广告《关于iPhone6的哥德巴赫猜想》

6.7 H5设计规范

1. 简洁集中，一目了然

手机广告设计不同于平面广告。在有限的手机屏幕空间内，最好的效果是简单集中，最好有一个核心元素，突出重点为最优。简单图文是最典型的 H5 专题页形式。“图”的形式千变万化，可以是照片、插画和 GIF 动图等，通过翻页等简单的交互操作，起到类似幻灯片的传播效果。简单图文考验的是高质量的内容本身和讲故事的能力。滴滴顺风车这个案例就是典型的简单图文型 H5 专题页（图 6-17），用几张照片故事串起了整套页面，视觉简洁有力，以滴滴品牌的橙色做背景。

图6-17　简约手绘风的滴滴顺风车H5广告

2. 风格统一，自然流畅

页面中的元素（插图、文字、照片）的动效呈现是H5广告最有特色的部分。例如，一些元素的位移、旋转、翻转、缩放、逐帧、淡入淡出、粒子和3D、照片处理等使得这种页面产生电影般的效果。例如，大众点评网为姜文的电影《九步之遥》做的H5广告就是其中的佼佼者（图6-18）。该广告的视觉设计延续了怀旧海报风格，字体、文案、装饰元素等细节处理也十分用心，包括文案措辞和背景音效，无不与整体的戏谑风保持一致，给了用户一个完整统一的互动体验。开脑洞的创意、交互选择题和动画（如剁手）令人叫绝，由此牢牢吸引了用户的眼球。

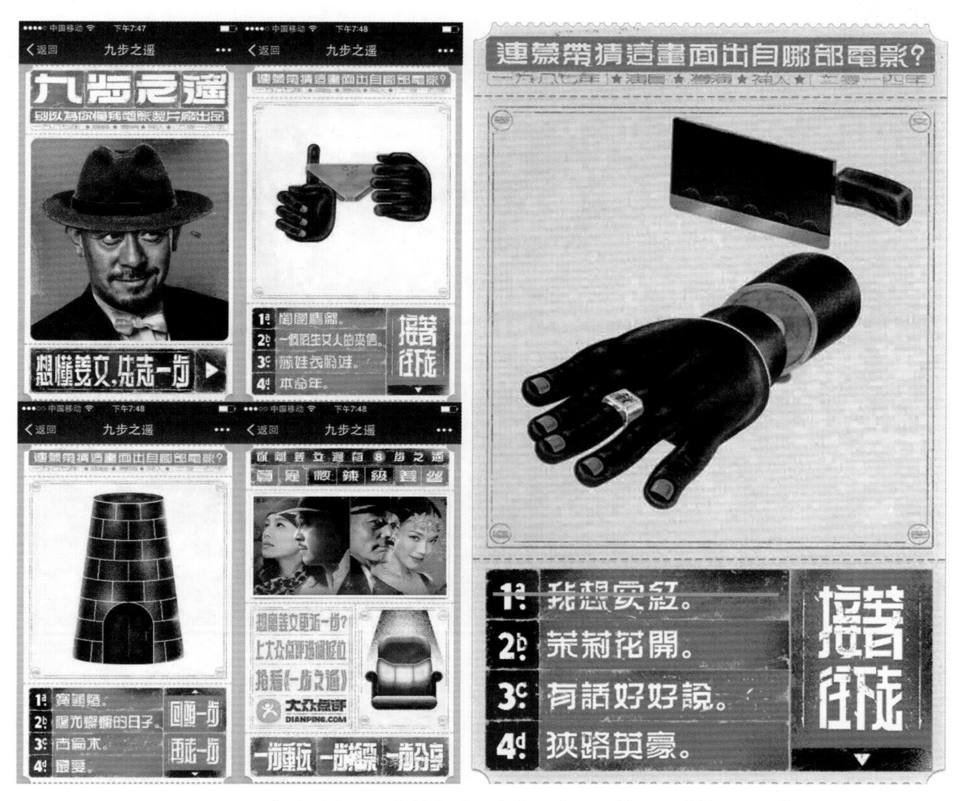

图6-18　大众点评网为姜文电影《九步之遥》设计的H5广告

3. 自然交互，适度动效

随着技术的发展，如今的H5拥有众多出彩的特性，让用户能轻松实现绘图、擦除、摇一摇、重力感应、3D视图等互动效果。相较于塞入各种不同种类的动效导致页面混乱臃肿，合理运用技术，自然地互动，用心为用户提供流畅的互动体验，是优秀设计的关键。例如，李维斯（Levis）的新年优惠活动专题页《新年祝福发红包》（图6-19）的H5广告就巧妙利用了“冬天玻璃窗擦雾气”这个常见的景象来传达过年的温馨家庭团聚的感觉。模糊的遮罩足以撩起人们的好奇心。该广告以第一人称的口吻，用小时候简朴而热闹的新年与长大后富足却乏味的新年做对比，用手绘风渲染出亲切的怀旧氛围。“滑动擦除”的特效是这个广告的神来之笔，这个代入感极强的故事和特效无疑是驱动分享的源动力。

图6-19　李维斯新年优惠活动专题页《新年祝福发红包》

适度的应用 3D 效果往往可以打造更吸引人的效果。例如，AKQA 创意营销公司在 2015 年圣诞之际献上了一份厚礼——《梦幻水晶球》(图 6-20)。该 H5 页面的动效极其丰富：通过移动手机，镜头从水晶球外不断摇晃推近，渐渐走进水晶球的微观世界里。通过手机环顾四周，就可以 360° 欣赏水晶球里的全景，摇一摇手机，雪花便漫天飘洒 (粒子效果)。写下你的祝福并分享给朋友，相信一定会让朋友感到惊艳之感。这个 H5 页面使用了重力感应、3D 等技术，文字与背景特效的使用也十分讲究，给用户带来了完美的互动体验。这个作品值得设计师细细品味。

在设计 H5 广告时，应该考虑到用户使用场景的多样性。例如，如果要加背景音乐，尽量不要太吵闹，这对于会议、课堂、车厢等公共场所尤为重要。最好有一点循序渐进，给用户留出关闭的时间。音乐文件格式为 MP3，单轨，最好 30s 以内。为了提高加载速度，文件大小应尽量控制在 100KB 以内，可以用 Adobe Audition 等软件来压缩。作为无限循环的背景音乐，截取时一定要注意头尾能连接得上。为了兼顾多数智能手机的屏幕，一般可以先先用 640 像素 ×1136 像素进行设计，参考线会标在 960 像素高的地方，主要元素最好不要过高，以适配各种机型。为了实现自动匹配的响应式设计，页面的设计应当根据设备环境(系统平台、屏幕尺寸和屏幕定向等)进行调整。具体实现时可以采用多种方案，如弹性网格和布局、图片、CSS3 Media Query 和 jQuery Mobile 等。

图6-20　AKQA创意营销公司H5广告《梦幻水晶球》

4. 故事分享，引发共鸣

不论 H5 的形式如何多变，有价值的内容始终是第一位的。在有限的篇幅里讲故事，引发用户的情感共鸣，将对内容的传播形成极大的推动。例如，腾讯三国手游推送广告《全民主公》(图 6-21)就是以《三国演义》情节和人物典故为基础打造的幽默故事。该广告画面有着传统门神年画的热闹气氛，对联更是“基情四射”，幽默夸张，令人捧腹。用户不仅体验了动画和故事的魅力，而且从故事、对联中感受到游戏的乐趣，可以说是一款“逗逼”味十足的 H5 推送广告。该广告还通过 Canvas + jQuery 技术实现了擦掉动作片马赛克的互动体验，这更是让大家乐此不疲，“马赛克擦除”的小游戏不会使人感到刻意“炫技”，而是自然的游戏互动。

图6-21　腾讯三国手游推送H5广告《全民主公》截图

《芙蓉镇》《红高粱》《阳光灿烂的日子》《让子弹飞》……哪一部是你心目中演员姜文的神作？人人可评，却非人人可懂。大众点评网为电影《一步之遥》推广设计的这款拼贴式H5 广告（图 6-22）火爆了朋友圈。该广告将故事、剧情、人物和历史混搭在一起，形成一幅超现实风格的“浮世绘”，堪称剧情式 H5 广告的神作。

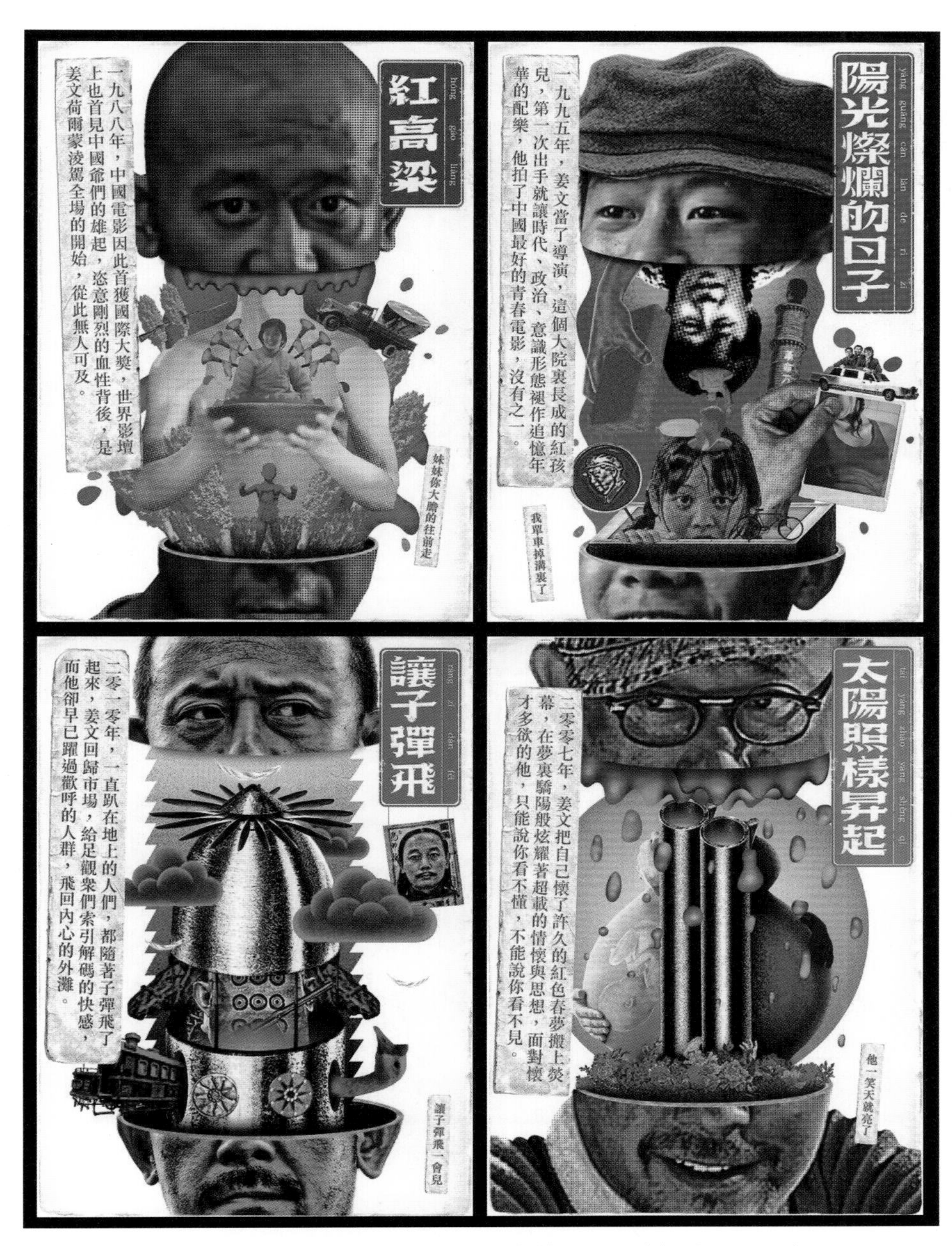

图6-22　大众点评网为《一步之遥》推广设计的拼贴式H5广告

5. 紧跟热点，话题效应

想要让你的 H5 专题页一夜爆红，第一时间抓住热点并火速上线，借机进行品牌宣传也不失为一条捷径。天天 P 图抓住武则天热播的契机推出了风靡海内外的媚娘妆，同时《全民 COS 武媚娘》的 H5 互动页（图 6-23，上）也在第一时间上线，用户一键上传照片就能立刻完成媚娘妆，还可以与万千媚娘们进行 PK，既娱乐了大众又推广了产品，可谓一举两得。网易娱乐在武媚娘“剪胸”风波的风口浪尖上推出了名为《神还原武媚娘被剪胸真相》的 H5 专题页（图 6-23，下），放下节操用极富想象力的粗犷草图风向广大观众

“还原”了真相。一时间被疯狂转发，网易娱乐也算是顺势自我宣传了一把，成为顺势营销的范例。

图6-23　《全民COS武媚娘》（上）和《神还原武媚娘被剪胸真相》（下）

思考与实践6

一、思考题

1. 什么是 H5 网页设计？其技术特征是什么？

2. H5 手机网页设计的工具有哪些？各自的特点是什么？

3. H5 的主要优势有哪些？未来前景如何？

4. 利用 Vxplo 互动大师制作的交互网页的优缺点是什么？

5. 在线工具“易企秀”可以设计出哪些互动效果？

6. MAKA、易企秀、兔展和 Vxplo 各自的优势在哪里？

7. 如何借助 Indesign CC 和 Aquafadas（拓鱼）插件来设计交互媒体？

8. 如何利用苹果 iBook Author 来完成交互触摸课件？

9. 如何将手机拍摄的一小段视频转换为 GIF 动图？

二、实践题

1. H5 手机网页设计可以用于企业产品或形象宣传，同时也可以设计公益广告。请以野生动物基金会的名义设计一套手机互动式公益广告（图 6-24）。要求：完成音乐、动画、标识、手绘、文字和版式设计，采用多种有趣的交互方式实现翻页或游戏（如拼图、连连看等），结束页需要提供链接和基金会捐款等地址。

图6-24　野生动物基金会手机互动式公益广告

2. H5 还可以针对儿童设计轻松、诙谐、寓教于乐的“多媒体绘本”，请以《红松林的故事》为题，借助 Aquafadas（拓鱼）或苹果 iBook Author 来完成电子绘本。

第三篇

需求与情感

第7～9课：需求研究•情感研究•故事板设计

用户体验是互联网产品的命脉。深刻地理解人性不仅是产品设计的出发点，也是产品走向成功的关键。本篇的3课内容分别为需求研究、情感研究和故事板设计。这些知识不仅对于理解用户需求非常关键，同时也是产品设计流程中不可或缺的环节。

第7课　需 求 研 究

7.1　需求与产品

美国行为心理学家马斯洛（Maslow，1908—1970）认为人类需求的层次有高有低，低层次的需要是生理需要，向上依次是安全、归属、尊重和自我实现的需要。后来经过他的学生扩展，在尊重需要和自我实现之间增加了求知的需要和求美的需要。马斯洛认为，人类的需求呈现阶梯形结构，当较低需求得到满足时，就会开始追求更高一个层次的需求（图 7-1）。马斯洛的人本主义心理学思想主要反映在他于 1954 年出版的《动机与人格》一书中。他认为“动机”或人类需求像一棵大树的种子，在长成大树之前，种子之内已蕴藏了将来成长为一棵大树的一切内在潜力。人类需求也就是个人出生后一生成长发展的内在潜力。因此，马斯洛的人类需求理论也就是人格发展理论。马斯洛在该书中将动机视为由多种不同性质的需求所组成，故而称为需求层次论。由于这个模型像埃及的金字塔，就被称为“需求金字塔”，成为研究人类需求和行为的重要依据之一。

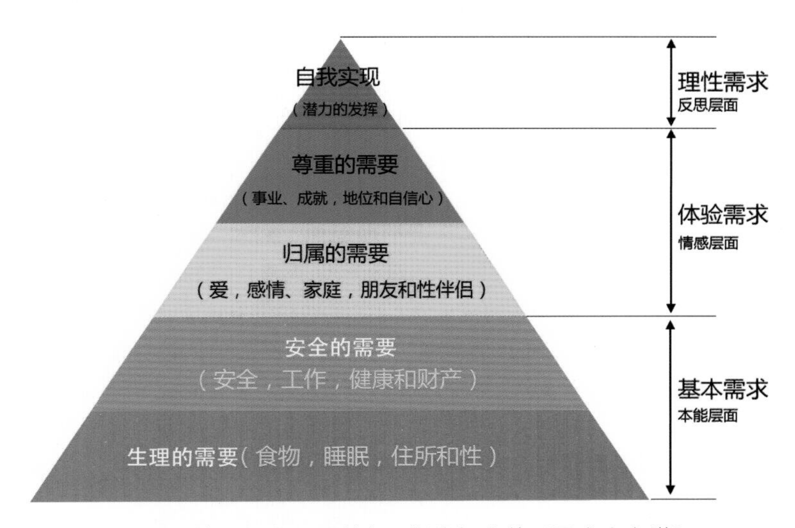

图7-1　美国行为心理学家马斯洛提出的“需求金字塔”

需求金字塔理论得到了认知和神经生理学的支持。研究表明：生理需求定位在脑干、延脑、下丘脑等“生命中枢”（也称旧脑或“恐龙脑”）的部分，自然会对人类的行为起到基础性的影响；而情感体验主要集中在下丘脑、杏仁核、海马回和大脑内存皮层的“情感中枢”区域（也称间脑或“豹脑”）。而人类的反思或理性的判断则主要依赖大脑皮层的功能区域（也称新脑）。新脑控制意识、推理、逻辑，间脑处理情绪，旧脑则关注生存情况（图 7-2）。从进化的角度来说，旧脑是最先形成的。事实上这部分大脑非常像爬行动物的大脑，所以有些人称之为爬行脑。旧脑的工作是不断观察周围的环境，并回答这样一些问题：“可以吃吗？可以和它性交吗？它会杀死我吗？”这些问题非常关键：不吃东西就会死，没有性交就不能繁衍后代，如果你被杀了，前面两个问题也就不重要了，所以旧脑在发展初期主要是考虑这三个问题。随着进化，它会发展出其他的能力（情绪、情感和逻辑思维），但大脑中仍然有一部分始终关注着这至关重要的三件事。人无法抗拒种人类进化的需求本能（旧脑的天职），这意味着人忍不住要去注意食物、性或是危险，无论人怎么自制都不行。因此，危险、食物、性和移动的东西与人类最基础的需求密切相关，也就是马斯洛所说的本能层面的需求。）

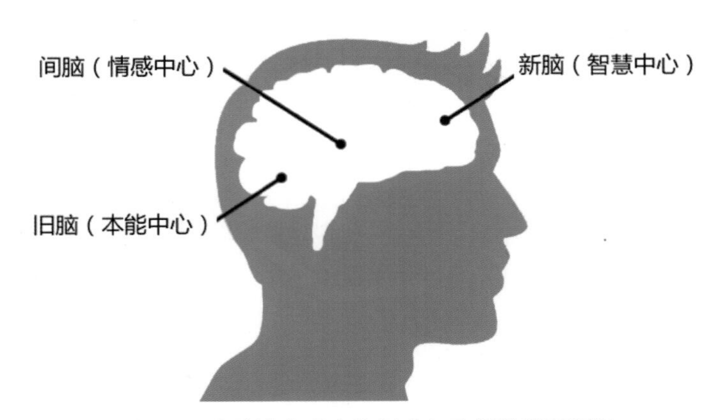

图7-2　人脑进化理念为需求与动机提供了证据

产品设计的目标就在于兼顾人类的本能层面、情感层面和思考层面。深刻地理解人性，或者说是理解用户心理和需求是成功的关键。苹果公司前总裁史蒂夫·乔布斯（如图 7-3）对此有深刻的洞察。他曾经说过："你周围的许多事物都是由不如你聪明的人组装的。而你可以改变它，影响它，你能够创造自己的产品供人们使用。一旦你明白了这点，你就能够推动人生，这也许是人生最重要的事情。一旦明白了这点，你会从此脱胎换骨。"用户需求的核心是对人性的把握和洞察。乔布斯声称："在苹果公司，我们遇到任何事情都会问：它对用户来讲是不是很方便？这产品用户使用起来会有多简单？它对用户来讲是不是很棒？虽然每个人都声称把用户放在第一位，但是事实上，没有一个人真正做到了这一点。"苹果的很多产品体现了人性的观察与思考。例如，为了让人们在运动和健身时能够享受音乐的快乐，iPod Shuffle（图 7-4）就不带显示屏或曲目表菜单。这种小巧而简洁的设计使得在大街上或者是在运动场的人们能够更轻松地听音乐。乔布斯还力排众议，在 iPhone 中去除实体按键，而用屏幕按键取而代之。这样的"颠覆式创新"虽然无法通过"调研数据"来预知市场前景，但对人性的深刻洞悉和感悟使得乔布斯能够"大胆一搏"，从而改变了世界。

图7-3　史蒂夫·乔布斯是最伟大的产品经理和交互设计师

图7-4 无显示屏的iPod Shuffle设计别具一格

因此，性格、态度、认知、世界观和洞察人性的能力，这些最终会潜移默化地指导设计师做一款怎样的产品。交互设计师不仅要具备工匠精神和对产品细节的关注，而是要有一种对美的远见和对人性的把握。正如乔布斯所说："乍一看到某个问题，你会觉得很简单，其实你并没有理解其复杂性。当你把问题搞清楚之后，又会发现真的很复杂，于是你就拿出一套复杂的方案来。实际上，你的工作只做了一半，大多数人也都会到此为止……但是，真正伟大的人还会继续向前，直至找到问题的关键和深层次原因。然后再拿出一个优雅的、堪称完善的有效方案。"乔布斯对产品设计的看法深刻影响了众多 IT 企业的总裁。例如，腾讯微信事业群总裁张小龙（图 7-5）就是一位对乔布斯设计理念有着深刻理解的人。据说微信广州研发部工程师人手一本《乔布斯传》，张小龙曾经透露，微信背后的产品观是人性，比如对人性中的"贪、嗔、懒、痴"的理解。由此，微信的需求处处能抓住人性的缺点，比如漂流瓶、摇一摇，这是交互设计师需要学习的地方，学习做一款成功产品背后的方法论。基于对微信的思考，张小龙提出：一切以用户价值为依归，让创造发挥价值。好的产品是用完即走，而让商业化存在于无形之中。

图7-5 微信之父张小龙（左）和微信开机画面（右）

7.2 需求研究

腾讯集团是国内少见的将用户需求提高到公司战略高度的互联网企业。技术背景出身的马化腾不仅是腾讯的领导者，也是腾讯名副其实的首席体验官。他对腾讯的产品都会亲自试用，并提出详细且有建设性作用的产品体验修改意见。例如，QQ 邮箱在 2008 年做出了 400 个创新点，其中有近 300 项是马化腾本人发现以及提出的。他为什么能发现这么多的问题？其实很简单，就是自己反复使用。身为腾讯的首席体验官，马化腾要求“每个产品经理要把自己当成一个最挑剔的用户”。这种长期以来以用户身份体验公司产品的做法是腾讯一个不成文的规定。网络上曾经流传过一份据传是马化腾亲自撰写的名为《产品设计与用户体验》的腾讯内部培训 PPT。这份文档详细阐述了产品设计之道。内容涉及需求设计、运营式研发、交互设计、视觉设计和口碑营销等方方面面。该 PPT 不仅细致比较和分析了腾讯产品的优缺点和设计思想，而且设计简洁、美观，最后的总结更是道出了从产品设计到交互设计的精髓，如“Don’t make me think（直觉设计）”“符合用户习惯与预期”“做适时的提醒”“不强迫用户”“选择最佳方案”和“操作便利”。

因此，在腾讯，无论是老总还是普通员工，“一切以用户为依归”已经成为腾讯的核心价值。腾讯在产品开发时所遵循的价值观就是：

① 关注用户行为，从“产品”到“解决方案”；

② 创新不是空谈，而是真正理解用户的需要；

③ 倾听用户的声音，是解决需求不确定问题最好的办法；

④ 拥抱变化，从瀑布式开发到敏捷开发；

⑤ 用户参与，坚持以用户为中心的产品设计。

腾讯公司的产品研发框架图和管理图（图 7-6）就是一个规范化的基于用户的产品开发模式。该流程图从用户需求分析开始，经过产品概念→产品特性列表→用户故事卡→ UI 原型的过程，到用户反馈结束，形成了一个敏捷迭代式的高效产品开发流程。腾讯这种“用户需求驱动产品开发”模式的两端都是基于用户反馈，可谓“从客户中来，到客户中去”的更接地气的设计思想的体现。

马化腾曾说：“用户体验是互联网产品的命脉。在腾讯人的日常工作中，大部分时间和精力都用于琢磨和研发更好的用户体验。虽然时代在变，但人性未变。人对用户体验的喜好标准并未变化，用户始终喜欢清晰、简单、自然、好用的设计和产品。”腾讯是国内互联网公司最早成立用户体验部的企业，而且是从战略性的高度来建设这个团队。经过 20 多年的实践，腾讯也建立了一系列用户研究的程序与方法，包括咨询、观察和数据挖掘三类。和 IDEO 所推崇的卡片分析创新法类似，其中，腾讯的用户咨询或“想法”就是要通过 BBS（论坛、贴吧、微信群、知乎等）访谈、市场调查、焦点小组（focus group）和深入面谈等途径，询问用户对产品的看法和体验，并透过用户的语言去了解他们内心最深处的需求。采用的工具包括：产品经理与用户沟通的 CE 平台（BBS），交互设计师与开发团队交流的工具 Projiect-Zone，交互设计原型工具 Axure RP 和产品研发管理平台 TAPD。通过这些软件工具和在线交流管理平台，腾讯构建了快速迭代的产品开发的工作机制。用户与产品是腾讯的立足之本，所以对于从事产品设计和研发的设计师和工程师，腾讯坚持“责任明确”和“宁缺毋滥”的原则，这也反映在腾讯校园招聘广告上（图 7-7）。

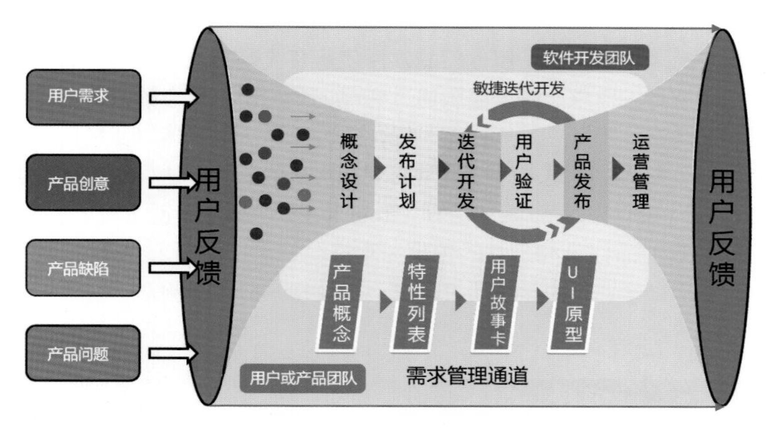

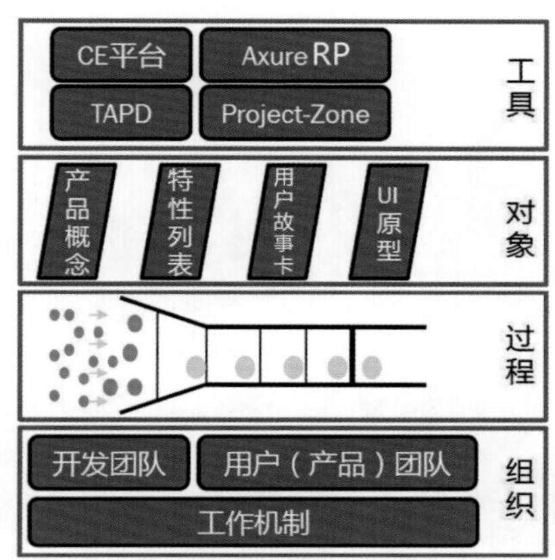

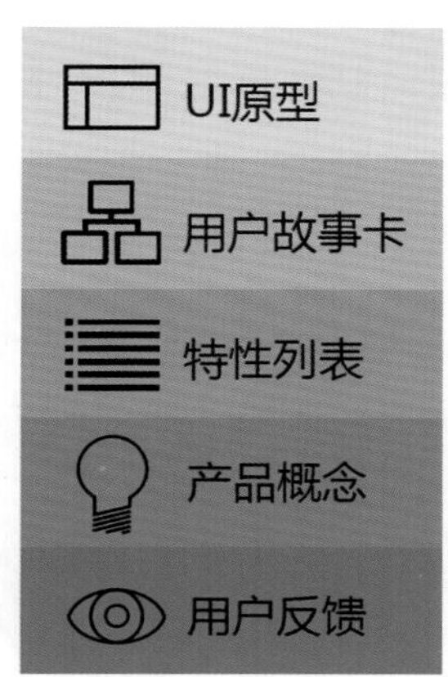

图7-6　腾讯的产品研发框架图（上）和相关流程管理图（下）

图7-7　腾讯校园招聘手机H5广告《面试官的声音》

7.3 创新始于观察

密切观察用户行为，特别是了解他们的软件使用习惯是腾讯用户研究的核心。例如，为了更客观公正地了解用户需求，研发团队通过旁观记录和用户日志的方法，让用户和访谈员在一个屋子里，而腾讯员工则在另一件屋子里，透过单面透射玻璃以及利用录像设备观察用户使用产品的过程（图 7-8）。这是一个非常客观和实用的实验方法，可以获得宝贵的第一手用户资料。IDEO 公司的前总裁汤姆·凯利（Tom Kelly）曾说：“创新始于观察。”而对用户行为的观察近距离是产品纠错和创意的依据。观察、记录（视频）、A/B 测试和用户日志的方法也广泛应用在心理学、行为学等研究领域，这些用户研究经验对于交互设计师来说无疑是最重要的财富。

图7-8　腾讯采用室内观察评测法来研究用户的行为

在腾讯的用户研究中，访谈占有非常重要的角色。与网络问卷不同，在访谈中访问者可以与用户有更长时间、更深入的面对面交流。通过电话、QQ 等方式也可以与用户直接进行远程交流。访谈法操作方便，可以深入地探索被访者的内心与看法，容易达到理想的效果。腾讯将访谈分成会议型访谈（焦点小组，图 7-9）和单独一对一面谈（深度访谈，图 7-10）。焦点小组是可以同时邀请 6 ~ 8 位客户，在一名访问者的引导下，对某一主题或观念进行深入讨论，从而获取相关问题的一些创造性见解。焦点小组特别适用于探索性研究，通过了解用户的态度、行为、习惯、需求等，为产品收集创意，启发思路。焦点小组讨论的参加者是产品的典型用户。在进行活动时，可以按事先定好的步骤讨论，也可以撇开步骤进行自由讨论，但前提是要有一个讨论主题。使用这种方法对主持人的经验及专业技能要求很高，需要把握好小组讨论的节奏，激发思维，处理一些突发情况等。会议型访谈更为经济、高效，但对问题的深入了解则不如深度访谈。二者的区别在于探索和验证。深度访谈更适于定性而会议型访谈则更像聊天，对于大众需求的把握往往更为直接。

图7-9　会议型访谈（焦点小组）更适于探索性话题的研讨

图7-10　深度面谈（一对一）更适于定性和专业性的深入话题

相比会议型访谈的访谈，百度和腾讯等公司更重视专家、意见领袖、资深用户和敏感人群等“贵人”的意见（图 7-11）。为了挖掘表象背后的深层原因，深度访谈就成为了解用户需求与行业趋势必不可少的环节。数据只是结果和表象，而我们需要透过表象看本质。对于用户来说，认知、态度、需求、经验、使用场景、体验、感受、期望、生活方式、教育背景、家庭环境、成长经验、价值观、消费观念、收入水平、人际圈子和社会环境等因素都会影响他对问题的看法。什么样的话题需要谈得“很深”？隐私、财务、行业机密、对复杂行为与过程的解读等都属于这类话题。因此，深度访谈对访谈者的专业素质要求很高，通常访谈者会根据研究目的，事先准备设计访谈提纲或者交流的方向。高质量的访谈应该是受访者回答问题的时间超过访谈者的提问时间，这样研究团队才能更有收获。

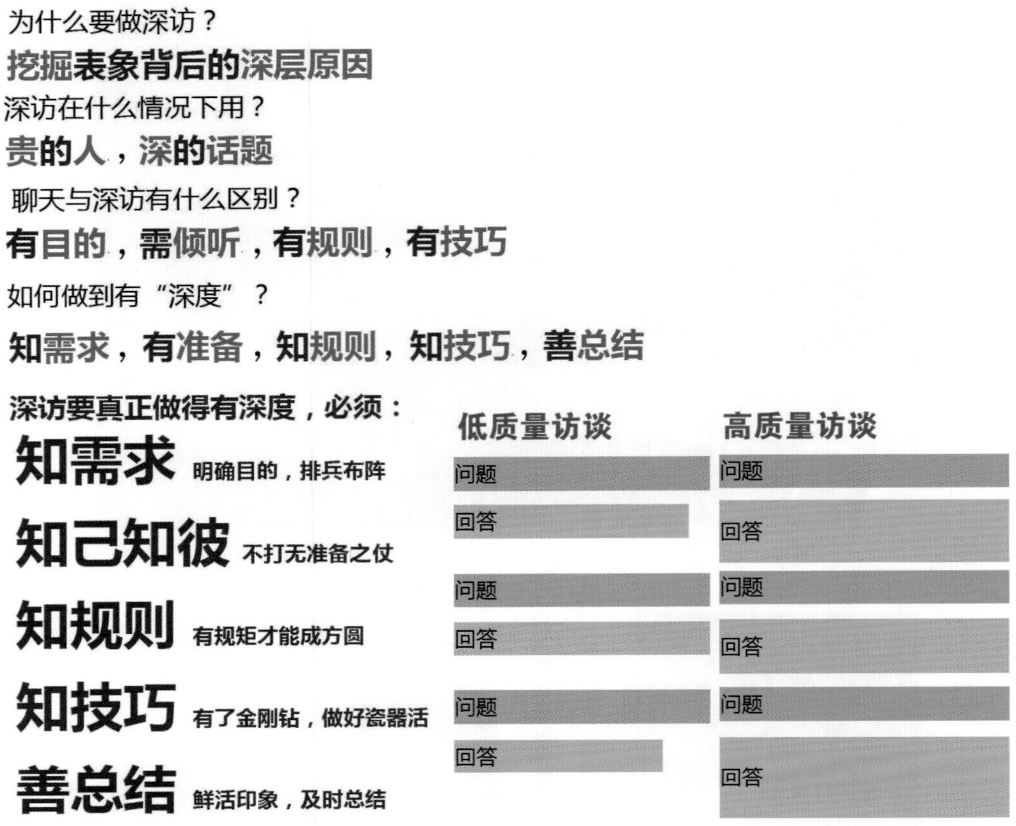

为什么要做深访？

挖掘表象背后的深层原因

深访在什么情况下用？

贵的人，深的话题

聊天与深访有什么区别？

有目的，需倾听，有规则，有技巧

如何做到有“深度”？

知需求，有准备，知规则，知技巧，善总结

深访要真正做得有深度，必须：

知需求 明确目的，排兵布阵

知己知彼 不打无准备之仗

知规则 有规矩才能成方圆

知技巧 有了金刚钻，做好瓷器活

善总结 鲜活印象，及时总结

低质量访谈

问题

回答

问题

回答

问题

回答

高质量访谈

问题

回答

问题

回答

问题

回答

图7-11 深度访谈是了解用户需求与行业趋势必不可少的环节

无论是深度访谈还是座谈会式访谈，组织者都应该准备好大纲。由于访谈涉及竞品研究、用户体验、个人感受和趋势分析等话题，为了保持研究的一致性，访谈员需要有一个基本的“剧本式”的提纲作为指导。大纲应该遵循“由浅入深、从易到难、明确重点、把握节奏、逻辑推进、避免跳跃”的原则。访谈前需要提前准备好需要讨论的产品、APP 及竞品资料。其他需要提前准备的东西包括存储卡、电池、礼品签收表、记录表、日志、照相机、摄像机、录音笔、纸、笔、保密协议和礼品 / 礼金等。这些可以帮助访谈者更好地记录访谈的内容并便于总结。座谈会节奏把控与时间分配也是需要特别注意的环节。按照受访对象的投入程度看，应该是一个相互熟悉、预热、渐入佳境（主题）、畅所欲言、尽兴而谈和意犹未尽的过程。因此，开场白和暖身题、爬坡题（引入主题的相关的内容题、背景题、个人话题等）、第一核心题（本次讨论的主导问题之一）、过渡题（轻松讨论、休息）、再度上坡题（与主题相关性较高的问题）、第二核心题（本次深度访谈的主导问题之一）、下坡题（补充型问题）和结束题。全部访谈时间控制在 1.5 ~ 2 小时（图 7-12）。访谈者的提问技巧包括：避免提有诱导性或暗示性的问题；适当追问和质疑；关注更深层次的原因；营造良好的访谈氛围；注意访谈时的语气、语调、表情和肢体语言；其中最为重要的是尊重用户，拉近和受访者的距离，保持好奇心，作一个积极的倾听者和有心人。

图7-12　座谈会节奏的把控与时间分配

7.4　眼动测试

有研究表明，人来自外界的信息有 80%~90% 是通过眼睛获取的，可以说眼睛是人的心灵窗口，通过这个窗口我们可以探究人的许多心理活动规律。例如，人在愉悦或者惊恐的时候瞳孔会变大，而在烦恼或者厌恶的时候瞳孔会变小。比如，在看到血淋淋的交通事故场面时，通常会先受惊吓，然后产生厌恶情绪，此时瞳孔直径就会先变大，然后迅速变小。另外，由于眼球运动是具有一定规律性的，而这些规律性揭示了人的认知加工的心理机制。眼动测试就是通过眼动仪（eyelink，图 7-13）来记录用户浏览页面时视线的移动过程及对不同板块的关注度。通过眼动测试可以了解用户的浏览行为，评估设计效果。眼动仪是通过记录眼球角膜对红外线反射路径的变化来计算眼睛的运动过程，并推算眼睛的注视位置。眼动仪不仅可以记录快速变化的眼睛运动数据，同时还可以绘制出眼动轨迹图和热力图等，直观而全面地反映眼动的时空特征。眼动分析的指标包括停留时间、视线轨迹图、热力图、鼠标点击量和区块曝光率等，通过将定量指标与图表相结合，可以有效分析用户眼球运动的规律，尤其适用于评估设计效果。例如，红色表示该区域受关注度最高，黄色区域次之，紫色区域再次之，灰色则表示基本没有被关注。眼动测试主要应用于软件的可用性研究、广告有效性研究、界面评估和游戏测试等众多领域。在软件和页面可用性研究中，眼动测试可以反映视线是否流畅、是否会被某些界面信息干扰等问题；在广告有效性研究上，借助眼动测试，可以直观地显示广告设计是否吸引人，广告在页面的位置是否有效等等。在界面评估上，眼动仪同样可以显示用户是否浏览到界面上的重要信息，或者哪些区域是最先被用户关注到的等关键信息。

图7-13　通过眼动仪（左）对测试区（右）的视线轨迹进行定量分析

眼动仪作为一个高科技产品，可以让用户研究工作变得越来越有技术含量。眼动仪包括佩戴式和桌面式两种，桌面式的眼动仪带有小型独立的摄像头，可以远程遥控并有效地修正头动（图 7-14）。因为位置基本固定，这种仪器的输出结果更稳定。但其缺点便是不能移动，不适用于需要移动或改变位置的测试。头戴式眼动仪则相反，虽然可以实现一段距离的移动，测试过程中更自由，但输出的结果不够稳定。同时，眼动仪的重量也导致受测者不适宜长时间佩戴。除了注视热点图外，注视轨迹图还可以记录被试者在整个体验过程中的注视轨迹，从而可知被试者首先注视的区域、注视的先后顺序、注视停留时间的长短以及视觉是否流畅等；该图可以显示不同用户在浏览页面时如何移动视线，每个颜色的圆圈代表一个用户，圆圈越多的区域就有越多的用户进行浏览，圆圈越大表示用户浏览越仔细（图 7-15）。注视轨迹图对于判断页面设计内容的权重有着很大的帮助。

图7-14　带有小型独立摄像头的桌面式眼动仪

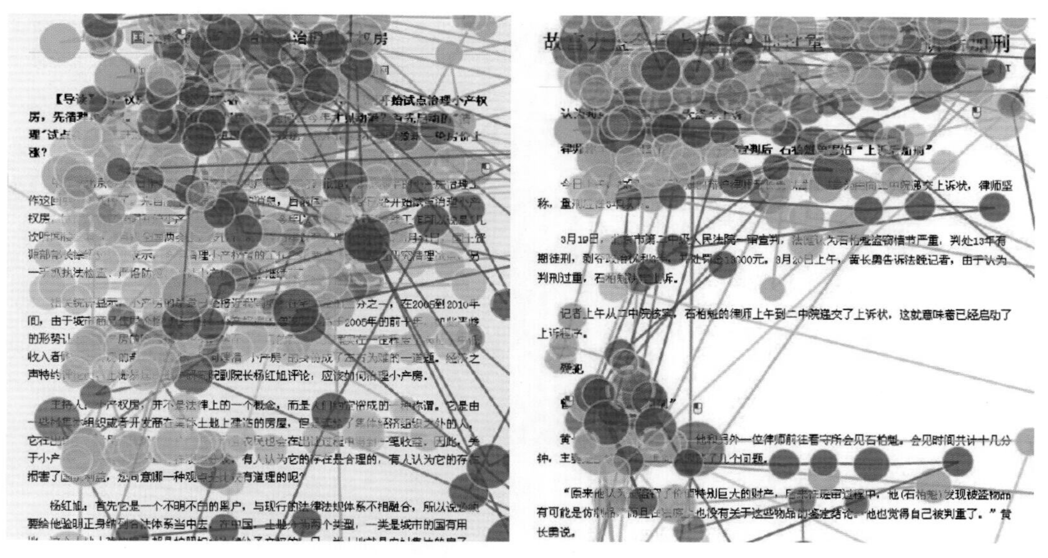

图7-15　注视轨迹图可以分析多用户和焦点权重的指标

7.5　四步研究法

如何进行用户研究？寻找哪些用户进行研究？这是众多 IT 企业用户研究团队所关注的问题。作为国内首屈一指的互联网公司，百度用户研究团队（MUX）对于如何进行用户研究，特别是如何从产品战略和未来发展的角度进行用户研究，有着独特的见解和实践。他们认为如何有效地提升产品的创意转化率是用户研究的重点。在实践中，他们总结出了“四步研究法”，该方法包括以下四个方面：

① 注重先导型用户（资深用户）的研究，让用户帮助团队进行设计；

②注重趋势研究，特别是关注人机交互技术创新的发展趋势，把握技术发展的大方向；

③ 追踪相似用户（竞品用户）的反馈渠道，建立体验问题池；

④ 采用定量分析的方法，进行二维竞品的追踪。

综合以上几个方面，就是“用户 - 趋势 - 反馈 - 竞品”的用户研究机制（图 7-16）。

注重先导型用户（资深用户）的研究是百度创新用户研究的第一个法宝。VB 之父、交互设计资深专家艾伦・库珀（Alan Cooper）曾经将用户类型分为新手、专家和中间用户并提出了“库珀模型”（图 7-17）。他指出，新手或“菜鸟”更关注一些入门级的问题，而“骨灰级”玩家、产品经理和有战略眼光的产品设计师则会深入思考一些深层次问题。因此，很多高科技公司都把先导型、专家型的用户（lead user，资深用户）作为用户研究的重点，并将其细分为高端用户、目标用户、典型用户、尝鲜型用户和核心用户。这些人代表未来的大众需求，具有口碑传播力和影响力。百度用户体验部不仅会在访谈中特邀这些用户进行调查，甚至让这些用户帮助一起设计产品原型。

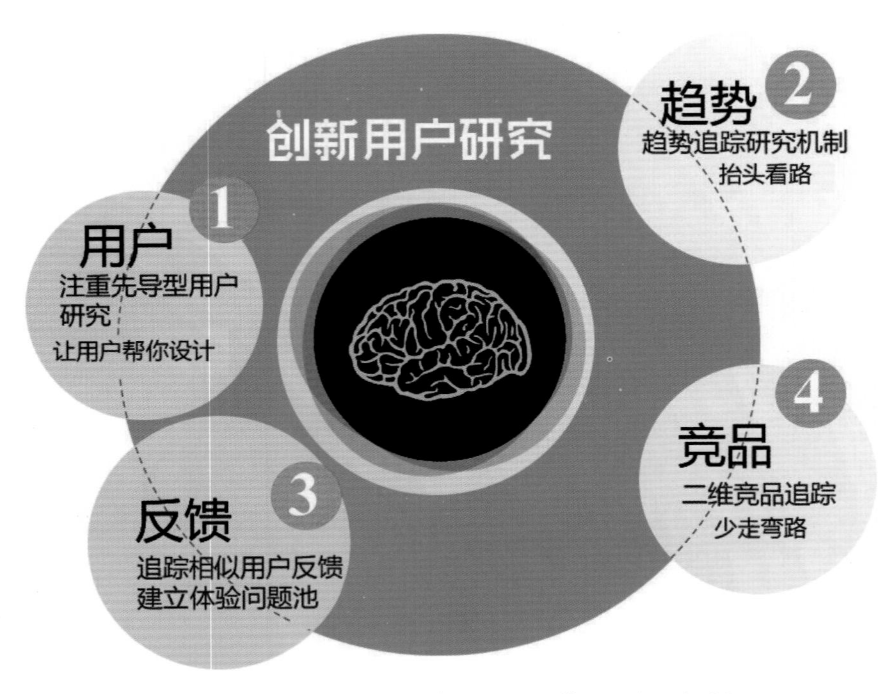

图7-16　百度用户研究团队（MUX）的“四步研究法”

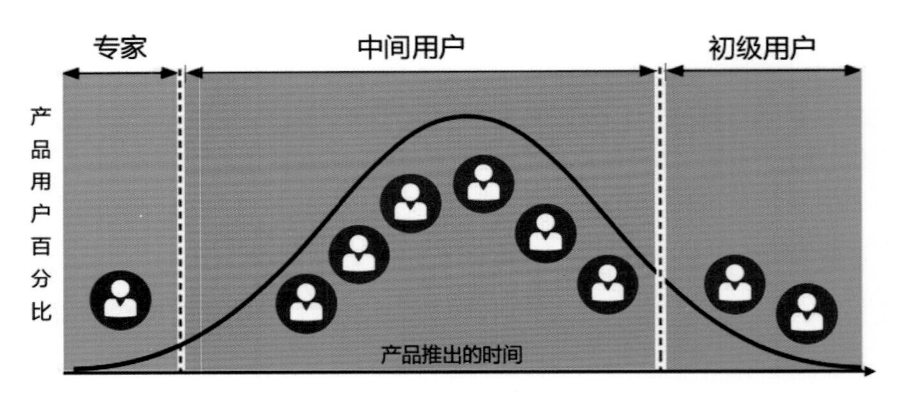

图7-17　专家、中间用户和初级用户在产品开发各阶段的作用不同（库珀模型）

先导性用户往往会对公司产品的发展起到重要影响。其中一个范例就是：当年专卖“脑白金”的史玉柱（图7-18）看到了游戏行业发展的契机，为了深入了解网络游戏的盈利机制、玩家心理和营销方法，老谋深算的他虚心向游戏大佬陈天桥讨教“升级打怪”的方法，而且“潜伏”在魔兽的社区“打怪”一年并成为资深玩家。史玉柱玩多了各种网络游戏之后意识到：部分玩家可以在游戏中投入远多于普通玩家的钱，而游戏道具这一“虚拟资产”就成为价值所在。由此，他迅速成立了巨人网络并推出网络游戏并实现了公司的成功转型。这个例子说明只有思考型的资深用户才能发现问题或机遇。根据国外的研究，先导型用户和技术“粉丝”往往在产品开发的测试阶段或原型阶段（如软件或游戏的内部测试版）就能够发现很多问题并给出建议，从而帮助产品设计师更好地改进产品，而普通消费者往往是在商用产品已经成熟后才介入，这样其对产品改进的作用就小得多了（图7-19）。

图7-18　巨人游戏公司总裁史玉柱当年曾“潜伏”魔兽社区成为资深游戏玩家

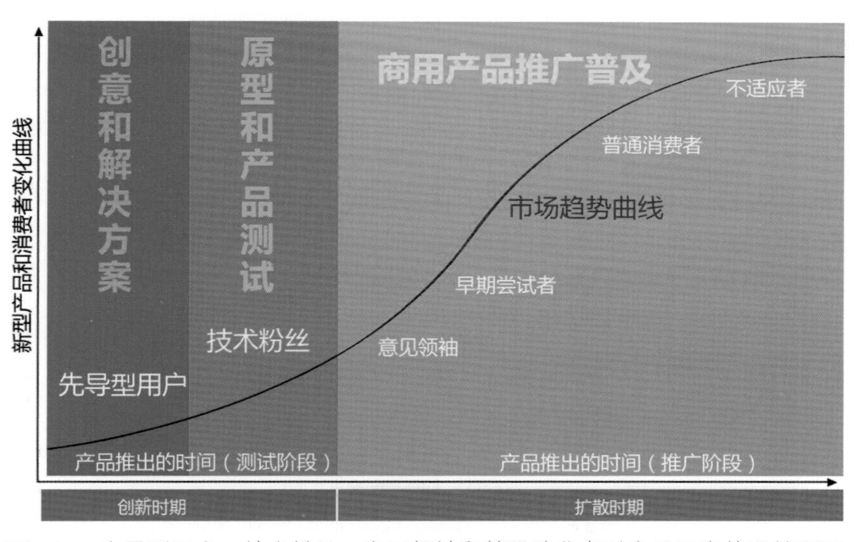

图7-19　先导型用户、技术粉丝、意见领袖和普通消费者对产品开发的贡献不同

科技趋势研究是百度创新用户研究的第二个法宝。科幻小说家威廉·吉布森曾经说过：“未来已来临，只是尚未广为人知而已。”未来也是一步一步才能实现的，而未来的技术和应用就蕴藏在今天的探索之中。未来科技的发展，特别是人机交互技术的发展对于创新用户体验非常重要。该研究重点包括智能手机和可穿戴的关键技术，如近场交互、传感器交互、跨终端交互、三维手势、多通道交互等（图 7-20）。百度也关注未来的用户生态交互（eco user interface）技术，如人脸识别、表情识别和脑波分析等。百度 MUX 还通过参加高端学术论坛、技术论坛搜索、同业交流和文献整理等手段跟踪科技发展的热点，并每两周举行一次头脑风暴会和内部交流会来汇报近期的科技创新趋势，提高团队成员的创新意识。百度对科技创新的研究包括无人汽车、智能健身自行车、医疗设备、保健方式、游戏娱乐、残障服务、可穿戴军事装备、智能玩具、概念平衡车等，所有这些发展方向都蕴含着无限商机。

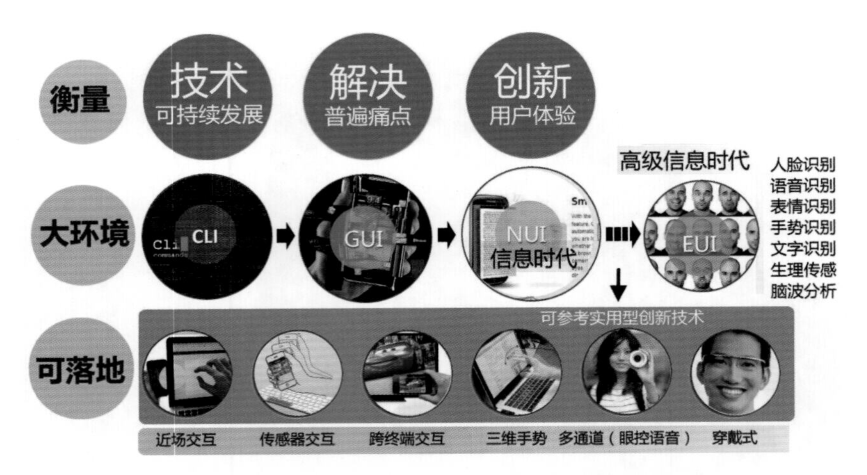

图7-20　百度对未来科技趋势的研究重在创新用户体验

7.6　五维评估

竞品分析和产品追踪是百度创新用户研究的重要手段。任何市场与服务都有同行业的相互竞争。竞品分析是知己知彼、分析市场的重要方法。例如，作为与谷歌公司竞争国内搜索市场起家的百度公司就非常重视竞品分析，包括竞争对手的产品定位、目标用户、产品的核心功能等；竞争对手产品的交互设计、盈利模式、产品的运营及推广策略也是百度学习和借鉴的内容。为了更客观地评价自己产品与其他产品相比的优势或劣势，百度移动用研部（MUX）采取了问卷调查 + 五维评估的定量研究方法。五维评估就是五个角度的雷达图（图 7-21），其中五边形每个顶点分别代表了创新（Innovation）、易用（Usability）、观感（Vision）、品质（Quality）和情感（Emotion），根据问卷调研的平均值可以标示出每个维度的数值，由此可以直观地看到竞品与本产品、本产品的不同版本间的对比评估结果。五维评估从本质上说是人类学的“比较研究法”的延伸，即先找出同类现象或事物，再将同类现象或事物编组或绘图，然后根据比较结果进行进一步分析。

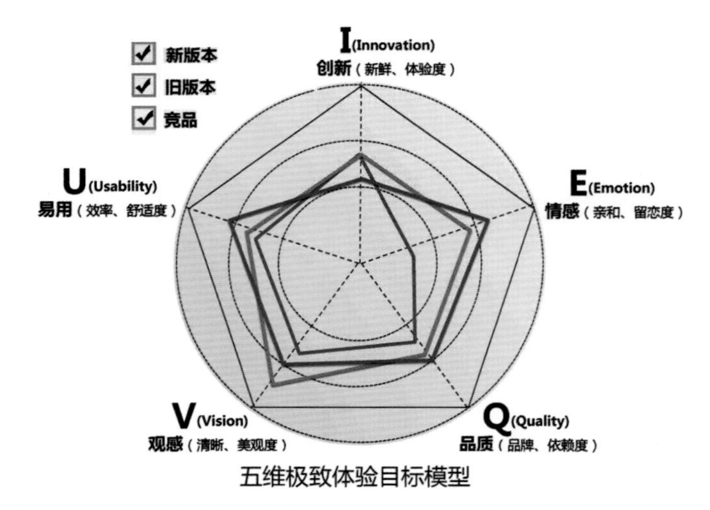

图7-21　五维评估就是五个角度（IEQVU）的雷达图，用于定量分析

通常做竞品分析有两个目的：第一个目的是为了对比，对方更好我学习，对方不好我规避；第二个目的是验证与测试。无论是企业还是产品，只要是属于同行业或同类产品，都可以进行比较研究和评估。例如，国际著名咨询公司麦肯锡（Mckinsey）集团就建立了竞品研究的SWOT模型。SWOT代表分析企业的优势（Strength）、劣势（Weakness）、机会（Opportunity）和风险（Threat）四个维度。因此，SWOT分析实际上是对企业内外部条件各方面内容进行综合和概括，进而分析组织的优劣势、面临的机遇和挑战的一种方法。五维评估法则是更侧重于产品的评估方法，不仅分析竞品，还可以比较本产品在升级换代后的用户反馈，并得到直观的统计结果（图7-22）。通常，在网络问卷调查中，对调查取样的范围和取样人群的选择往往会对结果影响很大。百度MUX的五维评估法的取样范围是100 ~ 150人。除了对普通用户的网络调研外，还有针对高级用户如产品经理、产品设计师、资深用户、心理专家等的评估，这样就可以看出一般用户与专家观点的显著差异（图7-23）。

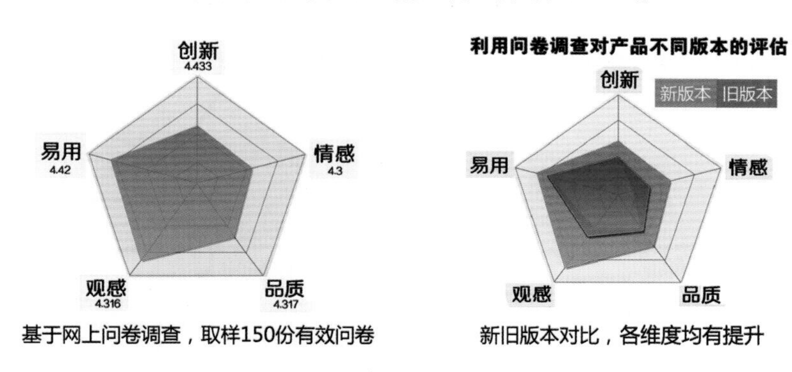

图7-22　根据问卷调查分析产品不同版本的差异

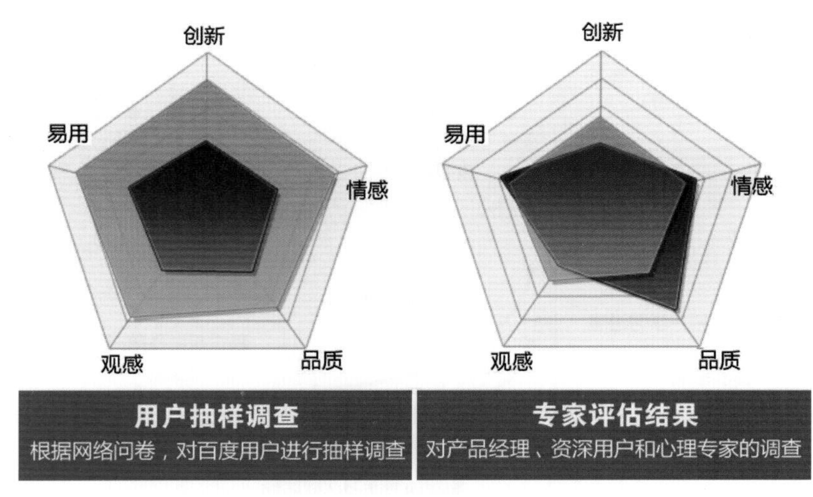

图7-23　普通用户（左）和专家用户（右）的五维评估图

7.7　数据分析

数据分析是用适当的统计方法对网站或移动端后台收集来的用户行为数据（如点击率等）进行分析，从而掌握用户行为特征和评估用户体验的一种方法，移动App统计分析和监测工具包括 Flurry、Mixpanel、Localytics、Google Analytics、ClickTales 以及国内的友盟、TalkingData 和腾讯移动统计等。统计分析的衡量指标为 PULSE 标准，即页面浏览量（Page view）、响应时间（Uptime）、延迟率（Latency）、7 天活跃用户数（Seven days active user）和收益率（Earning）。这些指标非常重要，并且和用户体验息息相关。例如，一个产品如果经常出现访问无响应或者延迟率很高的情况，是无法吸引用户的。同样，一个电子商务网站的下单流程如果步骤过多就很难赚到钱。数据统计对于产品和用户研究非常重要。例如，对于改版后的 App，哪些指标能够反映出用户体验的变化呢？通过网络后台的日志分析，就可以了解到该产品的运行效率、任务流程程度、学习难度和路径选择的难度等一系列指标的变化（图 7-24），借助于可视化的图形展示，就可以清晰地看到产品在改版前后用户体验的变化。

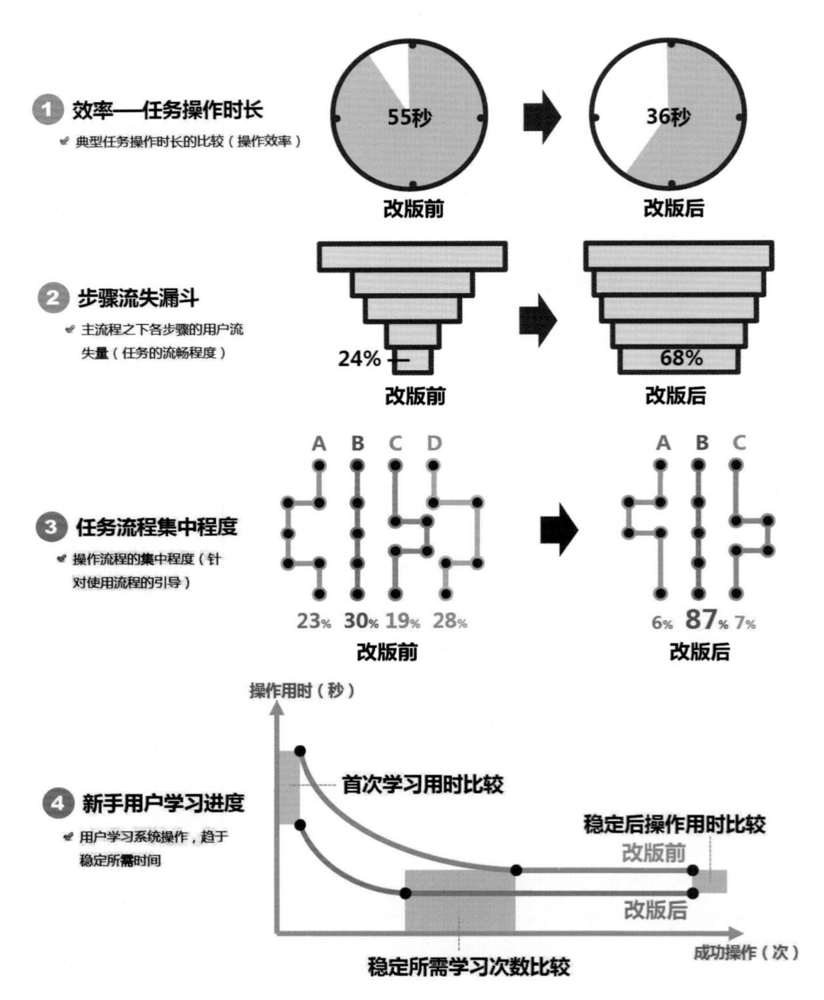

图7-24　通过网络后台的日志分析得到的产品数据

目前百度 MUX 常用的数据分析维度主要包括日常数据分析、产品效率分析和用户行为分析，根据研究目标的不同，侧重点也有所差异。前两者更侧重于产品研究，用户行为分析则属于用户研究范畴。日常数据分析主要包括总流量、内容、时段、来源和去向、趋势分析等，通过日常数据分析，可以快速掌握产品的总体状况，对数据波动能够及时做出反馈及应对。产品的效率分析主要是针对具体产品功能、设计等维度的用户使用情况进行，常用指标包括点击率、点击用户率、点击黏性和点击分布等。用户行为分析可以从用户忠诚度、访问频率、用户黏性等方面入手，如浏览深度分析、新用户分析、回访用户分析和流失率等。通过上述几种数据分析方法，不仅能使设计师直观地了解用户是从哪里来的，来做什么，停留在哪里，从哪里离开的，去了哪里，而且可以对某具体页面、板块、功能的用户使用情况有充分了解，只有掌握了这些数据，设计师才能有的放矢，设计出最符合用户需求的产品。数据分析属于定量研究范畴，而对用户的深入了解仅仅靠行为数据分析还是不够的，如果结合一些对用户的定性研究，如访谈、焦点小组和参与式设计等，往往可以了解用户的目标、态度和心理，对用户行为的把握也会更为准确（图 7-25）。

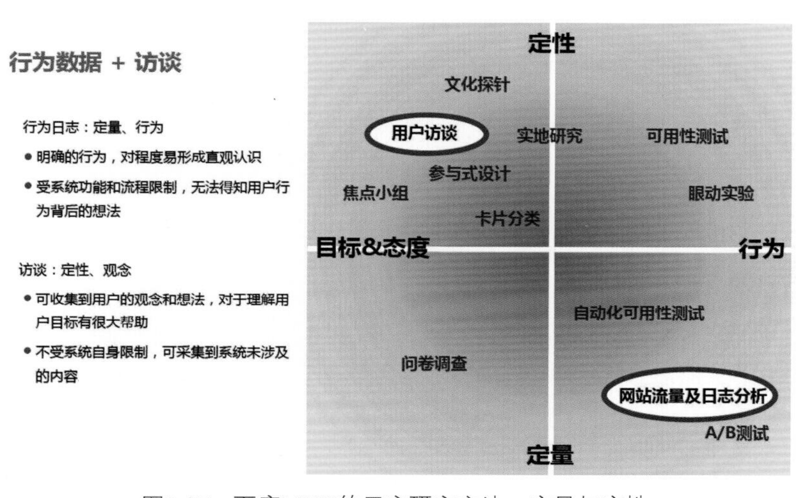

图7-25　百度MUX的用户研究方法：定量与定性

思考与实践7

一、思考题

1. 需求分析 + 产品评估 + 行为分析的用户研究理念是什么？

2. 什么是百度的“用户 - 趋势 - 反馈 - 竞品”的用研机制？

3. 百度为什么特别重视先导型、专家型用户的意见？

4. 具有前瞻性的移动应用技术包括哪些？

5. 什么是产品设计的五维评估定量研究法？

6. 百度 MUX 的数据分析维度包括几个研究方向？

7. 用户研究在产品研发的不同阶段的目标有哪些不同？

8. 什么是满意度评估？如何从大数据中得到启示？

9. 百度的竞价排名饱受诟病，如何平衡商业利益和公共服务？

二、实践题

1. 电动平衡车（图 7-26）是针对个人出行和青少年跑酷群体的一个创新产品。它是简单、方便、个性化和充满活力的新潮出行方式，同时也存在续航时间、动力、安全性和可靠性等问题。请调研该类产品的价格、性能、服务和保障体系，特别是它所针对的用户群和市场需求，需要根据五维产品评估来预测其市场前景。

图7-26　电动平衡车

2. 今天，产品越来越重视体验，而服务越来越重视人际间的交流与分享。下象棋可能是许多老年人的快乐聚会，请重新考察传统象棋，并思考如何进行创新：

① 户外光线弱的地方；

② 肢体不便的老人。解决的可能性包括声控象棋、荧光象棋等。

第8课　情感研究

8.1　情感与设计

从 20 世纪 80 年代起，设计师和心理学专家们就已经开始探索情感对于产品设计的意义。产品发展到现在，不再是一种单纯的物质形态，而应当看作与人交流的媒介。所以设计师应当把产品当作“人”来看待，当作人类的朋友。设计师要能够从使用者的心理角度出发和考虑，让产品在心理上符合人们的欲望，情感上满足人们的需求。美国认知心理学家唐纳德•诺曼（Donald Norman）以人类大脑结构机能进化的三层结构（丘脑、间脑和大脑皮层）为依据，提出了“情感化设计”的理论。他认为设计包括三个层次，即本能水平的设计——感官的、感觉的、直观的、感性的设计（外形、质地和手感等），行为水平的设计——思考的、易懂性、可用性的、逻辑的设计，反思水平的设计——感情、意识、情绪和认知的设计，关注产品信息、文化或者产品效用的意义。唐纳德 • 诺曼认为一个优秀的物品应该在这三个层次上都做到优秀。特别是 愉悦（Enjoyment）成分在设计中的意义（图 8-1）。

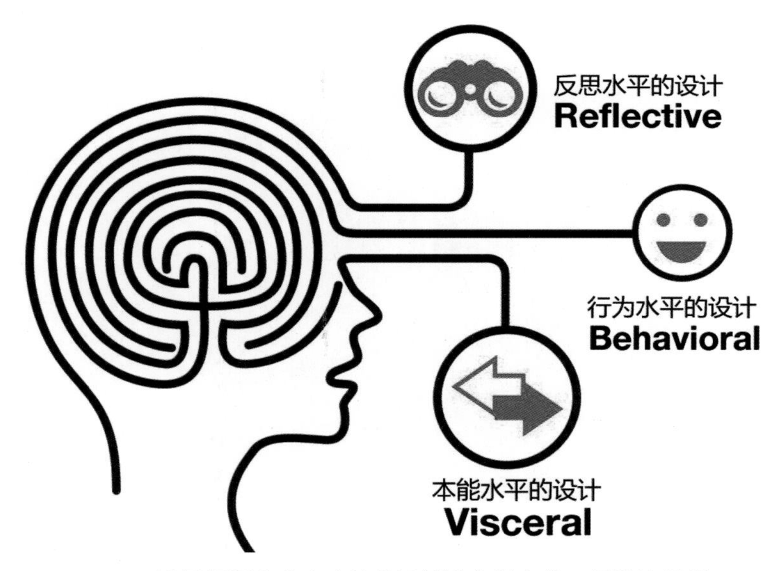

图8-1　诺曼根据人类大脑结构机能进化提出的三层设计思想

诺曼认为情感是非常重要的。情感与价值上的判断相关，而认知则与理解相关，二者紧密相连，不可分割。在设计中，本能（感官）层面是指外观，它涉及的是感受知觉的作用，比如味觉、嗅觉、触觉、听觉和视觉上的体验。第二个层面是行为层面，是指产品在功能上是否出色。设计一件东西不光要让人会用，还要让人觉得它在自己的掌控之中。第三个层面是反思层面，这与每个人的感受和想法有关，是人们对自我行为的思考以及对他人看法的关注。例如，薄荷（MINT ）公司创意陶瓷调味罐系列就通过黑白两个幽灵造型表现了情感设计（图 8-2）。两个卡通人物拥抱时协调自然，可爱又富有愉悦感，承载着感激、温暖、愧疚、安慰、友谊和爱情。该公司另一个情感设计的例子就是“破碎的心”（图8-3），该产品为一个心形的容器，你可以把对恋人的祝福或表白的纸条放在里面，如果他（她）要看，就必须要打碎“这颗心”，这件作品无疑是利用了人们对拟人化器皿的“移情”心理设计的产品。

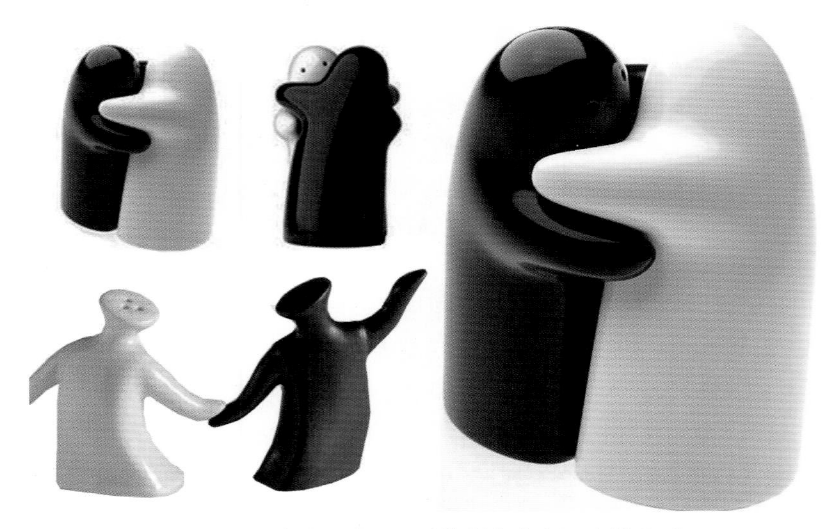

图8-2　情感设计：可爱的创意陶瓷调味罐系列

图8-3　情感设计：创意陶瓷产品“破碎的心”

对于设计师来说，本能（感官）层面在全世界都是相同的，因为它是人性的一部分。行为层面上的东西是学来的，因此在全世界有着类似的标准，但不同的人还是会学到不同的东西。反思层面上则有非常大的差异，它与文化密切相关。不单是中国文化不同于日本文化，也不同于美国文化，就是同在中国，年轻女孩也不同于商业人士，不同于大学生，不同于农民，这中间存在着微观文化因素。因此，设计师一定要了解自己的目标客户，其中最难的就是文化因素。就情感设计而言，如果能够在感官和行为层面理解人的普遍需求，借助隐喻、符号、挪用、拼贴、象征和拟人化等多种表现手段，往往就可以出奇制胜，设计出令人耳目一新的产品（图 8-4）。

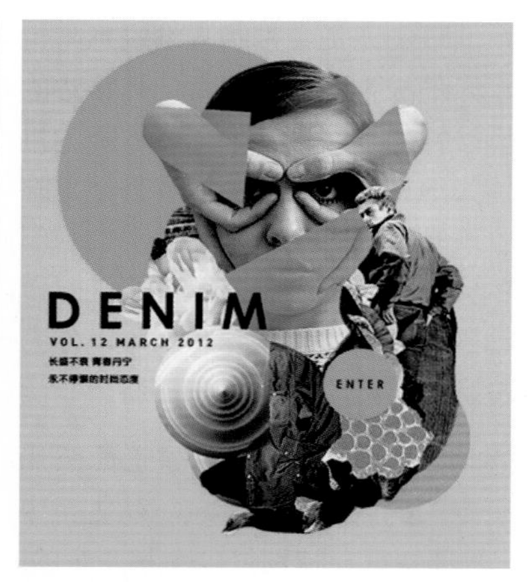

图8-4　情感化设计：针对女性用户心理的图形与色彩设计

8.2　注意力

能够引起用户的关注，或者说能够吸引住用户眼球，是所有产品成功的第一步。注意是指心理活动对一定事物或活动的指向和集中，它是人类感觉、知觉、记忆、思维和想象等心理过程的一种特性。注意不仅表现在认识过程中，也表现在情绪、情感、意志等心理过程中。从进化角度看，注意力的形成是人类与自然环境的不断抗争与适应的过程。例如，美味的食物（色彩和形状，图 8-5）、婴儿或儿童的笑容、少女的妩媚、春天的绿色，这些与生命、青春、

图8-5　美味水果的鲜艳色彩不仅会引发食欲，也会带来美感

后代和健康相联系的事物无疑会带给人愉悦感与持续的关注。同样，与危险、灾难和恐怖相关的新闻也会引起人们极大的关注。为什么路边的事故会让来往车辆减速？这是因为你的旧脑在提醒你注意。恐怖的东西会带来人体本能的抗拒，同样也会使得注意力高度集中。人们在遇到特殊情况，如地震、火灾、抢劫或其他危险环境时，往往会产生肾上腺素分泌、血流加快、心跳剧烈、肌肉紧张等一系列应激反应。因此，和食物、性、后代或是危险相关的图片往往会吸引人的注意力并引发其本能的反应（逃避、紧张和好奇心）。同样，任何移动的物体（如影像或动画）也会吸引眼球，这可以作为一种危险来临的预警信号（如非洲大草原的猎豹在追逐羚羊，风吹草动，大祸临头）。

心理学研究表明：人脸图片，尤其是正面照片，是最容易吸引人注意力的内容，甚至在人类的大脑皮层有专门的人脸识别区域。从古至今，从波提切利到达·芬奇，很多艺术大师都洞悉这个奥秘：脸部特征，特别是少女和儿童的脸，是最能够吸引观众视线的题材。因此，使用近景人脸图片确实可以吸引注意力，这在广告界已经是一个尽人皆知的原理，即黄金和白银法则。所谓黄金法则即 3B 法则，指美女（Beauty）、动物（Beast）和婴儿（Baby）；而白银法则是指名人效应。广告中几乎 50% 以上是美女面孔。例如，百度贴吧的“神龙妹子团”就策划了一个引爆了朋友圈的创意 H5 广告《一个陌生妹子的来电》（图 8-6）。这个高颜值的广告借助选择题和动图的切换来推动故事情节的发展，成为大家分享和疯狂转发的互动游戏。

图8-6　百度贴吧“神龙妹子团”的H5创意广告《一个陌生妹子的来电》

8.3 色彩心理学

情感和尊重位于需求金字塔的核心部位。在所有能够调动情感和情绪的因素中，色彩无疑是最重要的。不同的色调能够调动不同的情绪和反应，能够影响用户对于品牌的感知。例如，读者在选书的时候通常是通过书的封面来判断书的内容是否好看，因此选择一个易于传达信息的颜色是成功封面设计的关键。比如推理小说多用黑色的封面颜色，而圆满的爱情小说多用浅色的封面颜色。如果把这两种颜色互换，读者心理会怎么想呢？浅色的推理小说感觉不够神秘，黑色封面的爱情小说肯定是个悲剧，错误的配色可能会使有些读者根本不会选择这本书。

20 世纪 80 年代，美国南佛罗里达大学教授、心理学家罗伯特·普鲁钦科（Robert Plutchik）通过色盘来说明色彩对人类情绪的影响。在这个色盘上，普鲁钦科确定了八个主要情感区域，这些区域的色彩恰恰处于轮盘的相对位置，如快乐与悲伤、信任与厌恶、恐惧与愤怒、期待与惊喜等（图 8-7）。该色盘从外到内，色彩逐渐加深，表示情感的逐渐加强与色彩深化之间的关系。例如，从顺从、接受过渡到恐惧、恐怖，颜色也逐步由淡绿变成深绿。同样，该色盘的相邻色也代表了情感和情绪的相关性，如从暖色系的正面情感（乐观、积极、兴趣）转变为冷色系的负面情感（忧郁、烦躁、忧虑），其间也包含如平静、接受、乏味、讨厌等相关的情感。

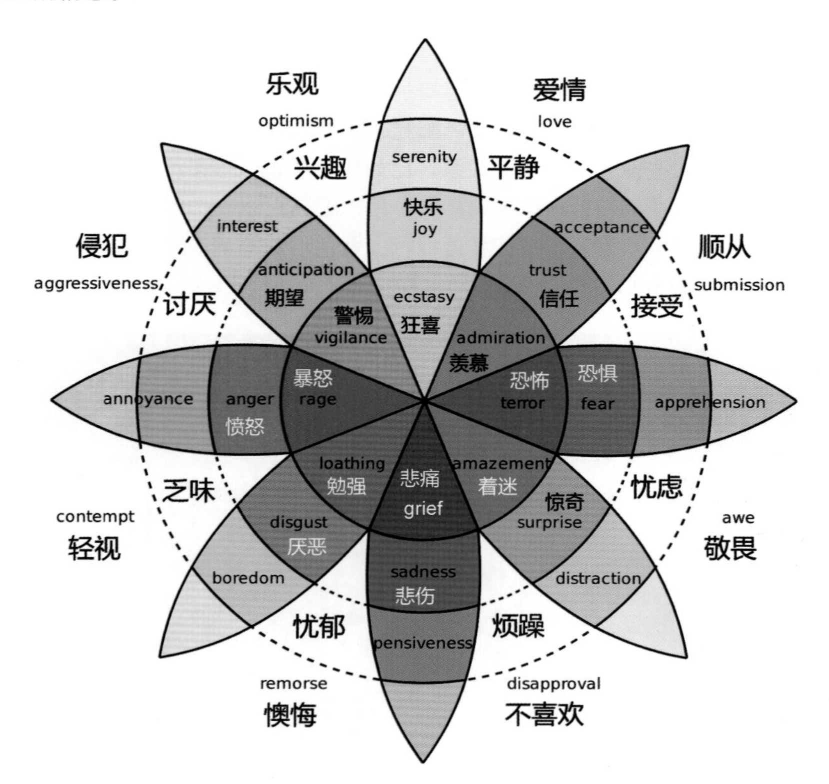

图8-7　普鲁钦科的色盘可以用来表达色彩与情绪的关系

色彩心理学实验证明：色彩具有干扰时间感觉的能力。一个人进入到粉红色壁纸、深红色地毯的房间，另一个人进入蓝色壁纸、蓝色地毯的房间，让他们凭感觉一个小时候后从房间里出来，结果在红色房间的人 40 ~ 50 分钟就出来了，而蓝色房间的人 70 ~ 80 分钟后还没有出来。由此说明人的时间感被颜色扰乱了。蓝色有镇定、安神、提高注意力的作用；而红色有醒目的作用，可以使血压升高，有时可增加精神紧张。颜色不仅可以影响时间，还可以影响人的空间感。颜色可以前进或后退，前进色看起来醒目和突出。两种以上的颜色组合后，由于色相差别而形成的色彩对比效果，称为色相对比，其对比强弱取决于色相环的角度，角度越大对比越强烈（图 8-8）。国外有人统计，发生事故最高的汽车是蓝色的。然后依次为绿色、灰色、白色、红色和黑色。蓝色属于后退色，因而在行驶的过程中蓝色的汽车看上去比实际距离远。汽车颜色的前进色和后退色等与事故是有一定关联的。

图8-8　色相环中相对的颜色（对比色）在一起会产生更醒目的感觉

暖色系是秋天的主色调，无论是层林尽染的枫叶，还是姹紫嫣红的葡萄、苹果，无不使人垂涎欲滴、胃口大开。橙色代表了温暖、阳光、沙滩和快乐，而且橙色创造出的活跃气氛更自然。橙色可以与一些健康产品搭上关系，比如橙子里也有很多维生素 C。黄色经常可以联想到太阳和温暖，黄色则带给人口渴的感觉，所以经常可以在卖饮料的地方看到黄色的装饰，黄色也是欲望的颜色。橙黄色往往和蓝绿色、紫色形成鲜明的对比，并给人带来无限的遐想和温馨的感觉（图 8-9）。

图8-9　橙黄色往往和蓝绿色、紫色形成鲜明的对比

绿色是自然环保色，代表着健康、青春和自然，绿色经常用作一些保健食品的标识，如果搭配上蓝色，通常会给人健康、清洁、生活和天然的感觉。不同明度的蓝色会给人不同的感受。蓝天白云，碧空万里，代表着新鲜和更新，蓝色给人冷静、安详、科技、力量和信心之感。现代工厂墙壁多用清爽的蓝色，起到减缓工人疲劳的效果。同样，医护人员的服装也多采用淡蓝色和绿色（图 8-10），传统的“白大褂”正在逐步退出历史，这也是人们对手术室医护人员和临床病人的心理研究的结论。

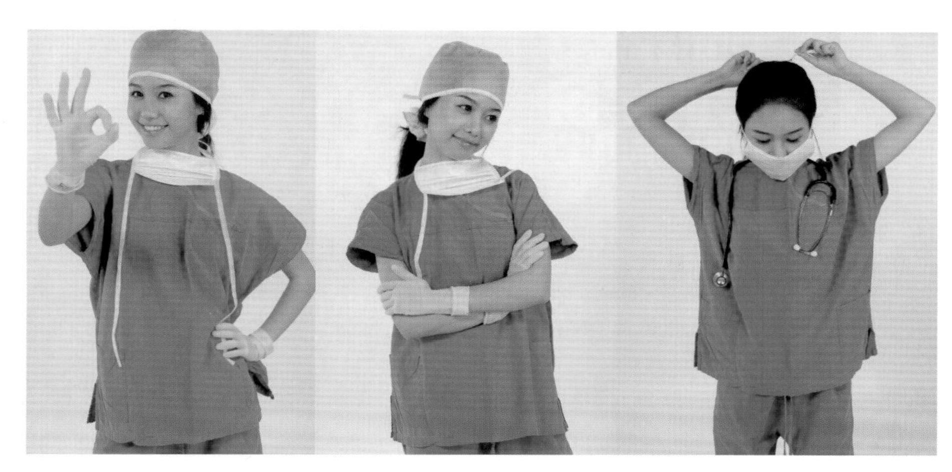

图8-10　现代医护人员的服装也多采用淡蓝色和绿色

紫色又称帝王色，总是让人不禁想起皇室的威严与神秘。紫色可以更多地与浪漫、亲密、柔软舒适的质感产生联系。紫色给人一种奢华的感觉，不同深浅的紫色、如紫罗兰、紫丁香、鸢尾花往往会使人流连忘返，惊叹大自然的创造力和想象力。许多知名公司，如联邦快递和阿迪达斯，也选择紫色作为 LOGO 色（图 8-11）。

图8-11　一些著名的紫色标志

除了彩色外，白色代表着圣洁，纯洁和安静，而黑色代表夜晚的颜色，黑暗和未知也会给人焦虑的感觉，表达抑郁、绝望、孤独和神秘的感觉。很多广告青睐黑色，如腾讯体育的 NBA H5 广告（图 8-12）就借用黑色宇宙的寓意，用黑白蓝的主色调诠释体育的力量和动感。当黑色遇上其他颜色的时候会产生其他的意义。如黑色搭配银灰色会给人一种成熟稳重的感觉。对于设计师来说，色彩设计是一项基于实践、经验和智慧的挑战，观察思考和大胆创新是成功的关键。

图8-12　腾讯体育的NBA H5广告《我的宇宙》采用蓝黑色系

8.4　色彩与设计

现代企业非常重视在大众心中树立自己良好的企业形象，其中商标与标识的设计起着关键作用。企业文化和产品特征是标识颜色和形象设计的基础。例如，腾讯的标识用蓝色为企业形象主色调，蓝色代表科技感，也给人诚实可靠的印象。国外对标识色彩设计的统计分析也表明，蓝色系和红色系是国际多数知名企业所青睐的色彩，硅谷和国内的 IT 公司也多数采用蓝色作为标识的主色调（图 8-13）。而提到可口可乐、肯德基，就会想到红色，红色给人活泼积极向上的感觉，还可以提高运动能力。在移动媒体时代，色彩、标识、图像和文字是现代设计理念的核心要素，无论是谷歌所强调的“材质设计”（Material Design，MD），还是微软 Metro、苹果 iOS7 所推崇的“扁平化设计”（Flat Design），都把色彩、光、投影和质感放在非常重要的地位，如谷歌 Gmail 标识的设计（图 8-14）就是把光影、材质与色彩相结合的典范。

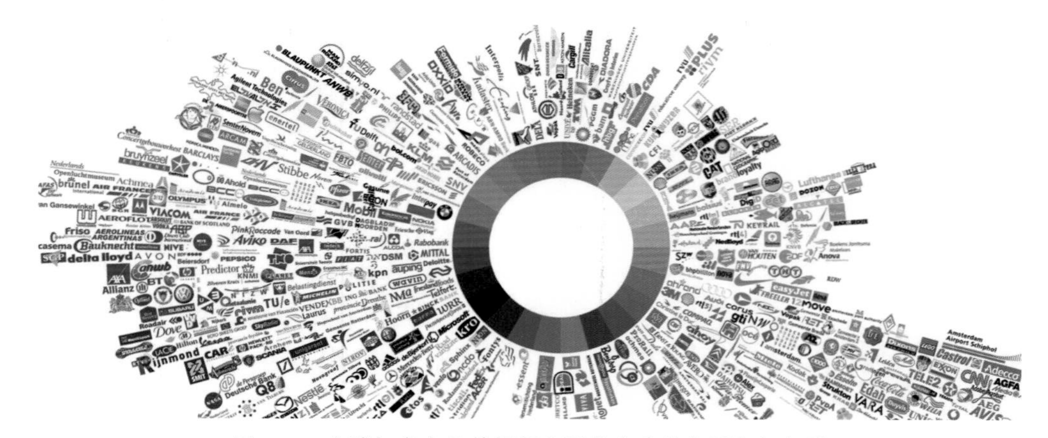

图8-13　全球知名企业的标识主要分布在蓝色系和红色系

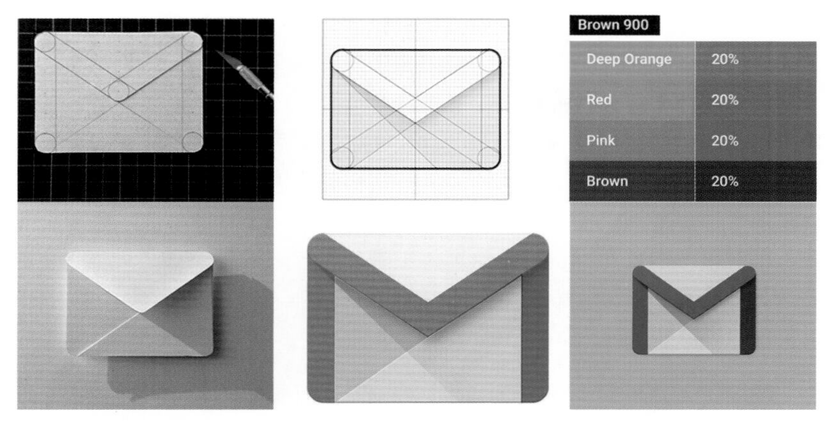

图8-14　谷歌Gmail标识的设计规范（光、影、质感和色彩的结合）

色彩具有象征性，同一色彩在不同的国家和民族有着不同的象征含义。亚洲人偏好红色，认为红色是喜庆、热烈、幸福的象征，国际知名服装企业卡帕（Kappa）为中国新年推出的祝福 H5 手机广告就采用了红色的主色调（图 8-15）。相对于东方民族，欧洲人更崇尚蓝色和绿色。蓝色是天空和大海的颜色，体现欧洲人崇尚自由的观念。绿色是信奉伊斯兰教国家最受欢迎的颜色，被誉为生命之色。在沙漠地区的民族由于到处黄褐一片，那里的人们更渴望见到绿色，所以对绿色也有特别的感情。此外，色彩设计也与公司产品和服务性质有关，例如，食品、饮料、媒体、航空类公司多采用暖色。除了产品本身需要更丰富的联想外，鲜艳、标识的醒目（如飞机涂标和电视台标等）也是加深公众印象的重要手段。但 IT 和信息产业常用冷色系，突出科技感。休闲服务类（如星巴克、上岛咖啡等）则有更多的选择。

图8-15　卡帕（Kappa）为中国新年推出的祝福H5手机广告

好的色彩搭配往往会人令人赏心悦目，流连忘返。色彩的协调一致无论是对网页和 App 的呈现还是对图像信息的展示都是非常重要的因素（图 8-16）。色彩设计不仅包括着科学（如光谱分析）和文化因素，而且还受到兴趣、年龄、性格和知识层次的制约。同时，色彩还有很强的时代感，在一定的时期内会形成某一种流行色。如美国苹果公司标志的演变就代表了不同时期人们对色彩审美的变化。在苹果公司创建的 20 世纪 70 年代，世界大多数电脑公司标识为拉丁字母的单色标志，而苹果公司却以其“彩虹环”的 6 色标志彰显了自己。但是随着社会的审美的发展，年轻人认为金属、玻璃和单色是“酷”的象征。同时，随着手机等移动媒体的流行，扁平化的图标设计成为 20 世纪 90 年代中后期的时尚风潮。苹果公司的设计开发者很快就发现了这一点，于是单色的、具有材料和质感之美的苹果标志出现在我们的眼前，随着时间的推移，甚至很多年轻一代已经忘记了原来那多彩的标志。但与之相反，许多早期标志颜色相对单一的公司标识纷纷退出历史舞台，代之以更丰富、更扁平化的色彩和文字设计风格，例如微软、谷歌和腾讯的标识。这也使得这些公司的形象更为多元化和平民化，有效传达了企业的形象和文化内涵（如图 8-17）。

图8-16　谷歌的“材质设计”以明快、自然的色彩与图像搭配为核心

图8-17　苹果标志的变迁（上）和谷歌、微软、腾讯等公司标识的色彩（下）

思考与实践8

一、思考题

1. 什么是情感化设计?

2. 诺曼提出的设计的三个层次是哪些? 其理论依据是什么?

3. 举例说明什么是情感化设计的产品。

4. 苹果产品在把握人性和需求上有何特点?

5. 微信和手机 QQ 所针对的目标人群有哪些差别?

6. 马斯洛需求金字塔说明了什么问题?

7. 需求金字塔和人类大脑的进化有何联系?

8. 普鲁钦科提出的色盘说明了什么问题?

9. 什么是广告行业的黄金和白银法则? 和人性需求有何联系?

二、实践题

1. 扁平化设计是目前手机和平板电脑(如 Windows 8)界面 UI 的流行风格，其优点在于简洁、清晰、醒目、快捷和实用性，适应了当下人们快节奏的生活。但扁平化风格也造成了视觉上单一和几何化的印象(图 8-18)。请重新思考和设计该界面的 UI 元素。关键词：人性化；情感设计；流行与时尚。

图8-18　扁平化风格在视觉上有单一和几何化的印象

2. 色彩心理学在网页和多媒体设计中非常重要。请为儿童设计一款在 iPad 上浏览的童话类电子读物，如《爱丽丝东方寻仙记》，要求读者对象为 3 ~ 5 岁的学龄前儿童，请调研儿童的心理认知特点和对强对比色彩的偏好，设计这个奇幻故事的颜色风格。

第9课　故事板设计

9.1　故事与设计

讲故事可以说是从古至今深深植根于人类的一种社会行为。讲故事的目的可以是社会教化，也可以是讨论伦理和价值，还可以是满足人们的好奇心。故事可以戏剧化地表现社会关系和生活问题，传播思想或者演绎幻想世界。讲故事是需要技巧的。在远古时代，部落中讲故事的人所扮演的是演艺者、老师和历史学者的角色。人们可以通过代代相传的故事来传承知识。有了文字以后，《圣经》《荷马史诗》《诗经》《春秋》等都可以说是人类最早的故事和传说的记载。二千三百多年前，古希腊哲学大师亚里士多德撰写了《诗学》，首次揭示了戏剧的奥秘。他认为故事是生活的比喻，是人类智慧本性所追求的目标。故事这个功能一直延续到了现代社会。

从心理学上看，人类大脑都有追求逻辑的本能，这种因果关系就是故事的核心。人是情感动物，因此，故事和比喻是最能够打动人的沟通技巧。无论是广告、演讲还是 PPT，如果没有“讲故事”的技巧（如悬念设置、起承转合、层层推进），就很难吸引大家的关注。好的设计离不开好故事，如雷克萨斯（Lexus）的 NX 汽车品牌推广 H5 广告《英雄》（图 9-1），就用动感漫画的手法讲述了一个大侠的传说。最终将这个“英雄”身上的 NX 标志展现出来，诠释了如雷克萨斯 NX 的设计理念和用户定位。作为服务设计师或者交互设计师，理解用户需求的最好方式就是构建环境、人物和情节，并通过事件来理解人性和需求，而构建故事无疑是最好的助手。

图9-1　雷克萨斯NX汽车品牌推广H5广告《英雄》

正如人类的物质需求一样，听故事和讲故事是人类的本能。故事代表了人生的真谛和对人生的探索。故事的共同特征就是因果关系的序列事件（故事线）。故事的呈现方式包括语言、漫画（连续画面）、动画、电影和戏剧（语言+表演）。故事可能会以比喻的方式解释抽象的观念和概念（如阐述人生的意义），也可以用来娱乐（如恐怖故事）或教育（成长故事）。所有的故事都具有类型，如冒险、复仇、救援、欺骗、牺牲、嫉妒、恐惧……故事是幻想与环境相互碰撞、并借助艺术语言来实现的（讲故事）……故事最基本的目标是引起观众强烈的情感体验。体验故事所带来的强烈的甚至是痛苦的情感体验以及随之产生的满足感。故事可以作为活动推广、产品营销、广告策划和新产品宣传的主题贯穿于创意和实施过程，如迪士尼主题公园就是通过一个个串联的故事场景和角色人物表演来吸引游客的关注。同样，2016 年淘宝网推出的“上海造物节”（图 9-2）就通过“故宫淘宝”等十大原创 IP（版权衍生品）、初音未来现场发布新曲等一系列吸引眼球的故事或者噱头来招揽游客。

图9-2　淘宝网推出的上海“造物节”主题H5广告

故事是吸引注意力的重要手段，可以说所有的优秀广告都是通过故事来打动人的情感并将产品、品牌等信息转移到人的记忆之中。人们可以通过故事最佳地处理信息，因此，要使用尽可能多的故事，甚至是较短的故事来说明你的意图。故事性广告策划的关键是“隐喻”和“典故”，正如中国古代诗词，触景生情、引经据典和环环相扣是好诗词的精髓。大众点评为电影《狂怒》设计的推广页《选择吧！人生》（图 9-3）便深谙此道。该广告复古拟物风格的视觉设计让人眼前一亮，富有质感的旧票根、忽闪的霓虹灯，配以幽默的动画与音效，让人恨不得每个选项都点一遍。围绕“选择”这个品牌关键词，用引人入胜的测试题让用户把人生当作大片来选择。当你选到最后一题便会引出“大众点评选座看电影”，一键直达 App 购票页面。

图9-3 大众点评网为电影《狂怒》设计的推广页《选择吧！人生》

9.2 情景化用户

心理学家研究表明：尽管人们有可能无意识地做出决策，但他们仍然需要合理的理由，以向其他人解释为什么他们要做出这样的决策。在这个过程中，情景化用户体验以及故事板设计就能够起到很重要的作用。例如，百度 MUX 就非常重视情景化用户体验的调研。他们在针对手机用户应用环境的调研中，就采集了大量的资料，揭示了用户在不同环境下的移动设备用户体验（图 9-4）。这些图片包括用户使用手机和 iPad 的主要环境以及和桌面设备的比较，由此挖掘出在该情景下的移动媒体带给用户的体验。此外，他们进入北京的大街小巷，对“百度地图”的应用进行实地勘察，由此判断使用者在不同环境使用该服务的深层体验。

图9-4　百度MUX对不同情景下用户移动设备的使用方式进行研究

百度 MUX 还提出了“做设计就是在讲故事”的理念。他们认为“设计的不是交互，而是情感”。因此，该部门将情景化用户体验、故事板和角色模型结合在一起，从具体的环境分析入手，对交互产品（如手机）或服务进行深入的分析。他们用故事串起整个设计循环，从而形成了迭代式用户研究的流程（图 9-5）。这个过程可以分割为“热阶段”和“冷阶段”，前一个阶段重点为发散思维，以调研为核心。用户画像 - 情景化研究 - 故事板组成了这个循环。后一个阶段为分析、创意与原型开发阶段，重点是借助用户研究的成果进行创意和开发，属于收敛阶段。在这里，环境、角色、任务和情节是构成故事的关键：可信的环境（故事中的“时间”和“地点”）、可信的用户角色（“谁”和“为什么”）、明确的任务（“做什么”）和流畅的情节（“如何做”和“为什么”）是研究的关键。通过这一流程，百度移动用户体验部还特别针对“95 后”的年轻时尚群体（图 9-6）的手机使用习惯进行了一系列的定量和定性分析。这些结果成为百度后期产品开发的重要依据。

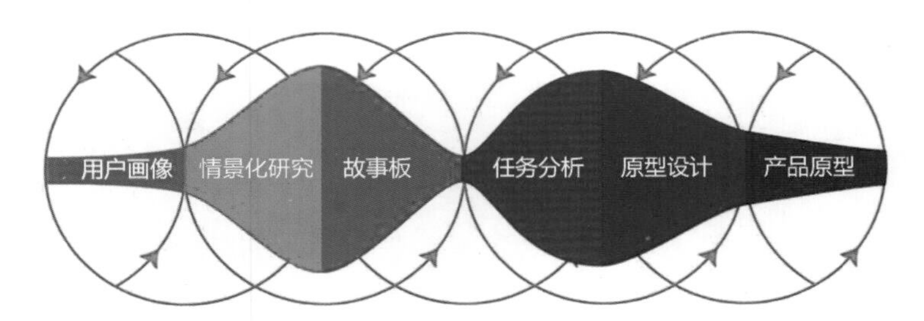

图9-5　百度的迭代式用户研究流程（热阶段+冷阶段）

图9-6　百度重点关注“95后”年轻时尚群体的手机功能需求

对于服务设计师来说，你的设计应该与你所讲的故事完美契合。通过构建一系列画面，往往可以发现产品使用或服务过程中的各种问题：试想一位依靠轮椅出行的残疾人在遇见一系列问题（公交车、轻轨、购物商城、过人行道、餐馆……）时的场景，你自然会对相应的产品（如轮椅适配的手机）或服务（如公交车的无残障起落架）的设计有深刻的体会。皮克斯电影部门负责人迈克尔·约翰逊曾介绍过皮克斯如何以这种方式来创作电影：电影是从外而内构思的。以《玩具总动员》为例，开始是设置环境（没人的时候，玩具们出来玩耍），然后添加角色和动机（牛仔胡迪羡慕新来的太空人巴斯光年），最后描述情节（他们俩争斗起来，随后落入玩具虐待狂的魔掌，又不得不化敌为友，联手逃脱）。如果他们在情节上遇到麻烦，就返回到角色，设想角色会怎么做。如果在角色上无法做文章，就去挖掘环境，看看环境会如何影响角色。由此，角色与环境的互动（矛盾）就构成了故事的基本要素。

同样的做法也适用于构思用户体验故事。如果你想知道喜欢旅游的“美拍一族”对自拍软件的需求（图 9-7），就要看他们是什么人（特别是普通用户）以及他们身处什么环境（自驾游、全家游、集体组团游），他们使用哪些工具（手机、自拍杆、美颜软件）或设备，他们这样做的目的（分享、炫耀、自我满足）等等。对情景 - 角色关系的探索不仅可以发现问题，而且可以通过产品设计或改善服务来解决问题。例如，对上述问题的答案有助于确定 App 软件需要添加或删除的功能。比如一款专为旅游者使用的美图软件，虽然“简单易用”和“社交分享”是基础，但考虑到不同的人群，所有可能的特效如美白、祛斑、亮肤、笑脸、卡通、魔幻、搞怪、对话气泡、音效、小视频、GIF 动图等等都可能是这款手机软件的亮点，如何决定取舍？关键在于用户需求与产品定位。情景化用户的方法可以更好地帮助你划定产品的功能范围和限制，让你的产品在同类产品中脱颖而出，更具竞争力。

图9-7　自拍杆已经成为中国旅游群体不可或缺的随身设备之一

9.3　交互故事板

1927 年，迪士尼公司创始人沃尔特·迪士尼（Walter Disney）首次在制作动画片中采用了故事板（storyboard）作为电影脚本。故事板是影视创作和导演制片过程中的重要环节，标准故事板格式应该包括镜头号、描述或画面、对白、情景描写、时间、转场（如推拉摇移）和备注等内容（图 9-8），但这些并非严格规定，事实上，很多故事板往往采取更为简化的形式，仅仅给出画面和转场（图 9-9），其余则由导演决定。在电影或动画中，故事板相当于一个可视化的分镜头剧本，主要用来展示各个镜头之间的关系，以及它们是如何串联起来的。

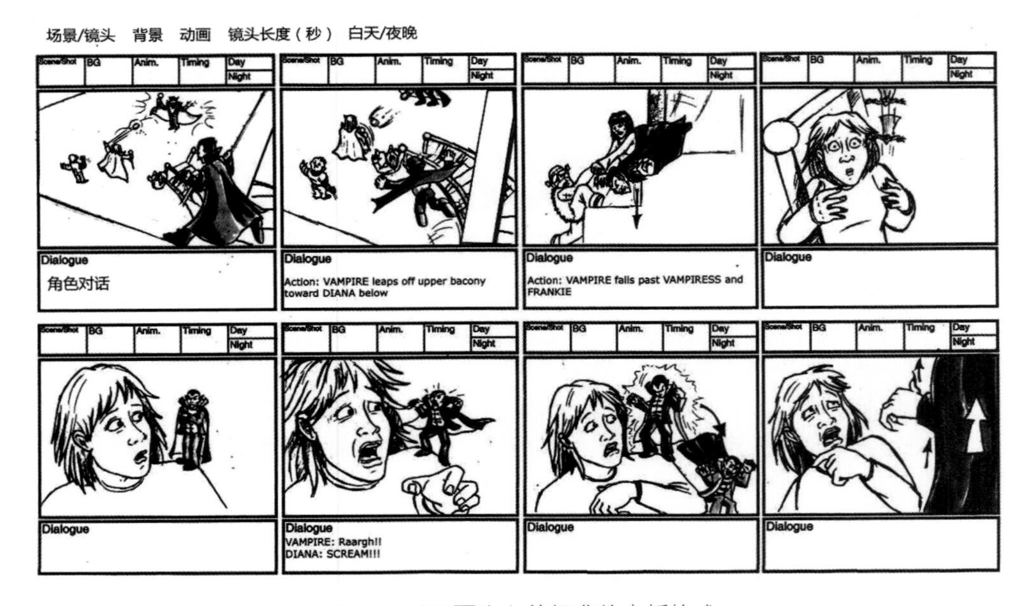

图9-8　以画面为主的标准故事板格式

图9-9　很多故事板往往采取更为简化的形式（顺序、画面和转场）

在交互设计中，故事板用于研究用户行为（情景还原法），其主要功能在用于寻找产品的用户群和典型使用场景。交互故事板是用连贯的分镜头来展示一系列的交互动作，用图文结合的形式来描述一个完整的任务或是交互动作的可视化剧本。它可以用于突出显示某个关键交互动作，从而使整个用户体验过程中与之相对应的任务得以凸显。例如，我们的原型设计通常仅仅局限于屏幕环境的设计，忽略了屏幕之外的使用情境，通过故事板绘制的关键使用场景有利于我们理解屏幕之外的用户目标和动机，如游客使用手机地图导航的不同环境（图 9-10）。因此，有经验的设计师会在产品设计初期假想一些应用情境，这些以草图、草稿形式出现的情境图就是简约的故事板。故事板不仅仅是设计师头脑中假想情境的具象化，它还可以使一些模糊的用户需求更加具象，更有说服力，在设计沟通的过程中能发挥巨大的作用。

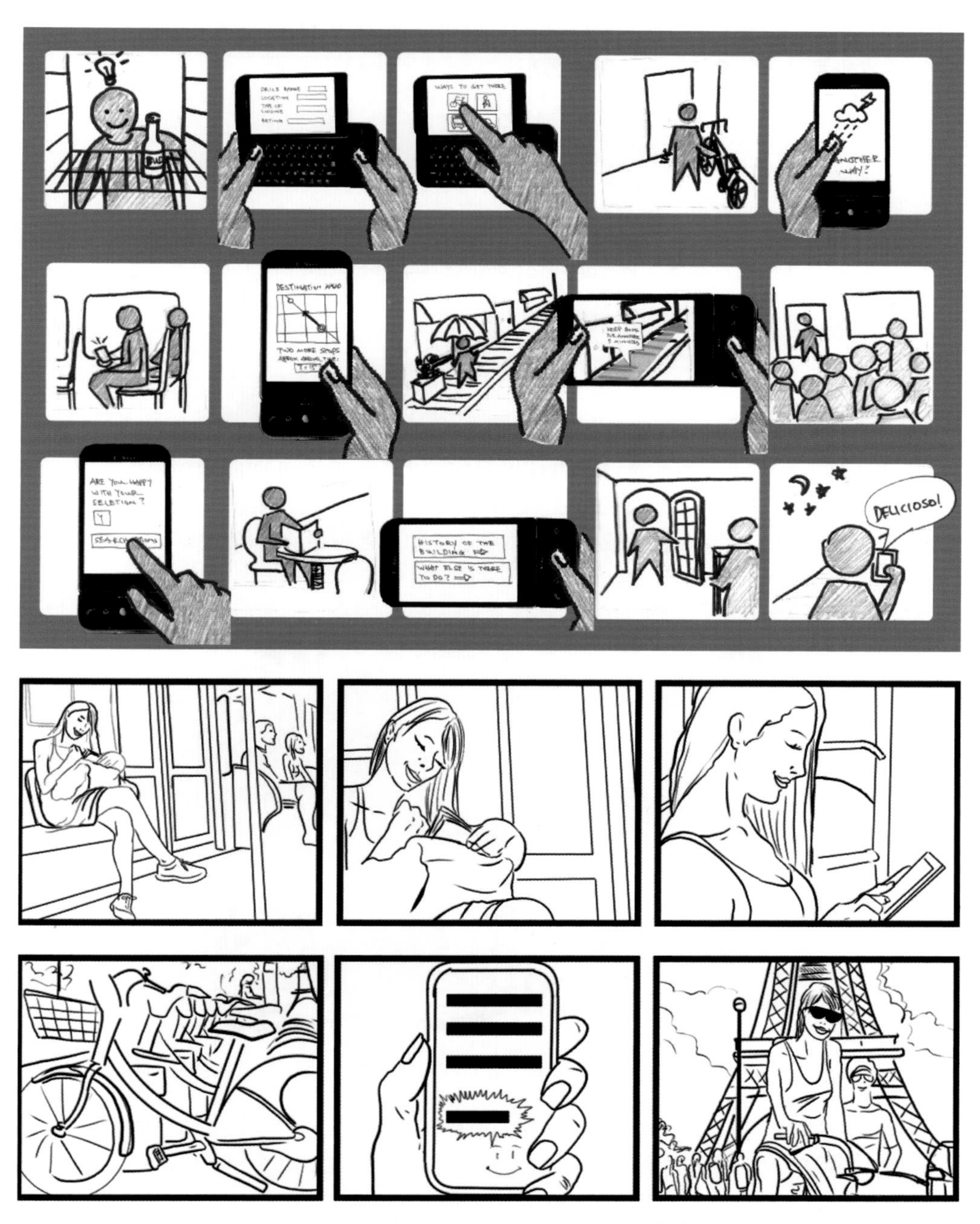

图9-10　游客在不同环境中使用手机地图导航的情景故事板

思考与实践9

一、思考题

1. 什么是故事和故事板？交互设计为什么需要故事板？

2. 情景化用户体验以及故事板设计有何意义？

3. 标准影视动画故事板的格式是什么？

4. 交互故事板和影视故事板的区别是什么？

5. 交互故事板设计有几个侧重点？

6. 如何利用角色、场景、事件、产品（服务）说明用户体验？

7. 故事板设计和用户画像（Persona）有何联系？

8. 服务设计的调研中如何应用故事板？

9. 如何借助照片、贴纸、手绘或打印图像制作故事板？

二、实践题

1. 图 9-11 是一款专门为儿童设计的 GPS 定位防止走失的运动鞋的概念设计。请根据情景化用户体验（如家长和儿童一起逛公园或购物）进行有针对性的故事板设计。要求综合考虑角色、时间、地点、事件、产品和因果关系，特别是各种特殊环境（如没有 WiFi 信号、电池续航中断、鞋子浸水、无法准确定位等）的影响。

图9-11　专为儿童设计的GPS定位防走失运动鞋

2. 故事化简报（PPT）是吸引听众注意力最重要的手段之一。请用 5 个小故事来归纳你在迪士尼乐园的娱乐、购物、餐饮、休闲和游览的感受。通过这 5 个小故事来说明迪士尼乐园在服务设计、人性化关怀和游客用户体验方面的优点和不足之处。

第四篇

设计思维

第10、11课：创意心理学•创客文化

设计思维是用途广泛的创意与产品设计方法论，也可以说是交互设计思想的延伸。创意不是魔法，而是技巧。第10课和第11课的教学内容是创意心理学和创客文化。这些内容聚焦于设计思维的理论、方法与实践，也是创客与双通型人才培养的基础。

第10课　创意心理学

10.1　右脑思维

现代物理学奠基人，相对论的提出者阿尔伯特•爱因斯坦（1879—1955）曾多次强调“想象力远比知识要重要”。在一次访谈中，他指出：“教育的目的并不是传授知识，而是要让学生学会如何思考。”创意的产生不仅与设计师的经历、性格、态度、认知和世界观等要素相关，而且与“右脑思维”有着密切的关系。脑科学家研究发现：超强记忆能力、想象能力、创新能力以及灵感和直觉力都与右脑相关，所以右脑又称为智慧脑、艺术脑。左脑是科学家和数学家，善于归纳总结、数学运算、分析推理（因果关系），属于线性思维，特别长于语言文字（细节描述）。右脑则是艺术家，属于发散思维和直觉顿悟，擅长创意，自由奔放，多愁善感，爱唱歌，好运动，爱五彩世界，幻想，白纸涂鸦，有着无边的想象力（图10-1）。

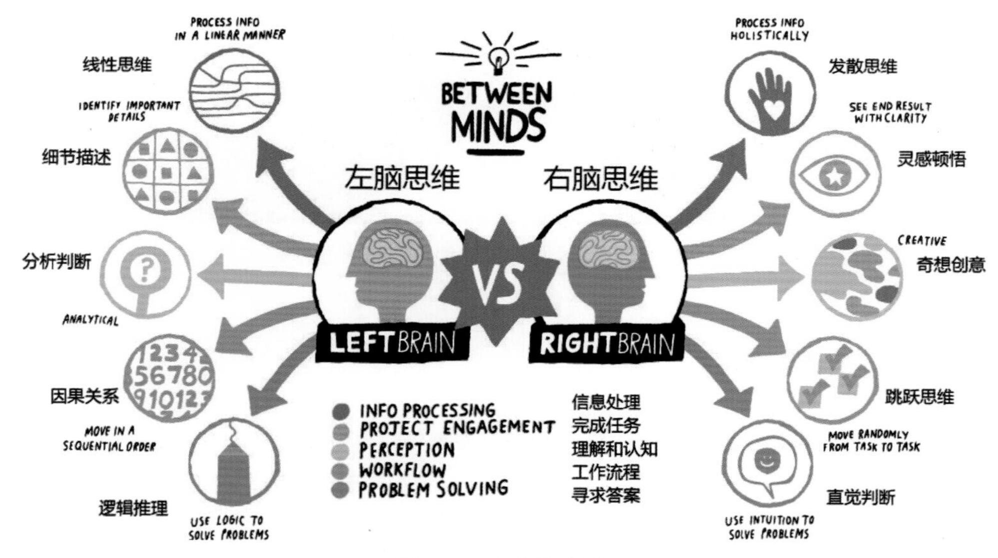

图10-1　左脑和右脑

科学研究证实：人类的左脑支配右半身的神经和感觉，是理解语言的中枢，主要完成语言、逻辑、分析、代数的思考认识和行为，它是进行有条不紊的条理化思维即逻辑思维的“科学家脑”。而右脑支配左半身的神经和感觉，是没有语言中枢的哑脑，但有接受音乐的中枢，主要负责可视的、综合的、几何的、绘画的思考认识和行为，也就是负责鉴赏绘画，观赏自然风光，欣赏音乐，凭直觉观察事物。归结起来，就是右脑具有类别认识能力、图形和空间认识、绘画和形象认识能力，是形象思维的“艺术家脑”。1979年，美国加州大学美术教师贝蒂•爱德华兹（Betty Edwards）出版了一本名为《用右脑绘画》的书。在书中，爱德华兹否认了有些人没有艺术天分的观点。她说：“绘画其实并不难，关键在于你观察到了什么。”她认为观察的秘密在于发挥右脑的想象力。爱因斯坦曾经说过：“我思考问题时，不是用语言进行思考，而是用活动的跳跃的形象进行思考，当这种思考完成以后，我要花很大力气把它们转换成语言。”因此，右脑的形象思维产生了新思想，左脑用语言的形式把它表述出来。

左右脑的分工与合作决定了人的创新能力，例如，“灵感”“顿悟”和“想象”的产生就与右脑密切相关（图 10-2），但是将“创新”的想法逻辑化、规范化、流程化并使之形成可以实现的具体步骤或蓝图，则需要语言和逻辑的配合，或者说需要左脑的协调才能够实现。交互设计中的前期工作，如调研、访谈、竞品分析、数据分析、用户体验地图（行为分析）、用户建模（用户角色）、故事板和故事叙述（storytelling）、角色扮演等都与分析、综合、逻辑、推理和归纳等同属于左脑思维的范畴，而中后期工作，如思维导图、焦点小组、头脑风暴、原型创意、概念模型则与右脑思维息息相关。创意或“灵感”是建立在大量的研究基础上的最优化解决方案。

图10-2　“灵感”“顿悟”和“想象”与右脑密切相关

10.2　创意魔岛效应

20 世纪 60 年代初，美国智威汤逊广告公司资深顾问及创意总监，美国当代影响力最深远的广告创意大师詹姆斯·韦伯·扬（James Webb Young）应朋友之邀，撰写了一本名为《创意的生成》(*A Technique for Producing Ideas*，祝士伟译，中国人民大学出版社）的书，回答了“如何才能产生创意”这个让无数人头疼的问题。随后 50 年间，该书再版达数十次，被译成 30 多种语言，不仅畅销全世界，而且也成为欧美广告学专业的必修课教材。詹姆斯·韦伯·扬堪称当代最伟大的创意思考者之一。他提出的观点和一些科学界巨人如罗素和爱因斯坦等人的见解不谋而合：特定的知识是没有意义的，正如芝加哥大学校长、教育哲学家罗伯特·哈钦斯博士（Robert Hutchins，1899—1977）所说，它们是“快速老化的事实”。知识仅仅是激发创意思考的基础，它们必须被消化吸收，才能形成新的组合和新的关系，并以新鲜的方式问世，从而才能产生真正令人惊叹的创意。因此，“创意是旧元素的新组合”是打开创意奥秘的钥匙，也使得韦伯·扬所提出的“五步创意法”成为广为人知的创意原则和方法。

在谈到创意来源时，韦伯·扬指出：我认为创意这个玩意具有某种神秘色彩，与传奇故事中提到的南太平洋上突然出现的岛屿非常类似。在古老的传说中，老水手们称其为“魔岛”（图 10-3）。据传这片深蓝海洋会突然浮现出一座座可爱的环形礁石岛，并有一种神秘的气氛笼罩其上。创意也是如此，它们会突然浮出意识表面并带着同样神秘的、不期而至的气质。其实科学家知道，南太平洋中那些岛屿并非凭空出现，而是海面下数以万计的珊瑚礁经年累月所形成的，只是在最后一刻才突然出现在海面上。创意也是经由一系列看不见的过程，在意识的表层之下长期酝酿而成的。因此，创意的生成有着明晰的规律，同样需要遵循一套可以被学习和掌控的规则。

图10-3　在海面突然浮现出的神秘之岛——魔岛

韦伯·扬认为，创意的生成有两个普遍性原则最为重要。第一个原则，创意其实没有什么深奥的，不过是旧元素的新组合。第二个原则，要将旧元素构建成新组合，主要依赖以下这项能力：能洞悉不同事物之间的相关性。这一点正是每个人在进行创意时最为与众不同之处。例如，百度手机地图的一则 H5 广告（图 10-4）就巧妙地将《西游记》和《水浒传》中的典故重新包装，寓意“导航”的重要性。因此，一旦看到了事物之间的关联性，或许就能从中找到一个普遍性的原则。或许就能想到如何将旧的素材予以重新应用，重新组合，进而产生新的创意。创意是旧元素的新组合，洞悉事物间的相关性是生成新组合的基础。

图10-4　百度手机地图的H5广告《西游篇》和《客栈篇》

10.3 五步创意法

创意思维的规律就是韦伯•扬提出的“五步法”：资料收集；头脑消化；酝酿创意；突发奇想；检验设想。这五个步骤环环相扣，缺一不可。首先，要让大脑尽量吸收原始素材。韦伯•扬指出：“收集原始素材并非听上去那么简单。它如此琐碎、枯燥，以至于我们总想敬而远之，把原本应该花在素材收集上的时间用在了天马行空的想象和白日梦上了。我们守株待兔，期望灵感不期而至，而不是踏踏实实地花时间去系统地收集原始素材。我们一直试图直接进入创意生成的第四阶段，并想忽略或者逃避之前的几个步骤。”收集的资料必须分门别类，悉心整理。因此，他建议通过卡片分类箱来建立索引。这种方法不仅可以让素材搜集工作变得井然有序，而且能让你发现自己知识系统的缺失之处。更为重要的是，这样做可以对抗你的惰性，让你无法逃避素材收集和整理工作，为酝酿创意做足准备。

历史上，对各种素材的收集和整理是博物学家或者人类学家的职业特征。1859 年，英国博物学家查尔斯 • 达尔文（Charles R. Darwin）就在大量动植物标本和地质观察的基础上，出版了震动世界的《物种起源》。通过建立剪贴本或文件箱来整理收集的素材是一个非常棒的想法，这些搜集的素材足以建立一个用之不竭的创意簿（图 10-5）。同样，强烈的好奇心和广泛的知识涉猎无疑是创意的法宝。收集素材之所以很重要，原因就在于：创意就是旧元素的新组合。IDEO 设计公司的一批点子无限的设计师都有自己的“百宝箱”和“魔术盒”，成为激发创意的锦囊。同样，斯坦福大学的创意导师们也一再强调资料收集、调研和广泛涉猎的重要性。

图10-5　素材标本箱就是一个“灵感”和“想象”的源泉

头脑消化和酝酿创意是这个过程的重要步骤。收集的资料必须充分吸收，为创意的生成做好进一步的准备。你可以将两个不同的素材组织在一起，并试图弄清它们之间的相关性到底在哪里。所有事物都能以一种灵巧的方式组合成新的综合体。有时候，当我们用比较间接和迂回的角度去看事情时，其意义反而更容易彰显出来。就像一个寻常的女孩，当走到一个绘有翅膀的墙面前时，就会幻化为“天使”（图 10-6），两个完全不同的事物的组合往往产生出人意料的创意。

图10-6 两个不同的事物的组合往往会产生出人意料的创意

创意生成的第三个步骤就是消化酝酿。你可以去听音乐，看电影或演出，读诗和侦探小说。总之，要想办法充分刺激自己的想象力和感知力。小组讨论和头脑风暴也是创意来源之一。IDEO 设计公司的创始人大卫・凯利就认为“创意引擎”就是集体讨论方式。会上大家集思广益，畅所欲言，往往会有大量的火花碰撞出来。第四个步骤似乎莫名其妙，却又妙不可言，创意将会逐渐浮出水面。创意往往会不期而至——当你剃须时和沐浴时，或当你在拂晓半梦半醒时都有可能。睡觉也往往是奇思妙想突然而至的前奏，例如英国作家玛丽・雪莱（Mary W. Shelley，1798—1851）就是通过回忆梦境而创造出著名小说《科学怪人》（图 10-7）。

图10-7 英国小说家玛丽・雪莱（左）和她《科学怪人》小说插图（右）

创意生成的最后阶段是检验设想，深入设计。这个阶段是在创意生成过程中所必须经历的，堪称“黎明前的黑暗”。韦伯•扬指出：“你必须把刚诞生的创意放到现实世界中接受考验，发现问题并进行调整和修改，只有这样，才能让创意适应现实情况或达到理想状态。”许多很好的创意却都是在这个阶段化为泡影的。因此，必须有足够的耐心来调整和修正创意。与客户充分研讨该方案，寻找专家咨询，网络和论坛的“潜水”都可以得到建设性的意见和建议。一个好的创意本身就具备“自我扩充”的品质。它会激励那些能看得懂它的人产生更多的想法，帮助它变得更加完善和可行，原本被你忽视的某些可能性或许会因此被开发出来。

10.4 心流创造力

创意的过程也是深思熟虑的过程。美国心理学家米哈里·希斯赞特米哈伊（Mihaly Csikszentmihalyi）曾经用“心流理论”来解释这个现象。“心流”（Flow）指的是那种彻底进入忘我状态，专注并沉浸在所进行事物之中的感觉。如一位沉浸于创作的艺术家往往会忘了时间的流逝。按照希斯赞特米哈伊的说法，在这种“心流”状态中，人们会全神贯注地投入到当下的活动当中，以至于忘掉自我。让设计师感到最为愉悦的时刻就是“设计或发现了新事物”或者“找到了问题的答案”，而最令他们享受的体验是类似于发现的过程。无论是画家、科学家、工程师还是设计师或园艺师，对发现与创造的喜爱程度都超过其他一切。当任务的要求（挑战）与当事人的能力正好匹配时就会引导出心流的状态（图 10-8）。挑战和能力是成正比例的增长，当能力超过了挑战，我们就产生了可控感；而随着挑战水平的降低，事情会变得乏味。例如，面对同一款游戏，初出茅庐的“菜鸟”和资深的“骨灰级玩家”的体验是完全不同的。心流实际上就是满足感、幸福感和沉浸感。

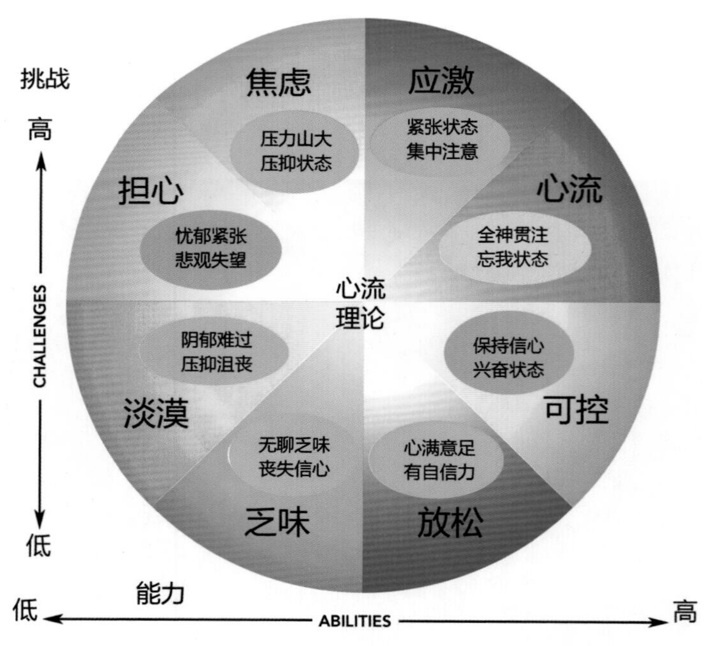

图10-8 心理学家希斯赞特米哈伊的“心流理论”图示

创造力是每个人都有的能力，但成功者更在意的是“设计或发现新事物”所带来的强烈的快感。希斯赞特米哈伊指出：“每个人生来都会受到两套相互对立的指令的影响：一种是保守的倾向（熵的障碍），由自我保护、自我夸耀和节省能量的本能构成；而另一种则是扩张的倾向，由探索、喜欢新奇与冒险的本能构成。”例如，好奇心较重的孩子可能比古板冷漠的孩子更大胆，更爱冒险（图 10-9）。由于这群人喜欢探索与发明，因此在面临不可预见的情况时，他们会更加敏锐和主动地应付挑战。这就是这些成功者的共同品质。

图10-9　好奇心重的孩子往往更大胆和更爱冒险（如蹦极挑战）

实现创造力的关键在于好奇、思考、开窍、深入和创造。同韦伯・扬提出的创意“五步法”相似，心流理论认为创意过程可分为五个阶段。第一阶段是准备期，人们开始有意识或无意识地沉浸在一系列有趣的、能唤起好奇心的问题中。第二个阶段是酝酿期。在这个阶段，想法在潜意识中翻腾和相互碰撞。不同寻常的联系有可能被建立起来。从发现问题到头脑碰撞是一个思维发散的过程，当各种想法相互碰撞时，它们之间就会出现灵感的火花（图 10-10）。第三个阶段是洞悉期，就是洞悉灵感和创意的那一刻。第四个阶段是深入期，也就是针对问题的聚焦时期。人们必须决定自己的创意是否有价值，是否值得继续研究下去。这个时期需要有原型设计和各种评价，也包括自我反思、批评或推翻重来的时刻。第五个阶段是制作期。其任务包括：深层设计，举一反三，推进原型，修改错误并在实践中检验设计原型。从有了创意“点子”到实现成功的设计产品，其设计思维经历了多次发散和收敛的过程。因此，创意就是思维不断发散和聚拢，左脑（聚拢）与右脑（发散）不断碰撞和激荡的循环过程。

图10-10　左右脑碰撞的酝酿期是创意迸发的关键时期

实际上，我国古人对成功者的学问之路也颇有研究。例如，清末民初的国学大师王国维（1877—1927）在《人间词话》中就曾总结到："今之成大事业、大学问者，必经过三种之境界：'昨夜西风凋碧树。独上高楼，望尽天涯路。'此第一境也。'衣带渐宽终不悔，为伊消得人憔悴。'此第二境也。'众里寻他千百度，蓦然回首，那人却在，灯火阑珊处。'此第三境也。"这三句诗揭示了明确目标，挑战自我，头脑激荡，发现真理的过程。其中，专注力或者心流体验就成为最关键的因素。创造力的产生不仅包括集中精力、锲而不舍、全神贯注、心无旁骛和敢于冒险、接受挑战的能力，同时也需要不断地学习、研究、思想碰撞和修正错误，这是唯一的成功之路。

10.5 斯坦福创意课

今天，无论在北京、上海、纽约、巴黎还是伦敦，商业创新都是企业发展和生存的关键。同样，谷歌、微软、苹果、腾讯、华为、小米以及 IBM 等 IT 企业也日益重视产品的用户体验和交互设计。对产品设计"亮点"的渴望和"颠覆式创新"的需求已经成为多数企业的共同追求。据 IBM 公司对 1500 多位首席执行官所作的一项调查显示，大家普遍赞同创意是企业家至为关键的领导能力。同样，美国奥多比（Adobe）系统公司在全球三大洲对 5000 人的一项民意调查显示：80% 的人认为释放创意潜能是经济发展的关键，但其中仅有 25% 的人觉得自己的创意潜能在生活和事业中得到了发挥，而太多的创意才华被浪费了。如何改变这种失衡局面？如何才能使另外 75% 的人释放创意潜能？美国斯坦福大学设计学院（图 10-11）的跨学科创意课程会给我们很多启示。

图10-11　美国斯坦福大学设计学院是"设计思维"的大本营

该设计学院又名哈素·普拉特纳设计学院（Hasso Plattner Institute of Design），创立于2005年，是由美国著名的IDEO设计公司创始人，斯坦福大学机械工程系教授大卫·凯利（David Kelley）发起的一所"艺工融合"的新型设计大学。该学院与硅谷的各种传奇故事有着千丝万缕的联系。企业家、研究生、投资人和未来创业者都聚集于此，在这里不断碰撞并产生各种创意。经过 10 年的发展，目前该学院已经成为国际交互设计和创新设计思维的大本营。和传统的设计学院不同，斯坦福大学设计学院并不注重传统的设计理论和方法，而是从实践出发，通过工作营和短期课程的形式，向学员传授创新的技巧和工作方法。该学院总结了一套通俗易懂的理论根基作为创意的行为准则，也就是设计思维（Design Thinking）。

早在20世纪80年代，斯坦福大学教授，美国著名设计师和设计教育家拉夫•费斯特（Rolf A. Faste）就创办了斯坦福设计联合项目（Stanford Joint Program in Design）并成为设计学院的前身。1991年，大卫・凯利开始在斯坦福大学任教并逐步推广该公司的交互与服务设计方法论。随后，在斯坦福大学的支持下，大卫・凯利和其他几位斯坦福大学教授一起，共同发起成立了设计学院。几乎同时，美国著名的卡耐基・梅隆大学商学院也把IDEO的设计思维引入课程。由此，设计思维开始在设计界、学术界引起广泛关注，也成为各大知名企业所普遍采用的创新方法。

设计思维最初是源于传统的设计方法论，即需求与发现（Need-finding）、头脑风暴（Brainstorming）、原型设计（Prototyping）和产品检验（Testing）这样一整套产品创意与开发的流程。受到韦伯・扬的“创意五步法”的启发和心流理论的支持，1991年，IDEO公司设计师比尔・莫格里奇等人在担任斯坦福大学设计学院教授时，将这套设计方法整理创新成为设计思维的基础（图10-12）。莫格里奇等人将该方法归纳为五大类：同理心（理解、观察、提问、访谈），需求定位（头脑风暴、焦点小组、竞品分析、用户行为地图等），创意、尝试或者观点（POV），可视化（原型设计、视觉化思维），检验（产品推进、迭代、用户反馈、螺旋式创新）。其中，同理心（Empathy）或者是与用户共鸣是问题研究的开始，也是这个设计思维的关键。观察、访谈、角色模拟、情景化用户和故事板设计是这一步骤所采用的主要方法。

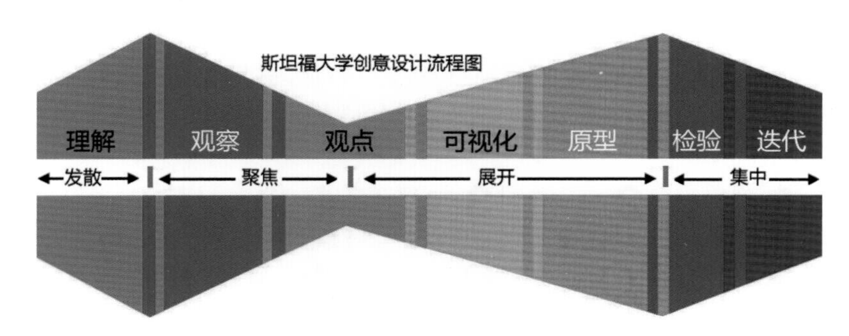

图10-12　斯坦福大学设计学院提出的“设计思维”流程图

10.6　设计思维

设计思维主要针对产品和服务设计，形成了从问题研究到产品测试的流程和关键要素（图10-13）。设计思维的基础是，要了解用户和研究用户，就要走出办公室，和用户交谈，看看他们是怎么生活的，有机会和他们一起生活，换位思考，感同身受，然后才能知道用户的问题在哪里，也就是同理心。除了在具体步骤上的创新，斯坦福大学的这套设计流程所强调的另一点就是视觉化思维（visual thinking）或者动手制作模型和展示概念设计的能力。和希斯赞特米哈伊的心流创意流程相似，该过程同样是思维不断发散和聚拢，左脑（聚拢）与右脑（发散）不断碰撞、迭代和激荡的循环过程，同样需要耐心、细致和乐观主义的生活态度。因此，斯坦福创意课的实质也就是交互设计流程，或者说是创造力实现的普遍规律。

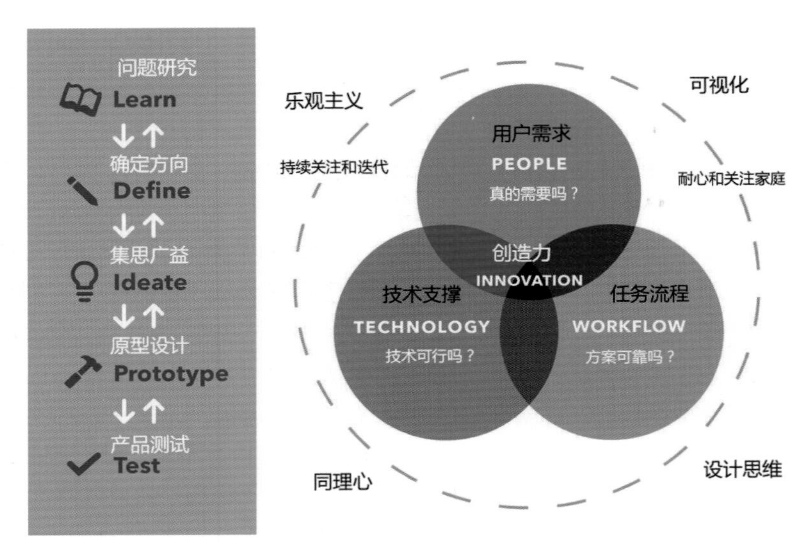

图10-13　“设计思维”流程图和创造力构成元素图

设计思维是从整体上支持和鼓励创新协作方法。设计思维过程以用户为核心，结合了从设计到工程的教学实验来挖掘问题解决方案。设计思维提供创意和分析方法之间的平衡，特别注重从企业、科研团队和组织中挖掘团队的内在潜力。这种组合激励项目小组、指导教师、项目合作伙伴和投资人来共同寻找问题和制定更大胆和创新的解决方案。设计学院都是按项目进行教学，并强调理论学习与实践相结合的重要性，这些过程和方法包括对于现存产品或服务的质疑、头脑风暴、提出早期方案，进行重复性的原型开发与概念设计，由于是发散思维与聚合思维的结合，所以就形成了一个波浪状的“龙型”设计流程（图 10-14）。在这个

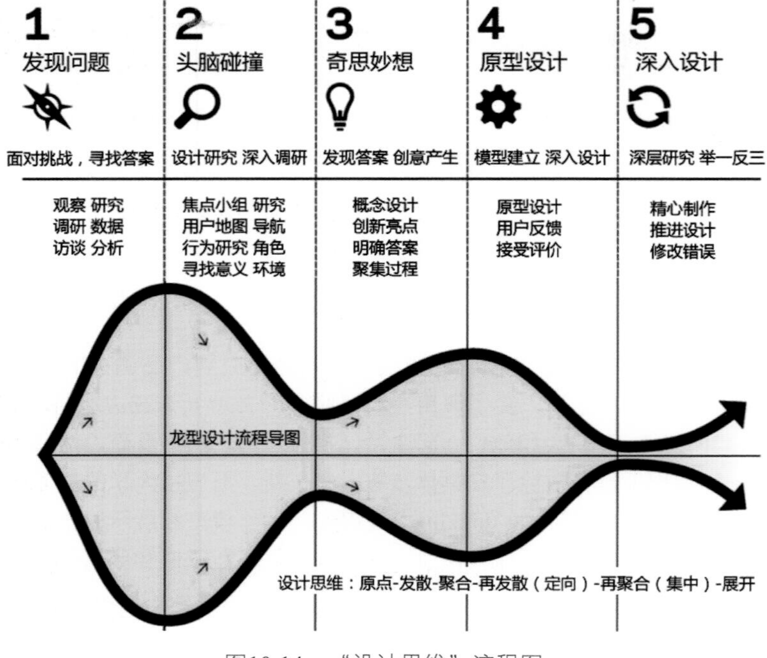

图10-14　“设计思维”流程图

五步设计流程图中，前 3 步为发散思维到分析思维的过程，第 4、5 步则是创意的核心。原型设计是这个创意和产品开发链的最关键的步骤。项目团队通常是对每个概念产品都要制作 8 ~ 10 个原型（图 10-15），并由此激发出符合市场需求的创意产品。这种“原型设计”的概念强调左右脑的配合，强调理论与实践相结合。

图10-15　原型设计卡片成为流程和界面设计的助手

斯坦福创意课不仅是一套创意的行为准则，而且从服务设计角度扩大了人们的视野，将社会、服务与产品的创新纳入设计体系，也成为交互与服务设计教育的最好范本，在交互媒体产品的研发过程中有广泛的应用。项目要求团队先去尝试了解一个问题的产生根源，而不是马上拿出解决方案。例如，文盲和青少年失学表面上看是教育的问题，而底层的原因则是与社会不公、愚昧、贫穷等问题联系在一起的。因此，设计思维鼓励团队从社会学的角度来看待问题。来自不同背景的团队成员彼此包容，相互欣赏，借助一系列发挥团队集体智慧的方法来迎接问题的挑战。

例如，该学院在 2015 年暑期组织了“设计思维：提高文盲的日常生活经验”的国际工作营。一些来自美国、瑞典、尼日利亚、博茨瓦纳、南非、瑞士、希腊和埃及的 40 名学生、教练以及合作机构的成员参加了这个活动。他们在随后的两周聚集在一起并组成了几个研究团队。为了通过新技术来帮助文盲，这些小组分别通过不同的角度思考，大家一起共同寻找创新的解决方案。在工作营中，每个研究小组都有一名教练或者学校的资深设计师来指导，帮助这些学生通过研究来设计出产品原型（图 10-16）。

这个创意工作营得到了满意的结果，各小组都拿出了各种堪称奇思妙想的解决方案。一个研究小组设计了一个可以通过文字读音的软件，可以用来帮助文盲阅读互联网的信息，如新闻网站或 Facebook 社交媒体等。另一个小组提出可以通过手机的实景图片来帮助这些人识别地理信息并实现导航，这样可以帮助那些对地图或街道名称有认知障碍的人群。还有的研究小组建议通过手机视频网站为这些文盲的群体解决一些社会需求（如找工作、医疗或者失业保险等）问题。这些研究团队的想法和原型设计也得到了项目的合作机构——如一家德国的公益组织，还有一家互联网公司——的青睐。从这些合作伙伴中，学生们得到了宝贵的意见和建议。这个项目还促成了德国第一个针对文盲的“阅读与写作”的手机应用程序。

图10-16　设计学院利用暑期组织的设计思维工作营现场

设计思维是用途广泛的方法论，也可以说是交互设计思想的延伸。大卫·凯利认为“创意不是魔法，而是技巧。”他认为当一个人有了专业知识和强烈的创业动机以后，只要采取适当的思维训练，就可以发挥出巨大的创意潜能。从表面上看，设计思维的方法论并不复杂，甚至可以用漫画来说明（图 10-17），但该方法是基于实践的方法和策略，如果缺少有实践经

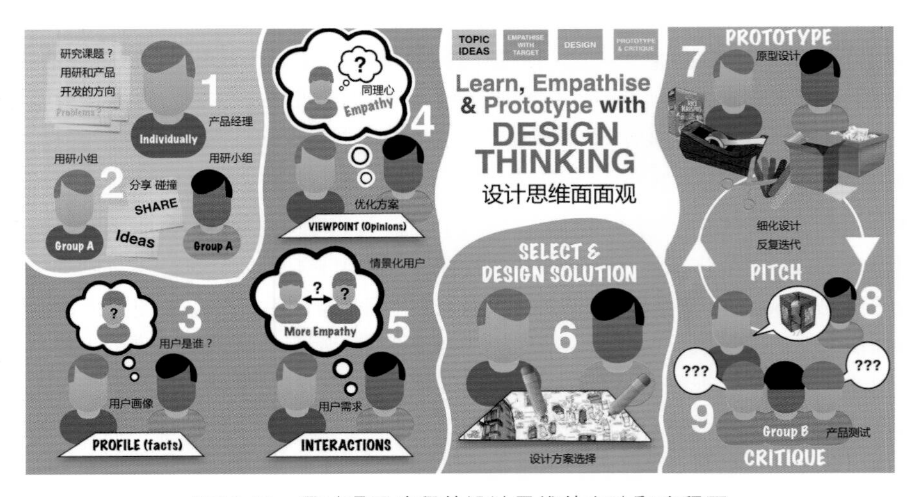

图10-17　通过漫画诠释的设计思维的方法和流程图

验的教授或专家指导，仅凭流程图和工作热情也很难得到收获，而这些正是设计学院教学研究团队的优势。到目前为止，设计学院已经帮助了数千名斯坦福大学的学生和几百位硅谷企业家释放出设计思维的能量。斯坦福创意课还特别注重社会影响和社会价值。例如，设计学院的一个研究生上完一系列课程和工作坊之后，设计与生产了一款专门为早产儿保暖的可加热“襁褓”。在发展中国家的贫困地区和欠发达国家，很多早产宝宝因为上不起医院，无法通过产科的“暖箱”来保持体温而夭折。设计学院学生的这个创意产品可以帮助许多欠发达国家的家庭。该产品获得了多项国际工业设计奖。

思考与实践10

一、思考题

1. 左右脑的思维差异在哪里？什么是右脑思维？

2. 创意的实质是什么？创意所遵循的五个步骤（原则或方法）是什么？

3. 为什么说“创意”是源于左右脑的相互碰撞？

4. 什么是心流理论？如何才能达到心流（忘我）的状态？

5. 设计思维的核心是什么？斯坦福创意课的流程是什么？

6. 什么是用户体验（UE）？用户体验包括哪些内容？

7. 什么是同理心？为什么说同理心是设计思维的核心？

8. 什么是头脑风暴？小组讨论对产品创意有何贡献？

9. 为什么说设计思维是交互设计思想的延伸？

二、实践题

1. 图 10-18 是北京中小学生创客秀中的一个展品——盲人专用导航帽。设计意图是为盲人提供一个非拐杖的智能导航方式，由探测器、arduníno 芯片、语言提示、帽子和供电系统构成。如何将这个概念设计开发成一个具有实用性、便捷性和可靠性的产品？请利用设计思维和同理心（盲人出行）来体验和优化该产品的设计思想。

图10-18　盲人专用导航帽

2. 设计思维要求从实际出发，观察和解决生活中的实际问题。例如，自助型服务是改善城市低收入群体的一种思路。请设计一款名为“共享用车”的 App，将每天同方向上下班的有车族和乘车族联系在一个 O2O 平台上，通过好友牵线、拼车出行、彼此互助、有偿服务等形式，解决城市上下班交通难的问题。

第11课　创 客 文 化

11.1　创客之兴

“创客”并非是新兴名词，而是源自美国创客运动中的Maker一词。从字面上看，“创客”的“创”指创造，“客”指从事某种活动的人。“创客”的原意就是指一群酷爱科技、热衷实践的人群。他们源于美国的20世纪60年代的嬉皮士和“车库文化”，强调动手，以分享技术、交流思想为乐。20世纪六七十年代，美国大学生对越战的厌恶和对贵族化生活方式的反叛催生了加州学运的风潮。英国披头士、波普艺术、滚石音乐、招贴艺术、朋克部落、同性恋和大麻嗜好者风靡校园。嬉皮士所代表的藐视一切权威、挑战道德和文化底线以及对宗教、哲学和神秘主义的精神探索也成为那个时代青年所拥有的财富（图11-1）。时隔多年，我们还能够在苹果公司的精神领袖和“布道者”史蒂夫·乔布斯（Steven Paul Jobs，1955—2011）身上依稀看到当年那个桀骜不驯、崇尚瑜伽、吸食毒品、迷恋滚石音乐的辍学大学生的亚文化烙印。而且苹果公司所信奉的哲学“与众不同”恰恰是创客文化最为推崇的时尚先锋理念。

图11-1　流行于美国加州的嬉皮士运动是创客精神的来源

乔布斯，这个曾经的嬉皮士和反叛青年，通过投身于旧金山湾区的反主流文化运动，在禅修、迷幻、东方哲学、部落文化与摇滚乐中体验到了激情、分享和指向人类终极目标的觉悟。他最先看到了新的技术、新的文化和新的媒介的出现，并从反主流文化转向赛博（Cyber）文化。1975年，史蒂夫·乔布斯和年轻的工程师斯蒂夫·沃兹尼克合作，在自家车库中“攒”出了最早的苹果电脑（图11-2），也成就了一个当年的“创客”成功创业、屌丝逆袭的经典故事。

进入21世纪以来，随着计算机、互联网、3D打印、可穿戴技术的发展，创新2.0时代的个人设计、个人制造的概念越来越深入人心，激发了全球的创客实践。特别是创客空间的

图11-2　乔布斯和沃兹尼克

延伸，使创客从 MIT 的实验室网络脱胎走向了大众。2012 年，《连线》杂志主编克里斯·安德森（Chris Anderson）出版了《创客：新工业革命》一书，标志着创客现象开始吸引社会公众的关注。当下的创客已经不限于技术宅，包括艺术家、科技粉丝、潮流达人、音乐发烧友、科学·艺术·工程·技术·数学（S.T.E.A.M）粉丝、黑客、手艺人和发明家等纷纷加入了这个“大家庭”（图 11-3）。观察思考、勤于动手、工匠精神、艺工结合、创意分享、创新创业和科技时尚已经成为“创客”的标签，创新、创意、创业也成为这个时代的主旋律。

图11-3　今天的创客活动已经成为创造与发明活动的时代潮流

“创客”第一次出现在国内公众的视野的时间可以追溯到 2009 年。那时“创客空间”的概念还未被引进，人们对于科技创业的概念还围绕在网络和成熟科技产品的行业中。当时人们把这些引领科技“跨界”的交互设计看做影响未来科技发展的新思维。经历了将近 3 年的时间，直到 2012 年，“创客”这个词汇的解释才得到了更进一步的延伸。“创客”从原本单纯指爱好电脑编程来制作电子产品的人，演变成为寻求创新突破口的年轻人，也指勇于创新，努力将自己的创意变为现实的人。2011—2015 年，在深圳、北京、上海等地，科技粉丝和“技术宅男”们纷纷登场，举办了多届的创客嘉年华（Maker Faire，图 11-4），为普及和宣传创客文化起到了重要的推动作用。这些创客们带来融合最新开源技术的作品，如无人机、智能玩具、可遥控机器人、智能花盆等，得到设计师、艺术家、科学家和创业者们的重视与关注。通常这些活动还包括高层论坛、创意讲座、创意比赛和展销等活动（如图 11-5），吸引了大批市民前来参观，也给了爱好科技和创意的青少年一个观摩、学习和交流的机会。

图11-4　2014年深圳制汇节（Maker Faire）海报和活动现场

图11-5　2014年深圳制汇节高层论坛活动现场

实际上，我国很早就有自己的“创客文化”。如 20 世纪 50 年代流行的自己组装矿石收音机、自制小型无线电发射器等。同样，中国创客的父辈们也曾经在 20 世纪 80 年代利用电子零件、单片机和集成电路制作小发明。我国的少年宫、科技馆和区县的科技活动站也一直在组织“科技比赛”“航模船模设计比赛”和“机器人比赛”等项目，还有中小学“兴趣小组”和“小发明家”也得到了社会的关注。但这些有创意的少年多数被视作“业余玩家”，同时也很少能够获得商业以及科技领域的关注和认可。今天，随着国家对“创新创业”的日益关注，创意产业的发展前景与巨大潜力已经成为共识。拥有创新知识与动手能力的“创客”以及他们寻求技术与经验分享的“空间”旋即引来各个领域和行业的关注。目前，乐高机器人、智能玩具、Arduino 芯片、可穿戴微处理器和模块化电子零部件已成为“创客”们的新宠（图 11-6），新一代数字设计工具的发展，使得生活智能化、科技时尚化、3D 打印、可穿戴设计和新材料创新已经成为“90 后”和“00 后”新一代“创客”所关注的重点。

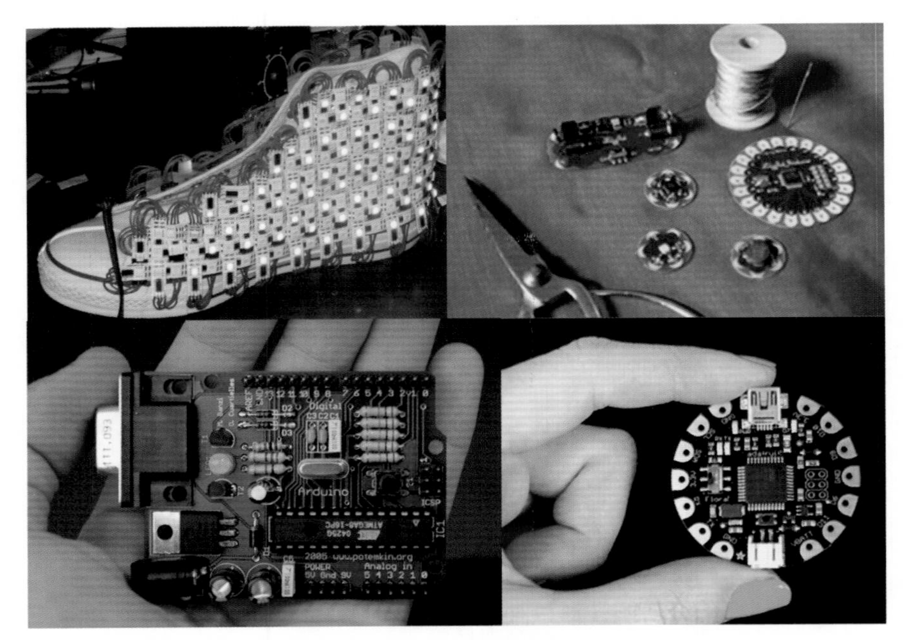

图11-6　微处理器和Arduino芯片等已成为可穿戴设计的重要元件

11.2　生活智慧

智能钱币分拣机、盲人专用智能拐杖、太阳能背包、自动送水车、3D 打印智能台灯、零距离情感交流机、采摘与分拣机器人……这些“小发明”都出自中小学生创客之手。2015 年 12 月，北京市中小学创客秀活动在北京第八十中学举行。和其他科技类大赛不同，创客秀比赛更加看重从身边生活中发现和寻找创意，毕竟，创客精神就来源于动手动脑的“车库文化”，当年史蒂夫・乔布斯、比尔・盖茨等人都是从自家车库开始，将创意、科技、动手实践和商业思考相结合，最终实现了事业的梦想。此次活动上“小创客”们的很多创意灵感来源于平时的生活。例如，北京二中的展品是“距离情感交流机”。该团队成员闫雯昕说，现在很多学生在外求学，恋人分隔两地，虽然可以通过电话和视频交流，但是因为缺少触觉感受，感情交流会打折扣。所以我们希望利用“握手”的装置感知彼此的温度，实现更加富有情感的沟通（图 11-7）。北京八中的同学设计的声控开关智能台灯，不仅可以声控播放音乐，还可以检测其前方是否有人，如果没有就自动关灯，以达到节约能源的效果（图 11-8）。

颇有新意的设计还有北京交通大学附属中学同学们设计的“短信自动控制浇花系统”，可以允许主人在出差时借助手机远程遥控来实现自动浇花（图 11-9）。小创客们也关注未来科技发展的方向，如昌平区昌盛园小学的学生就自己设计了“太阳能背包”和“太阳能帽”，通过太阳能板来为电池充电（图 11-10）。虽然这个设计还存在一系列需要解决的问题，但小创客关心环保，试图通过可穿戴技术来创造发明也是一个值得鼓励的方向。

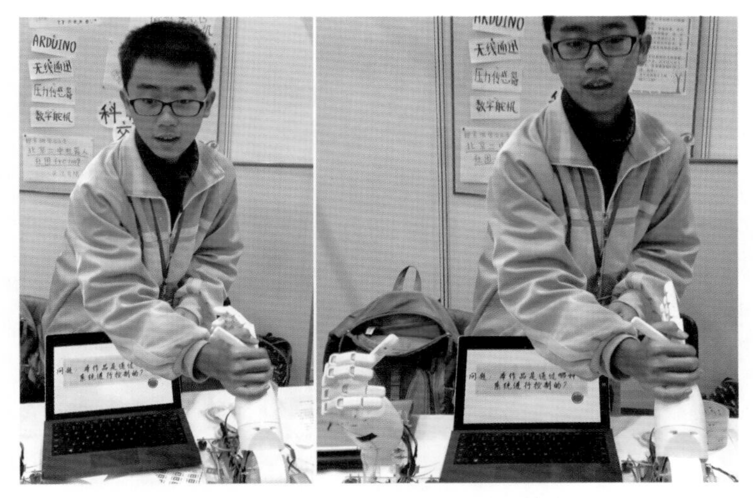

图11-7　北京市中小学创客秀上的“距离情感交流机”

图11-8　北京市中小学创客秀上的“声控开关智能台灯”

图11-9　北京市中小学创客秀上的“手机遥控自动浇花”装置

图11-10　北京市中小学创客秀上的“太阳能背包”和“太阳能帽”

近年来，创客嘉年华活动成为全国科技创新的亮点。如 2012 年北京世纪坛就组织了“创客乐园”的主题嘉年华，通过工作坊、论坛、分享会和创客成果展等形式将创客文化推向了高潮。参与展览的 55 个项目分别从生活、工作、通信、娱乐和公共 5 个维度来展示创客如何改变生活。如立体照相馆能够瞬间生成以你为原型的玩具公仔；忍者虚拟机器人可以远距离抓玩偶；用花草天然染织制作发光的勋章……创客云集了互联网、电子工程、工业设计、交互设计和数字艺术等领域的各类人才，无论行业或技术含量的高低，最终目的都是明确的——让梦想变成现实。2016 年淘宝造物节（如图 11-11）围绕“T”（技术）、“A”（艺术）、“O”（原创）三个主题板块，展示了淘宝上最奇思妙想的设计原创、最炫酷的潮流时尚文化以及全球最前卫的各色黑科技。目前，创客文化已成为全球化的现象。从北京到纽约、东京、伦敦、巴黎，各种创客嘉年华活动如火如荼，创客们的智慧也给儿童、青少年和年轻创意者以启发，并借助最新的数字技术帮助他们实现创意成真的梦想。

图11-11　在上海举办的2016年淘宝造物节海报和手机广告

11.3 创客教育

网络媒体与在线教育的发展为“因材施教”提供了一种全新的知识传播模式和学习方式，这不单是教育技术的革新，更会带来教育观念、教育体制、教学方式、人才培养过程等方面的深刻变化。从教学内容来看，艺术教育不再是一维历史的沉淀，而是历史、现实和未来的综合。如美国的 TED、可汗大学、奇点大学和“哈佛公开课”等开放式网络课程吸引了全球数千万的学生。而国内的“网易公开课”“网易云课堂”“YY 教育”也成为互联网教育的推手。据统计，在 2014 年，国内每天平均有 2.6 家互联网教育公司诞生，各重量级互联网企业纷纷宣布进入互联网教育领域。而微课、MOOC、翻转课堂的流行，使得“没有围墙的校园”成为了可能。在大数据的推动下，学校将进一步向其他学校、社会组织、企业开放。随着智能手机的发展，以 App 应用为核心，将人们衣食住行一网打尽的新型服务生态正在逐步形成。创业与创新已经成为推动中国经济“新常态”发展的重要内涵。

对大学来说，创意、创新和创业相互之间的联系密不可分，创客体现的精神是首创与开源、协作与分享，注重企业家与团队精神，并强调将梦想变成现实的愿景和敢于承担风险和挑战的素质。类似于原型制作的流程，创客教育同样提供了一种基于问题的思考方式和项目实践的模式（图 11-12）。创客教育强调商业模式、团队精神、设计思维和创业精神的结合，是一种积极主动的探索型教育模式。它不像传统教育那样，必须根据教育大纲的规定被动学习知识。大学生们可以通过创意与项目设计，广泛地搜集资源，和各种各样的人交流，然后学会利用身边的材料、器械，自己尝试着解答问题。在解决问题的过程，学生们逐渐培养出一种创新能力，并在实际项目的磨炼中形成优势互补的团队。

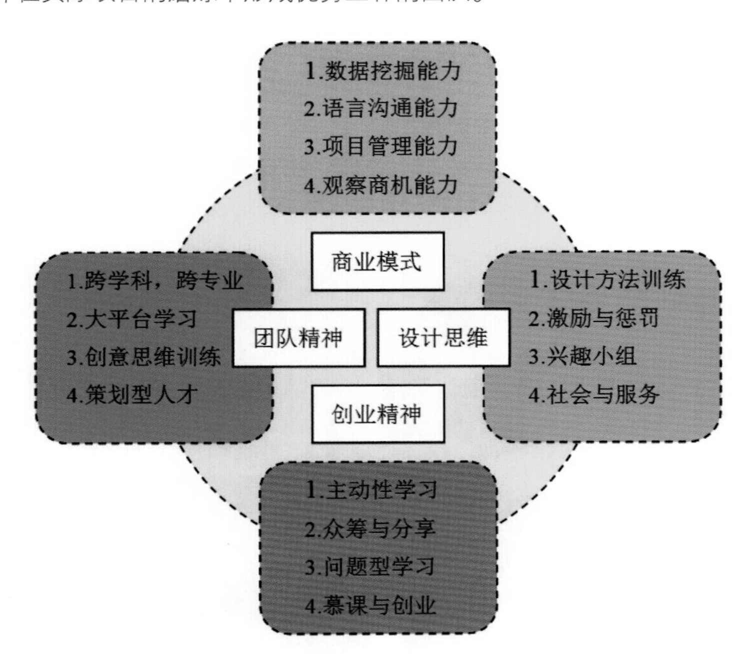

图11-12　创客模型与基于问题导向的主动型学习机制

创客教育已经走进校园。2014 年，清华大学启动了“科技孵化器”的机制，重点扶植以学生为主体的创客活动实践。清华大学创客空间（x-lab）联合经管学院、美术学院、工业工程系等院系以及校友会等业界精英，开展了一系列具有鲜明实践性、创造性、互动性和学科交叉性的挑战性研发项目，如“百度自行车”等。清华大学的 x-lab 还以创意与开发原创性产品为目标，从创意、创新再到创业，逐步递进，协同互动，从而推动人才培养模式的创新。学校还通过整合全球化的资源，提供持续的创新课程、竞赛与活动。例如，2013 年，清华大学 x-lab 就邀请了美国东北大学的两位教授安东尼•瑞斯（Anthony Ritis）和约翰•福瑞尔（John Friar）共同举办设计思维训练营。他们为清华大学的同学讲解了以设计思维为核心的创新方法。同时，借助工作营的训练课程，让大家通过项目实践深刻解创造性设计思维。

为了进一步鼓励学生参与创客实践，积累创新创业经验，将自己的专业知识与社会需求相结合，成长为具有想象力、创新力、执行力的复合型人才。2016 年，清华大学在校生参加 x-lab 创新创业实践可以计入学分。目前，众筹模式、创业咖啡厅、创客空间等不同形式的创新平台在大学校区周边都有广泛的分布，创客教育进一步推动了大学生的创业热情，也成为创新教育的大胆尝试。

11.4 创业之路

创办一家公司无疑是许多大学生的梦想。很多人可能认为：几个人经过一番头脑风暴，产生一些想法，并从中选出看起来合理的创意，然后据此设计出一款产品，就可以等着大公司收购而“一夜暴富”，从此就会走上人生巅峰（图 11-13）。但这些想法往往都会落空，因为一心想成为“创业者”的人肯定做不到最好。而真正的创业者通常对某个具体问题或“用户痛点”有独到的见解并充满激情，同时也有实施的方法。正如美国风险投资家、博客和技术作家保罗•格雷厄姆（Paul Graham）指出：“创业的点子是被‘发现’的，而不是被‘发明’的。在天使创业营，我们会把从创始人自身经历当中自然产生的灵感叫做‘内生的’创业灵感。最成功的创业公司几乎都是这样发展起来的。”一个好的创业者需要发现未解决的问题并提出完美的解决方案，而不是模仿已经成功的公司，炒别人的冷饭。发现创业点的最好方法就是看看自己在生活中遇到了什么样的问题，有什么需求。

图11-13 很多大学生对于创业有着“一夜暴富”的心态（网络广告）

什么是创业成功的途径？小米科技的创始人、风险投资人雷军等人就曾经给出过答案。通常一个典型的创业过程包括：

（1）问题研究，发现创新产品的契机。

（2）找到改进的方法。

（3）制作一个原型。

（4）将这个原型展示给用户并听取意见。

（5）通过众筹或其他方式争取到风投。

（6）找到创业合伙人。

（7）分配股权给你的合伙人。

（8）寻找其他投资人（天使轮、A 轮）。

（9）制作出产品并成功销售。

（10）拿到更多的投资（这次资金来自 B 轮风投）。

（11）公司准备上市（可能已经拿到了很多融资并开始盈利）。

（12）上市之后就可以卖掉很多股份。

（13）上市后，你的投资人与合伙人也可以分享你的成功（图 11-14）。

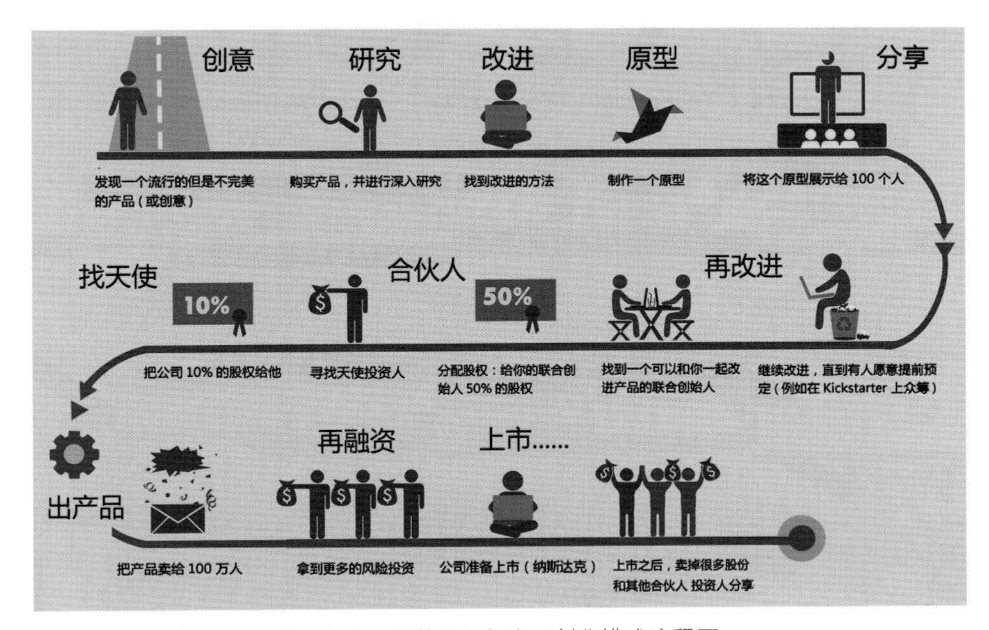

图11-14　互联网上市公司创业模式流程图

该过程也就是设计思维的商业模式，市场上成功的产品，如 QQ、微信、滴滴打车、淘宝或美团，都是真正解决了用户“刚需”和“痛点”的范例。只有了解明确的用户群，才有可能跟他们交流，听取他们的需求和意见来改进你的产品。这也是为什么通常创业者选取创业点时解决的问题往往是他们自己面临的问题，因为你自己就是这样产品的用户。创业的本质是创新和颠覆，要有革命性和颠覆性的点子和创意产品，只有踏踏实实地做好产品，赢得用户，才有可能真正立足于市场并获得成功。

11.5 双通型人才

美国是全球创新领域的发源地和大本营，斯坦福大学、卡耐基·梅隆大学、麻省理工学院（MIT）和苹果公司、微软公司、IDEO 公司等都为各类人才提供了思想碰撞和产品实验的舞台。美国的设计教育模式和设计师的培养模式也就成了其他国家学习和借鉴的模式。随着全球文化创意产业的快速崛起，T 型人才结构受到了普遍的关注。所谓 T 型人才，就是既有通过本科教育获得的对某个别领域的纵向深度掌握，又具备通过研究生学习和早期工作经验获得的对于其他学科和专业背景的横向鉴赏和理解的“双通型人才”。这些人通常具有较为坚实的科学、艺术、工程、技术和数学（S.T.E.A.M，图 11-15）的背景，特别是对于科学与艺术的结合有着浓厚的兴趣，勤于思考和动手实践，也乐于分享，是创业团队中的核心成员。T 型人才往往与其个人在青少年时期的养成的观察、学习和思考的习惯有关，因此，近年来，欧美各国都把 S.T.E.A.M 教育和创客活动结合起来，鼓励学生们从小实践。

图11-15　科学、艺术、工程、技术和数学是“创客”的基础

T 型人才的培养是与创新教育模式分不开的。2014 年，位于芝加哥的一所顶级设计学院就设立了 MBA 学位，直接将艺术设计与商业管理相融合，为创业型设计人才提供更全面的素质教育。美国的很多商学院就已经把用户研究 + 头脑风暴 + 原型设计 + 迭代式反馈等设计产品开发流程引入到课程中，如卡耐基·梅隆大学商学院就用了这种工业设计理念启发商科学生的“创意思维”。通常理工科学生有着较强的逻辑思维能力和执行力，在软件编程、数据库和应用软件实践领域有着很大的优势，这使得他们往往成为创业的骨干或核心力量。而艺术和文科类学生在发散思维、人际粘合性、沟通、创意和表现力（特别是手绘、产品设计、界面和产品包装等）方面见长，通过多学科项目团队来实现这种“艺工融合”和“跨界思维”无疑是最有效的途径。

斯坦福大学设计学院吸收不同学院的学生进行项目合作。既强调不同学科专业人才之间的交流和对话，又重视实际操作的体验。在斯坦福大学设计学院，项目团队通常包含工科（机械、电子、软件）、商科（营销和管理）、设计（产品和传播）和社会科学（人类学、心理学和社会学）的学生。而在麻省理工学院（MIT）的联合硕士项目中还包括工程、管理和设计专业（罗德岛设计学院）的学生，多达六七人。麻省理工学院的媒体实验室组建了由工程师、艺术家、建筑师和科学家组成的设计团队，协作完成放眼未来的研究项目，强调多学科混合来实现创新产品。双学位也是另外一种比较流行的跨学科合作方式，如伊利诺伊理工大学的工商管理和设计学双硕士。交互与服务设计作为一个跨学科的交叉实践与创新领域，有着“艺工融合”与“实践创新”的特征，并与手机制造业、网络媒体和互联网经济有着非常密切的关系。由于数字媒体的软件性与媒体本身的社会性＋服务性的特征，使得该专业对“艺工融合”和跨多学科团队合作的重要性有着更深刻的理解。因此，借助国外院校和企业的经验，打造跨学科和跨专业的项目合作机制，是培养“双通型”人才的不二之选。

思考与实践11

一、思考题

1. 什么是创客和创客运动？创客精神的核心是什么？

2. 创客和创客空间对我国未来经济发展有何推动作用？

3. 创客源于美国的“车库文化”，说明“车库文化”的内涵。

4. 什么是创客教育？其中核心的四点包括哪些内容？

5. 交互设计和人机界面设计、工业设计和视觉传达有何不同？

6. 大学生创业的优势和劣势在哪里？

7. 设计思维和创客实践有哪些联系？

8. 什么是T型人才结构？

9. 硅谷所青睐的S.T.E.A.M人才是指哪些人？

二、实践题

1. 让儿童从小就能够动手编程和组装硬件是未来发展的趋势。请设计一套面向儿童的编程教学课程，如Scratch、LEGO Mindstorms NXT（乐高机器人编程，图11-16），让儿童能够设计和拼装智能化玩具。请提出一套方案并设计简报（PPT）。

图11-16　面向儿童的编程教学课程

2. 创客更加看重从周边生活中发现和寻找创意。例如，小区的狗狗们往往喜欢在停放的汽车轮胎上撒尿（做标记，动物领地的本能），而这可能会影响轮胎的寿命。请调研这种现象，设计一种可以安装在汽车轮毂上的“超声波智能驱狗器”。

第五篇

服务与设计

第12~14课：服务设计•服务研究•设计研究

服务设计通常是指对服务系统和流程的设计，其核心在于能够直接向用户提供价值而非产品或交互。本篇的3课内容系统阐述了服务设计的理论、设计原则、历史与案例，特别是从体验经济、O2O、共享经济和“互联网+”的角度分析了服务设计的价值。

第12课　服务设计

12.1　电商的智慧

近年来，随着移动互联网和电子商务的高速发展，O2O（线上到线下）的体验经济改变了传统以产品为核心的商业模式。信息时代的设计也从注重产品设计转型为注重服务设计（Service Design，SD）。服务设计是基于用户的角度、需求，通过跨领域的合作与共创，共同设计出一个有用（useful）、可用（usable）和让人想用（desirable）的服务系统，或者说是“用户为先 + 追踪体验流程 + 涉及所有服务接触点 + 打造完美的用户体验”的综合设计活动。这种活动通过服务平台，将产品、服务与体验融合在一起。例如，商家通过促销、打折信息和服务预订等方式，把线下商店的消息推送给互联网用户，从而将他们转换为自己的线下客户。同时这些线上客户又通过商品二维码扫描、实物图片分享、口碑相传将体验分享给更多的线上好友，由此形成了波纹扩散的传播（图 12-1）。对于餐饮、健身、旅游、休闲娱乐、购物、电影和演出、美容美发、摄影及体验式服务，商家、O2O 平台和用户都可以从这种模式中受益。这种新型的商业模式与服务设计有着密切的联系。

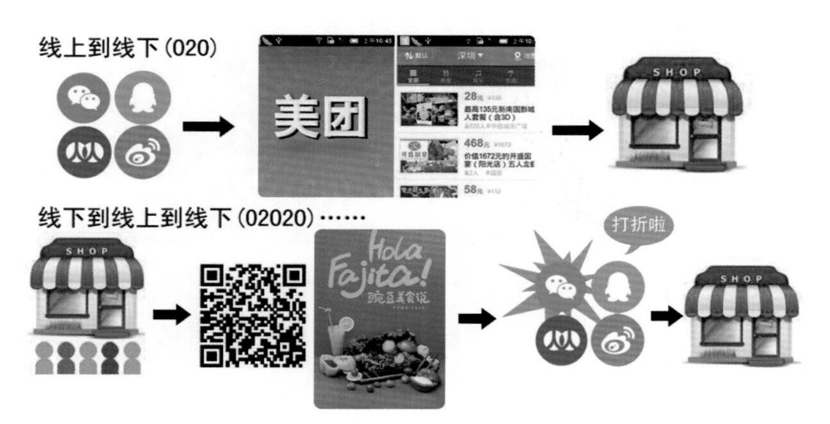

图12-1　顾客通过手机扫描食品二维码来追踪食品的来源

例如，众所周知的天猫“双 11”购物节就是一场成功的服务设计。自 2009 年，淘宝网推出的“天猫双 11 网购节”每年以超过 35% 的增长率快速膨胀，成为全民购物的狂欢节（图 12-2）。这是一个为了推广天猫所打造的一个购物狂欢节。而在这之前，11 月 11 日仅仅是网民口中调侃的“光棍节”。天猫的运营把这样一个悲情的男性节日转变成了一个全民狂欢的节日。2008 年以前，淘宝网本身就是“低价、便宜”的代名词，而当电子商务蓬勃发展的时候，如何跨越低价的门槛是淘宝平台要面临的一个问题。天猫在搭建之初，就定位为“正品”和“企业”，显然，这更像是一个高端商场，而淘宝网更像是集贸市场。为了拉升档次，天猫的整体的页面设计精细化、高端化，用以突显天猫的定位是“正品”。但这都没有让用户更深刻地认识到天猫与淘宝的区别，还是有很多人认为天猫就是淘宝的一部分，其商品甚至更贵一些。因此，从口碑营销上看，天猫急需一个服务设计来告诉用户自己的定位，由此，“双 11”购物文化节的创意就应运而生。随着活动的逐年深入和影响力的扩大，“双 11”已经成为一个影响全国的购物体验日（图 12-3）。

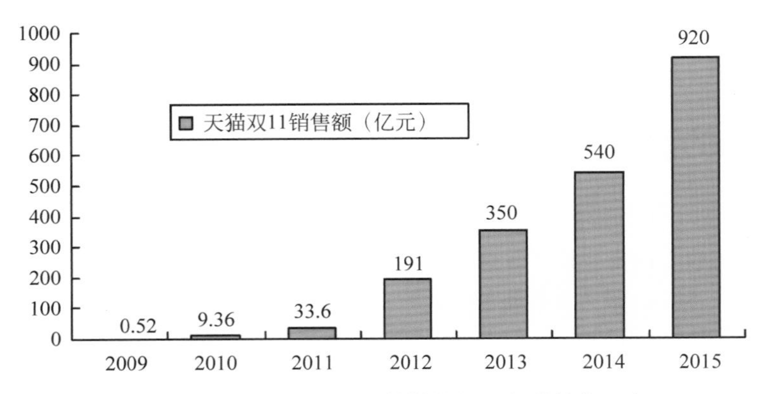

图12-2　淘宝双11网络购物节销售额历年增长率示示意图

图12-3　“双11”已成为影响全国的购物体验日

天猫在推广与宣传上几乎动用了阿里巴巴所有的入口、流量和线下资源。整个活动分为几个部分：报名期、预热期、发酵期、活动期和尾声期，从策划到结束大约持续了三个月。首先，从 8 月开始，天猫商城商家就开始陆续报名，天猫由此制定出商家参与的商品量、商品类别等要求，并对商家进行筛选，以便在前期能够吸引用户点击。接下来是推广的预热期。从手机客户端到全网的广告，还有专门的广告页来吸引注意力。即便是领取优惠券，天猫也动用了多种手段：如店铺自行发放、社会化媒体协助发放、手机客户端抽送等，逐渐把活动推向了高潮。紧接着就是发酵期，也许在前面很多用户并没有紧迫感，对商品的热度有限。因此，该期间天猫推出了很多有趣的游戏活动，来吸引 90 后或者年轻的玩家继续关注天猫。为了全球推广天猫客户端，主办方推出了《2015 世界为谁颠倒？》H5 手机广告（图 12-4，左上）。通过 180 度手机颠倒的互动游戏机制，让所有的相聚都变成一场久别重逢。其他的广告包括：《双 11 狂欢夜》、《双 11 露透社》、《摇一摇之歌》等。活动当天，天猫选择的宣传方式是直接用数据来刺激用户。天猫在凌晨的时间段里不间断地宣布数据，每一个销售额和销售奇迹都拿来和用户分享。从用户的心理来说，这是在兜售一种集体荣誉。这引起了用户的参与兴趣和热情。因此，在“双 11”近千亿元的销售额背后是一个成功的服务设计和活动营销案例，他们对用户体验的挖掘与创新服务设计是成功的关键。用户想要的是什么？对于产品的期待是什么？寻找用户真正的“痛点”就是产品获得认可的最大可能，这就是服务设计的精髓。

图12-4　淘宝“双11”推出的《2015世界为谁颠倒？》等H5手机广告

12.2　隐形的服务

服务设计将人与其他因素如沟通、环境、行为、物流等相互融合，并将以人为本的理念贯穿于始终。服务设计包括可见部分和不可见部分，如到超市购买商品，可见的部分就是商品本身，但商品的制造、存储、流通和分销过程对于顾客来说就是不可见的过程，也就是服务具有“直接”和“隐形”的属性。这也往往会导致人们对服务有着各种各样的疑虑。例如，近年来，随着环境破坏和工业污染问题的加剧，人们对于自己周边琳琅满目的各种食品的来源和安全性越来越不放心，因此，通过建立食品安全追溯的“一条龙”服务体系，借助食品标签的二维码就可以使消费者能够追踪产品的种植、采收、物流和销售等多个环节。但这个标签的实现涉及产品生产与流通的多个环节，如果没有现代化的生产与流通的监管和信息服务体系，就无法完成这个服务设计（图 12-5）。因此，服务设计强调人、基础设施、信息交流以及物流等相关因素的整合设计，从而提高用户体验和服务质量。

事实上，服务设计就是源于人们的生活，以用户体验为中心，以提供服务受众与服务提供者双方满意的服务的设计。例如，去医院就医是我们都会体验到的一项服务，整套流程包括网上预约、前往医院、排队挂号、就医、缴费、取药等一系列触点，通过科学的设计方法和智能化服务（如手机、触摸屏、自动语音导航等），就可以使医院的服务规范化和简洁化，病人由此可以得到更方便、自然和满意的服务。服务设计存在于我们的生活中，我们每天经历的方方面面都是服务设计范畴内的东西。大到城市轨道交通系统，小到银行柜台服务，都充满着服务设计的影子。服务设计同样成为企业的经营理念，如知名餐饮企业“海底捞”的经营策略（如顾客等座时提供的免费服务等，图 12-6）就充满了服务设计的智慧和思想。

图12-5 “食品身份证”是涉及食品安全的跨领域服务设计

图12-6 知名火锅餐饮企业“海底捞”以其优质的服务而广受赞誉

近年来，随着电子商务的火爆，各种线上商家都开始和线下的服务相结合，将购物、旅游、餐饮、演出、电影等等消费活动捆绑在一起。如美团网将旅游服务不断完善，从星级酒店到客栈、民宅，从团购到手机选房，都成为服务特色。2015 年上半年，美团网的酒店旅游事业群整体交易额为 71 亿元，度假业务 18 亿元。在电影消费领域，猫眼电影在电影在线票务市场占比近 60%，稳居行业第一。2015 年，猫眼电影全年在线售票交易额为 156 亿元，日活跃用户数超过 1000 万，覆盖全国影院超过 5000 家。大众点评网为了推广电影，采用了各种营销手段，特别是借助了智能手机 H5 广告。例如，在冯小刚的电影《老炮儿》上映之前，大众点评网就推出了《教你凡事讲规矩》的 H5 广告（图 12-7）。它以问答题的形式，通过 6 个老北京的俚语，展示 6 个电影角色。视觉设计上以黑色为主色调，并搭配红色，以整体重金属质感来体现老北京味儿。大众点评网电影频道充分利用了其优质入口和流量资源，为影片发行实现精准用户推送和高效营销转化，成为电影服务设计的典范。

图12-7　大众点评网推出的冯小刚电影营销广告《教你凡事讲规矩》

12.3 乔布斯的眼光

史蒂夫·乔布斯是最早认识到服务设计有着巨大的商业潜力的人。他曾经深刻地指出：“设计并不仅仅关注你所看到和感受到的东西，而更关注于它是如何工作的。”这番话道出了“服务”和“生态”思维在设计中的重要性。2001年，苹果公司开始推出iPod音乐随身听，虽然市场上已存在多种MP3播放器，但对于整个“音乐生态圈”的服务设计却没有人关注。盗版侵权、音质粗糙和廉价竞争成为当时MP3播放器市场被人诟病的地方。而乔布斯成功的秘诀不仅仅是iPod音乐随身听产品的设计，更是对寻找、购买、播放音乐以及克服法律问题的整个系统进行简化。他首先高瞻远瞩地通过生态链布局说服了歌手、音乐版权协会提供授权，获取音乐制造商的许可协议（使获取音乐合法化）。使得用户通过浏览音乐商店找到所需音乐。同时乔布斯还通过iTunes音乐店的数字版权管理系统（DRM）出售带“水印”的歌曲，杜绝了盗版并提高了音质，增强了消费者的用户体验。借助iPod和iTunes网络音乐店，苹果公司改写了消费电子产品和音乐的产业游戏规则而“起死回生”（图12-8）。虽然竞争对手从iPod中发现了一些新东西，如精致的外观以及出色的音质，但是该产品所依赖的服务设计则是成功的关键，那就是销售音乐的新途径以及与之相匹配的商业模式。这种将iPod播放器、版权保护技术和iTunes音乐商店整合在一起的商业模式，重新确定了消费电子厂商、唱片公司、计算机制造商和零售商在经销过程中的力量对比。由此看来，竞争对手无法在数字音乐领域与苹果抗衡也就不足为奇。

图12-8　史蒂夫·乔布斯是深得服务设计精髓的大师

借助iPod和苹果iTunes网络音乐店拯救了苹果，也改变了人们对传统产品销售型企业的认识。前互联网时代，除了迪士尼等少数企业外，多数公司是依靠产品打天下，服务体验仅仅作为售后的环节，并不入公司管理层的法眼。而在互联网时代和全球化经济时代，整个世界的经济格局在快速地变化。以生产者为中心的观点开始转向以用户体验为中心观点，体验经济时代已经来临。正如获得了诺贝尔经济学奖的行为经济学家丹尼尔·卡尼曼（Daniel　Kahneman）证实了“心理决定经济上的价值”。用户体验、服务设计、交互设计的地位越来越重要。工业时代的设计以“造物”为先，而互联网时代的设计对象开始从“可见之物”向“不可见之物”转化（图12-9）。这些不仅解释了苹果公司成功的奥秘，而且也成为设计对象变迁的标志。

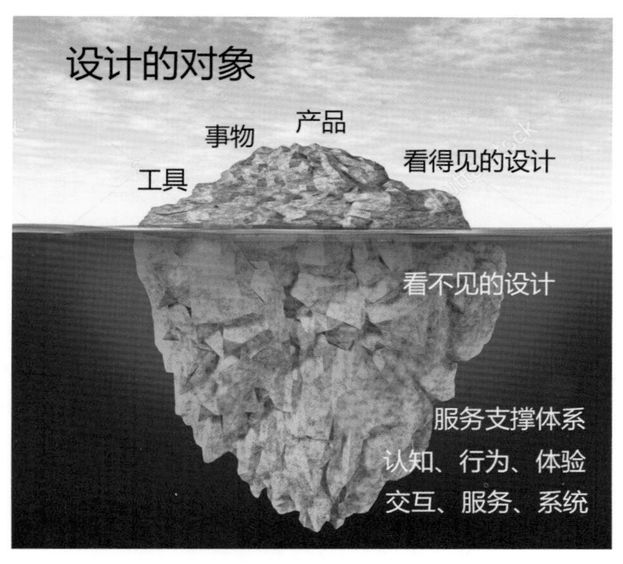

图12-9　体验经济时代设计对象的变迁：从可见到不可见

12.4　体验式旅游

以“体验”为经济提供物的体验经济是继农业经济、工业经济和服务经济之后的新经济形式。在体验经济时代，随着旅游者旅游经历的日益丰富，旅游消费观念的日益成熟，旅游者对体验的需求日益高涨，他们已不再满足于大众化的旅游产品，更渴望追求个性化、体验化、情感化、休闲化以及美化的旅游经历。所谓体验式旅游是指“为游客提供参与性和亲历性活动，使游客从中感悟快乐。”它着重于给游客带来一种新的生活体验，也成为文化创意产业和服务设计的亮点。例如，位于中国台湾南投县埔里镇的广兴纸寮就是这种游客 DIY 式的体验旅游的范例（图 12-10）。该“造纸工坊”创立于 1965 年，是台湾 20 世纪七八十年代手工纸和

图12-10　台湾广兴纸寮是DIY体验式旅游的样本

手工宣纸的制造基地。1991年后，随着台湾社会的变迁，埔里手工造纸产业面临转型的困境。为寻求产业新出路，广兴纸寮将体验式旅游作为发展重点，因此成为台湾第一家“深度体验游”的观光工厂。该“造纸工坊”提供了完整的手工造纸流程供游客免费参观，并提供专业导览解说服务。不但让游客明白如何将纤维浆料经蒸煮、漂洗、打浆、抄纸、压水和烘干等过程制造出珍贵的手工纸，而且还让游客亲身参与，体验DIY造纸的乐趣，目前已经成为台湾地区知名的产业观光景点，也是许多学校户外教学的最佳场所。

广兴纸寮通过引导游客参观、DIY造纸体验和解说的方式，向游客提供深度阅读造纸文化与产业内涵的旅程。“蔡伦造纸”是中国古代的伟大发明，这也是手工造纸的起源。台湾埔里地处深山，洁净的水源成为最佳的造纸原料。所以当地有超过70年的造纸历史，这也为“纸文化博物馆”的建立奠定了基础。原有的生产车间经由设计师重新规划，除了保有原先古厝人文空间之美外，还新建了埔里手工纸文化馆、造纸植物生态区、手工造纸体验工坊和台湾手工纸店等体验空间。开办的体验课程有：

（1）纸的历史：认识蔡伦和造纸术。

（2）古今造纸：介绍造纸的原料、工具和技术。

（3）纸的形成：介绍植物纤维造纸的原理。

（4）纸的原料：韧皮纤维、木质纤维和草木纤维造纸原料。

（5）造纸工坊：实际体验DIY手工造纸的趣味（图12-11）。

图12-11　游客在造纸工坊体验手工造纸（左）和制作宣纸团扇的工艺（右）

（6）纸艺教室：体验拓印、纸张暗花水印的设计（图12-12）。

（7）纸艺工坊：将做好的宣纸设计成壁灯、团扇等工艺品。通过这个体验之旅，让游客从快乐的劳动体验中感受古代中国人的智慧，同时提升动手创意能力，启发创意思维，探索观察自然，重视环境保护。

图12-12　工坊教师在示范拓印和纸张暗花水印的设计

除了广兴纸寮外，位于台湾南投县草屯镇的台湾工艺研究中心也是这种 DIY 体验式旅游的一张“名片”。该中心的工艺体验馆是最受游客欢迎的景点之一。该体验馆设有竹艺、砖艺、竹雕、蓝染（扎染）、漆艺、树艺、金工、玻璃和陶艺的体验工坊或创意教室。游客可以在专业技师的讲解和引导下，亲自动手学习传统工艺，并根据自己的想象大胆创意。这些体验课程内容丰富，生动有趣。有些体验项目只需 30 分钟，而有些体验项目则需要 2 ~ 3 个小时。例如，扎染是中国民间传统而独特的染色工艺，它是通过线、绳等工具对织物进行捆、扎、缝、缀、夹等“扎结”后进行染色的工艺（图 12-13）。其中被扎结部分保持原色，而未被扎结部分均匀受染，从而形成深浅不均、层次丰富的色晕和皱印。染料主要是来自板蓝根、艾蒿等天然植物的蓝靛溶液，因此也被称为“蓝染”。对织物捆绑方式不同，就可以产生千变万化的图案，也成为吸引游客进行深度体验最成功的项目之一（图 12-14）。

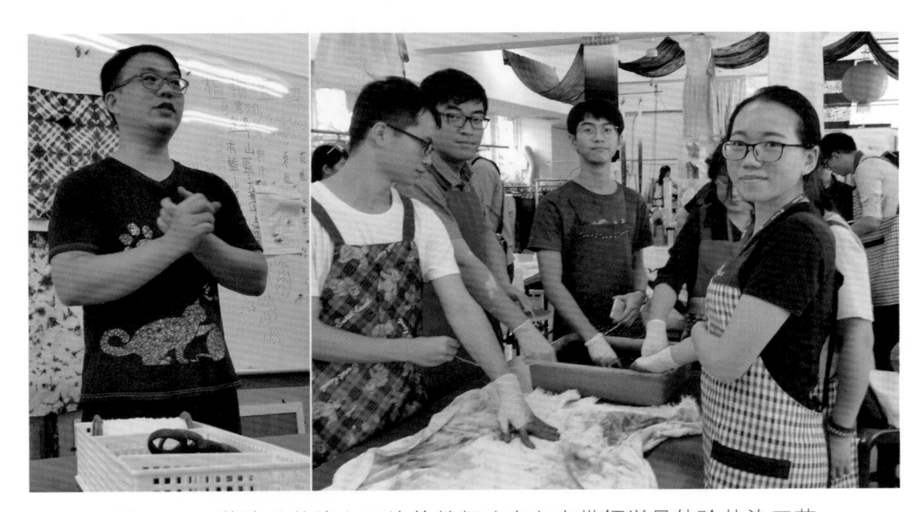

图12-13　蓝染（扎染）工坊的教师（左）在带领学员体验扎染工艺

图12-14　学员们在展示自己的劳动成果（个性图案的扎染头巾）

从服务设计角度看，体验式旅游将传统观光的“观看”和“游览”改变为“动手”和“创意”，不仅丰富了旅游的内容，增加了体验的乐趣，而且能够带给游客更多的回忆。例如，工艺体验馆可以让游客带走自己的劳动成果，如扎染设计的头巾、手绢、手袋或者竹编的工艺品（图 12-15）。由于体验式旅游有着更多的服务触点和互动环节，因此，对服务设计就提出了

图12-15　在竹编教室中的学员和游客们一起学习竹编工艺

更高的要求：无论是活动本身的设计，还是相关服务人员（导游、领队、销售以及指导技师等）的培训，都需要了解顾客心理学，并针对不同年龄、教育背景和地区的旅游团进行服务。目前，专职的“旅游体验师”已经成为旅游服务设计的岗位之一，他们对旅游中的交通、住宿、美食、风景和体验等环节给出综合评价，成为管理者改进服务的参考指标。

12.5 服务设计

服务设计是为了使产品与服务系统能符合用户需求而产生的一个年轻学科。“服务设计是传统设计领域在后工业时代的新拓展，是设计概念的全方位实现。服务设计的本体属性是人、物、行为、环境、社会之间的关系的系统设计。服务设计的目的在于为顾客创造有用、好用且希望拥有，为组织创造有效、高效且与众不同的服务，进而营造更好的体验，传递更积极的价值。服务设计是基于系统整合、跨专业协作的新型领域。”[1] 20 世纪 90 年代以来，信息产业和服务型经济服务的发展，特别是全球化贸易和互联网的发展，为服务设计的观念和理论提供了生长的契机。早在 1982 年，美国金融家兰・肖斯塔克（G. Lann Shostack）就首次提出了将有形的产品与无形的服务结合的设计理念。1987 年，他在芝加哥美国市场营销协会召开的年会上提出了“服务蓝图方法”并引起了理论界和实业界的关注。1991 年，德国设计专家、作家和科隆国际设计学院（KISD）教授迈克・恩豪夫（Michael Erlhoff）博士首先在设计学科提出了服务设计的概念（图 12-16，左）。同年，英国著名品牌管理咨询专家、比尔•柯林斯（Bill Hollins）博士出版了《完全设计》（*Total Design*）一书，详细论述了服务设计的思想。

1993 年，心理学家，交互设计专家唐纳德・诺曼（Donald Norman，图 12-16，右）在担任苹果公司副总裁时，首次设置了用户体验工程师的职位。1995 年，科隆国际设计学院（KISD）服务设计专家，设计师布瑞杰特•玛吉尔（Birgit Mager）成为首个服务设计教授。2000 年左右，IDEO 等设计咨询公司将服务设计纳入服务范围。2003 年，卡耐基・梅隆大学成立首个服务设计专业。2004 年，为加深国际间的研究和教育，在科隆国际设计学院、卡耐基•梅隆大学、米兰理工大学、多莫斯设计学院之间建立起了服务设计网络，共同开展学术研究。2005 年，科隆国际设计学院的斯特凡・莫瑞兹教授（Stefan Moritz）对服务设计的发展背景、新兴领域的意义、作用途径以及一些工具方法进行了详细的探讨，服务设计理论开始形成雏形。

图12-16 KISD教授迈克・恩豪夫（左）和交互设计专家唐纳德・诺曼（右）

1 辛向阳，曹建中．服务设计驱动公共事务管理及组织创新．设计，2014（5）：124-128.

国际服务设计联盟主席杰西・格莫斯（Jesse Grimes）指出：以苹果 iPod 为例，它的第二代到第三代的外形变化并不是很多，但是背后的服务却使它产生了巨大的变化。第二代 iPod 就是简单的播放音乐功能，可以下载音乐然后播放。但是到了第三代，原来简单的产品却出现了背后的服务。你可以在 iTunes 音乐商店订阅、购买音乐，也可以把你的音乐和朋友进行分享，可以进行非常多的互动，也就是说在这个产品背后聚集了不同的服务功能。过去只是一个单一的产品，现在呈现的是一个完整的生态系统，产品是可以触摸的实体，然而服务是不可触摸的，只有当你作为消费者使用时，服务时会出现，这就是产品与服务之间的区别。例如，天猫超市是以网上产品销售为主体的，但配送环节恰恰是所有网络电商的"短板"，从京东到苏宁，无一例外地被这个环节所困扰。天猫超市通过优化配送环节的服务，推出了"夜间配""约期配"等创新服务（图 12-17，天猫超市 H5 广告），无疑是赢得"上班族"芳心的重要举措，也是服务设计的范例。正如卡耐基•梅隆大学设计学院院长理查德•布坎南（Richard Bushanan）教授曾经指出的：服务首先要有清晰的逻辑，同时要有信任，然后还要能带来情感品质的融入。良好的服务可以带来非常高的信任和忠诚度，就像苹果的产品。不管是对于一个品牌、对于一家公司还是对于一个服务来讲，忠诚度是无价的。因此，在用户为先和体验经济时代，良好的服务设计不仅是企业实现利润所追求的目标，而且也是整个和谐社会的发展趋势。

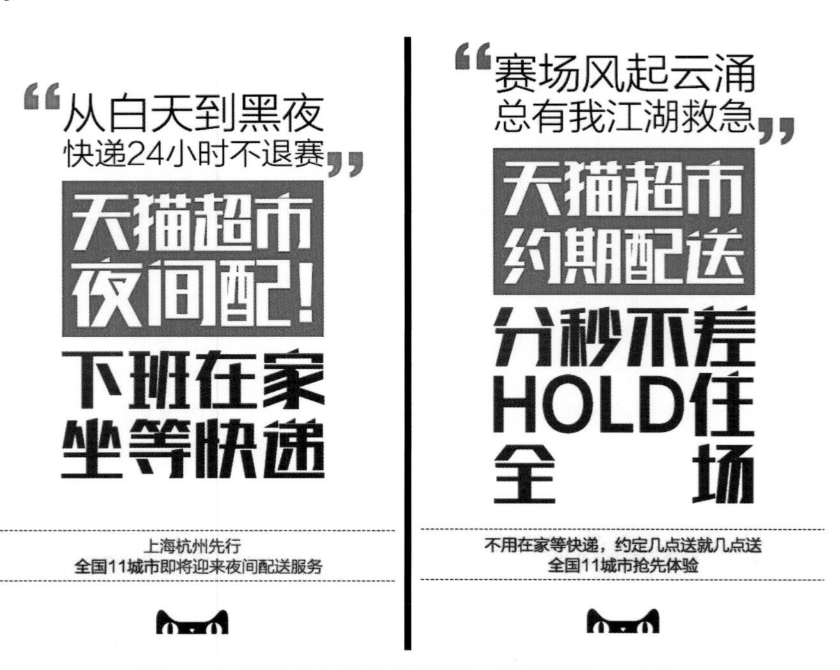

图12-17　天猫超市的"夜间配""约期配"H5广告

2011 年，服务设计专家马克・斯迪克多恩（Marc Stickdorn）与雅各布・施耐德（Jakob Schneider）出版了著作《服务设计思维》（*This is Service Design Thinking: Basics, Tools, Cases*，江西美术出版社出版，郑军荣译）。该书由数十位服务专家及跨领域专家学者集体创作编辑而成。透过集体创作的历程，汇集了不同专业背景的服务设计专家的见解。该书提纲挈领，用大量事例详细阐述了服务设计的基础理论、方法和工具等问题，并同时总结了服务设计的五大原则，即以用户为中心、共同创造、可视化流程、透明化服务和全局思考原则

（图 12-18）。作为实用型的操作指南，该书还提供了一系列服务设计方法和案例，包括“顾客旅程地图（customer journal map）”“情境访谈”“文化探测”“行为人类学”“日常生活中的一天”“期望地图”“角色”“创意发想”“假使……”“设计情节”“故事板”“桌上演练”“服务原型（prototyping）”“服务演出”“敏捷式开发”“共同创作”“说故事”“服务蓝图（service blueprint）”“服务角色扮演（user scenario）”“消费者生命周期图表”和“商业模式草图”等章节都是针对实际操作环节所提供的解决方案。可以说，经过十多年的探索，目前服务设计的理论体系已具雏形，也成为企业服务设计实践的依据和参考。

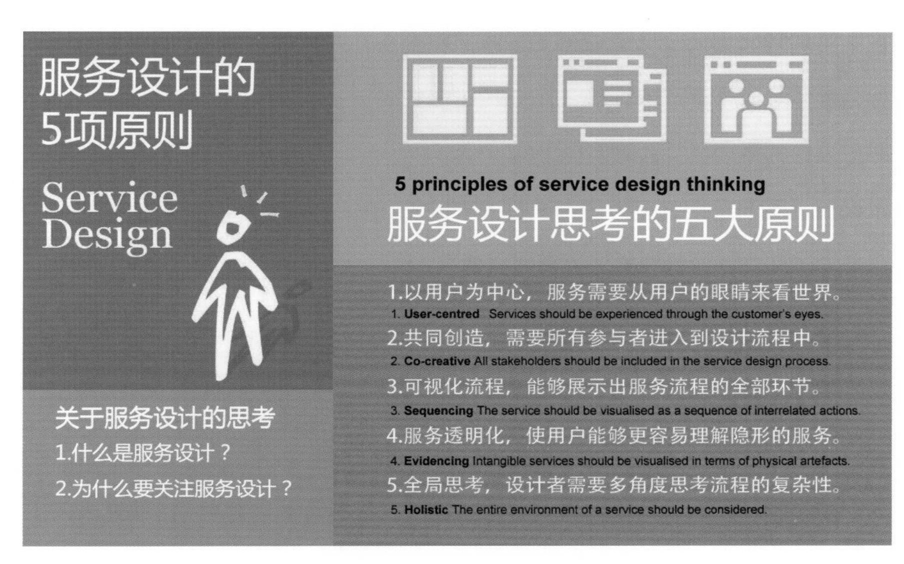

图12-18　服务设计的五大原则

随着“体验经济”“分享社区”和“理性消费”等概念的发展，国内对“用户体验”和“服务设计”的探索也成为大趋势。通过百度搜索“服务设计”的词条已经有三千万条（34400000）之多。江南大学设计哲学研究团队搭建了服务设计（中国）网站（service design china.org）的非营利性学术交流平台，目的在于推动服务设计在中国的专业化发展。国内互联网企业如阿里巴巴、百度、携程等公司也对服务设计的理论和实践进行了大量的探索。目前国内也出版了一系列相关的书籍，如《服务设计微日记》《用户体验设计》《破茧成蝶——用户体验设计师的成长之路》《用户体验要素：以用户为中心的产品设计》《用户体验设计成功之道》和《在你身边，为你设计：腾讯的用户体验设计之道》等。这些图书的出版说明了相关领域的理论与实践探索已经成为众多企业和设计师所关注的问题。服务设计的思想、原则、方法和案例不仅是交互设计师的法宝，也成为企业家们思考发展与创新问题的战略出发点。

思考与实践12

一、思考题

1. 什么是服务设计？以 O2O 为例说明服务设计的意义。

2. 举例说明移动互联网和电子商务的服务设计模式。

3. 什么是隐形的服务？

4. 说明苹果 iPod 和服务设计之间的联系。

5. 什么是体验式旅游？体验式旅游的核心是什么？

6. 服务设计的概念是什么时候提出的？

7. 以天猫“双 11”购物节为例，说明线下和线上配合的重要性。

8. 服务设计和交互设计在方法上有哪些重叠？

9. 服务设计的五大原则是什么？

二、实践题

1. 餐饮业是最能体现服务设计思想的领域，除了菜品的价格、品质和服务环境外，对顾客体验的设计也是其中重要的环节，如海底捞店中员工表演抻面的舞蹈（图 12-19）。请为某地方（如西藏）特色主题餐厅设计体验式服务环节，可参考的内容包括：藏舞表演（定时）、多媒体投影、自助烤肉、iPad 点餐、抽奖游戏。

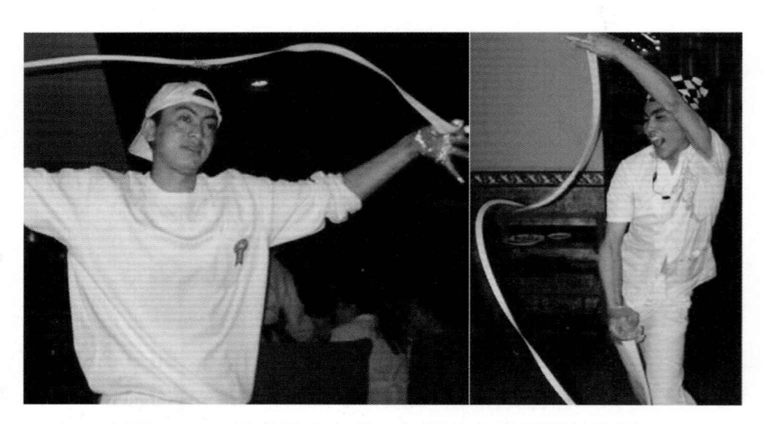

图12-19　海底捞店中员工为顾客表演抻面的舞蹈

2. 就诊看病的整套流程包括网上预约、前往医院、排队挂号、就医（问诊、化验、确诊、开方）、缴费、取药等一系列触点，往往会让患者在排队和候诊中耗费许多时间。请根据该流程，设计一个可以自动追踪服务进程并提示的手机智能 App。可以参考的方案包括预约时间、提醒服务、远程候诊、刷卡付费、网络支付等。

第13课　服务研究

13.1　体验经济

服务设计的出现有着历史的必然性。在以往工业时代，由于经济落后与材料的匮乏，公共机构提供的服务只能满足人们“有用”和“可用”的需求，基本保证这项服务能实施是当时执政者的目标，而关于服务体验的设计在所难免地被忽略。随着时代的发展，以往工业时代沿袭下来的服务并没有追上经济发展的步伐，依然存在诸多的体验弊病。而人们对生活品质的追求不断提高，对于服务来说，原来的“有用”和“可用”已经不能满足人们的需求，而“好用”“常用”和“乐用”正在成为人们关注的内容。哈佛大学管理策略大师麦可•波特（Michael Porter）曾经指出：未来企业发展的方向将由生产制造商品改为以关心顾客的需求为目标，以能够为人类社会创造价值与分享价值做为主导。因此，体验经济和以人为本的服务经济时代已经来临。正如腾讯 CEO 马化腾在 2015 年 IT 领袖峰会上所指出的：当前各种产业，包括制造业都在从制造为中心转向服务为中心，最终都变成以人为中心。根据国家统计局的资料显示，2015 年我国的服务业占 GDP 比重已达到 50.5%。同时我国服务产业的就业比重达到了 43%。我国由工业主导向服务业主导转型的趋势更加明显，但和欧美日韩等发达国家相比仍有不小的差距（图 13-1）。

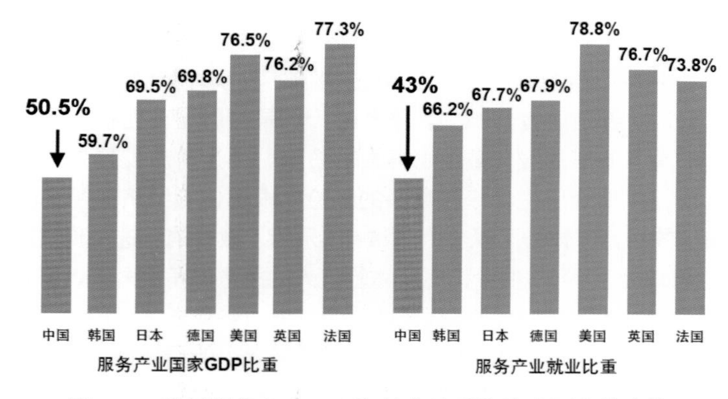

图13-1　我国服务产业GDP和就业比重和发达国家的比较

体验经济时代的来临推动了许多企业的文化和价值观发生了转变。例如，荷兰著名的咖啡品牌雀巢（Nestlé）公司由传统食品制造商转为关心消费者健康的体验服务型企业。同样，美国运动鞋品牌耐克（Nike）公司也由单一制造商转为计步器、可穿戴智能设备与运动健身整合的制造商 + 服务商。国内的产品制造商如联想集团也在转型。联想通过 U 健康应用构建了首个健康生活方式的生态，通过协同手机监测血氧 / 心跳数据，蓝牙心率耳机、智能体质分析仪等配件的数据连接为用户提供了更多的健康和保健的服务。联想集团的新战略是：通过产品创新开创移动体验时代，“联想 FUTURE+ 指向未来”。这些战略也体现在联想集团的宣传推广活动中。例如，联想集团通过设计炫酷的 H5 广告，如《一起嗨》《别拦我》和《我知道你在想什么》等（图 13-2），传达了“不停联想，活在未来”的企业发展战略。

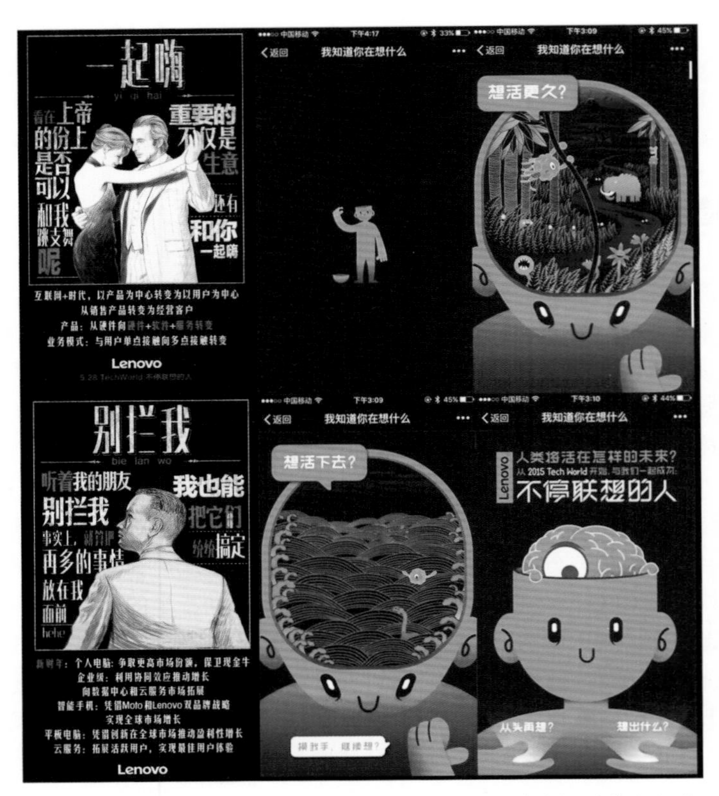

图13-2　联想集团H5广告《一起嗨》《别拦我》和《我知道你在想什么》

服务设计就首先关心的是如何为用户创造价值，其次才是如何获得商业价值。因为人们越来越意识到，前者是后者的源头。服务设计总是与新型商业模式联系在一起，因为这个新思想的提出是以无形的服务重组各方面的资源，通过重新发现用户需求，运用新技术来改善服务流程，并带给用户便捷和贴心的体验。根据体验经济鼻祖约瑟夫·派恩二世（B.Joseph Pine II）的理论，体验可以分为四种：娱乐的、教育的、逃避现实的和审美的体验（图 13-3）。在其《体验经济》一书中，他从体验与人的关系的角度入手，采用两个坐标系对人的体验进行划分。横轴表示人的参与程度，这个轴的一端代表消极的参与者，另一端代表积极的参与者。纵轴则描述了体验的类型，或者说是环境上的相关性。这个轴的一端表示吸收，即吸引注意力的体验；而另一端则是沉浸，表明消费者成为真实的经历的一部分。换句话说，如果用户“走进了”客体，例如看电影的时候，他是正在吸收体验；如果是用户“走进了”体验，比如说玩一个虚拟现实的游戏，那么他就是沉浸在体验之中了。而让人感觉最丰富的体验是同时涵盖上述四个方面，即处于四个方面交叉的“甜蜜地带”（sweet spot）的体验。例如，到迪士尼乐园旅游就属于最丰富的体验活动之一。

体验可以产生经济价值。以星巴克为例，通常收获的咖啡豆价格大约是 10 元 1 斤，根据不同的品牌和地域，可以冲制大约 10~20 杯咖啡。但在街头咖啡店里买现磨咖啡，就要卖到将近 15 元一杯了。而在旅游点的星巴克店，这一杯咖啡可能要卖到 30 元。因此，具体价格取决于咖啡在何处或者在何种行业出售，咖啡可以是产品、商品或服务，但顾客为之付出了截然不同的价格。如果是在一家五星级酒店或者高档咖啡店里提供的同样咖啡，顾客会非常乐意支付 50 元一杯的价格。因为在那里，无论是点单、冲煮，还是每一杯的细细品味，

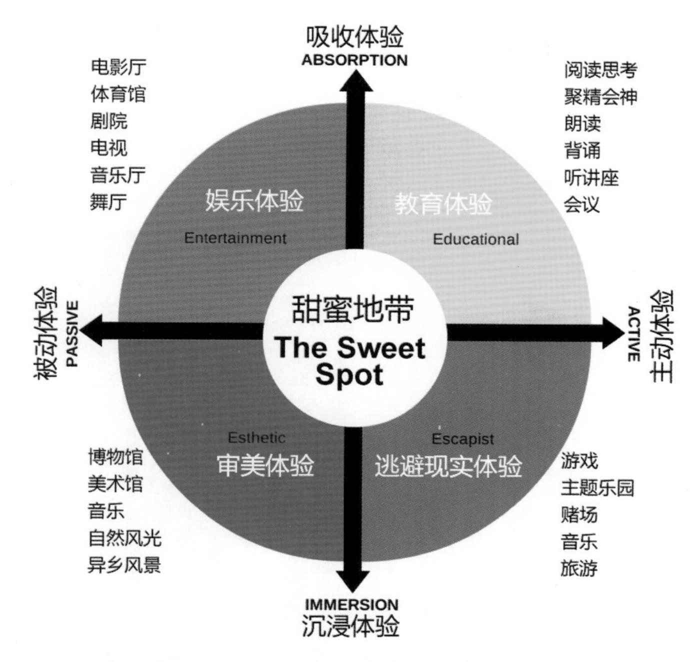

图13-3　体验的内容：娱乐的、教育的、逃避现实的和审美的体验

均融入了一种提升的格调或者剧院的氛围。其他的服务包括免费上网，舒适的沙发，还有灯光和轻音乐的选择，都为消费者带来不同的体验。室内设计和温馨气氛的营造使得最初的商品提高了两个层次，从而提高其价格（图 13-4）。

图13-4　星巴克咖啡店是体验和服务经济的代表

13.2　迪士尼乐园

1955 年，建于美国洛杉矶的迪士尼乐园（DisneyLand）是世界上最早的主题游乐园。而在美国佛罗里达州奥兰多（Orlando）的迪士尼世界（DisneyWorld）则是全球最大的主题

游乐园，也是全球主题最多和娱乐项目最多的主题公园。迪士尼公司创始人沃尔特·迪士尼是一位具有丰富想象力和创意的企业家。他将以往制作动画电影所运用的色彩、魔幻、刺激和娱乐与游乐园的特性相融合，使游乐形态以一种戏剧性和舞台化的方式表现出来。乐园用主题情节暗示和贯穿各个游乐项目，使游客成了游乐项目中的角色。迪士尼乐园是全球最早、最成功的服务设计的典范（图 13-5）。

图13-5　迪士尼乐园是全球最早、最成功的服务设计的典范

迪士尼前任副总裁，被誉为“客户体验领域最权威专家”的李·科克雷尔（Lee Cockerell）曾经写了一本《卖什么都是卖体验》（图 13-6）。他曾多年担任迪士尼乐园、希尔顿酒店和万豪酒店的高管，该书对他积累的客户服务经验进行了总结，并融汇成 39 条基本法则。科克雷尔通过一个个真实、生动的案例，为我们展示了怎样赢得客户、留住客户，怎样把忠实顾客转变为企业的铁杆粉丝。因此，理解体验经济对于服务设计师来说无疑有着重要的意义。

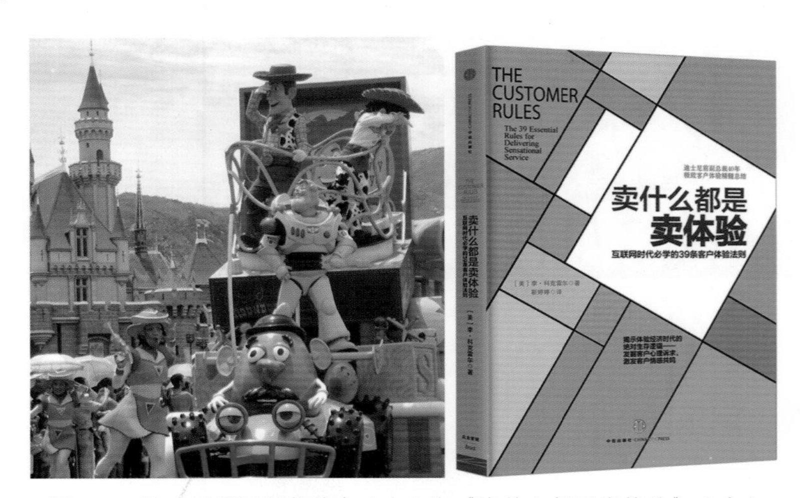

图13-6　迪士尼乐园游览花车（左）和《卖什么都是卖体验》（右）

对于迪士尼来说，所有的优质体验都是来自人与人之间最真诚的相互关系。互联网颠覆的是人与人的沟通渠道和方式，而优质体验的本质并未改变。随着 O2O 浪潮席卷互联网商业时代，回归对用户体验基本原则的遵循是所有平台、产品和服务的必修课。正如迪士尼前 CEO 迈克尔·艾斯纳所说："我们的演职员们多年来的热情和责任心，以及游客们对我们的待客方式的满意，是迪士尼公园最突出的特点。"迪士尼主题公园的雇员同时也是"演员"，永远面带笑容的迪士尼雇员已经成了乐园的一种典型形象。对迪士尼来说，培养这样的行为和印象是迪士尼"服务主题"的一个非常重要的部分，这个主题就是"为所有地方的所有年龄段的人创造快乐"。作为培训内容，迪士尼新雇员们要学习各种表演技巧，除了花车游行表演和卡通装扮表演（图 13-7）的技巧外，还要研究"姿势、手势和面部表情对来宾体验的影响"，这也是培训手册的一部分。迪士尼的雇员在小朋友问话时，也都要蹲下来，微笑着和他们说话。蹲下后员工的眼睛要和小孩的眼睛保持在同一高度，不能让小孩子抬着头和员工说话，因为他们是迪士尼现在和未来的顾客，需要特别的重视。

图13-7　迪士尼员工将微笑、角色、表演和服务融为一体

迪士尼的服务设计渗透到了公园管理的每一个角落。从人工服务的软件到物质设施的硬件都完美体现了人性的关怀。在这里，每一个简单的动作都有严格的标准。所有可能的"服

务触点”都有清晰的手册指南（图 13-8）。例如，迪士尼乐园的服务除了借车、导览、银行服务、取款机、失物招领、住宿联系等以外，还提供婴儿换尿布和宠物存放服务；如果购物游客手上提的东西太沉，公园 3 小时内可以把游客所购的物品送到出口或客人下榻的酒店。如果大人和孩子要分开玩，园内提供沟通联络服务或替代照看。乐园还提供了不同款式的智能手环，配合智能手机 App，这个手环可以帮助游客预约要游览的场馆，还可以直接刷卡，减少排队和等候的时间（图 13-9）。公园内的厕所不仅分布合理，而且还设置了带孩子的父母专用的厕所和残疾人异性互助专用厕所。公园还备有婴儿推车、自助电瓶车和残疾人轮椅，以方便老人、儿童和特殊人士的出行。这种周全的服务设施为迪士尼的客源提供了最可靠的保证，统计表明，迪士尼公园的回头客超过 70%，堪称优质服务的典范。

图13-8　迪士尼所有可能的“服务触点”都有清晰的手册指南

图13-9　迪士尼乐园还提供了不同款式的智能手环用于游客导航和预约时间

13.3 共享经济

早在 2000 年 1 月，共享经济的鼻祖，美国企业家罗宾·蔡斯（Robin Chase）就和伙伴联合创立了全球第一家汽车共享公司——Zipcar，从没有一辆属于自己的汽车成长为如今全球最大的租车公司。从那时起，蔡斯就预言 21 世纪经济是共享经济的世纪，共享经济将改变人类生活，改变城市和未来。今天，“共同创造”和“共享经济”的理念和实践已经在全球如火如荼地发展起来，而第三方交易、支付平台的出现成为这种模式风靡全球的契机。租房、拼车、拼餐、网约或者买卖二手车等 O2O 交易都是在这个商业模式下发展起来的应用。人们相互靠近，交流，互换信息，因为受到了服务而相互感激。在共享经济时代，不再像以往的传统商业社会那样，消费者面对的只是商家，现在是人与人互相面对，这也为服务设计打开了一扇新的大门。例如，“共享经济”离不开线上平台的设计与管理和线下的服务（图 13-10），这个平台也集中了金融服务、交易、信息安全、管理、广告、数字营销甚至社交服务等一系列功能。因此，这种服务需要政府机构、设计师、客服人员、数据支持以及第三方公司的共同合作，才能完成服务流程。

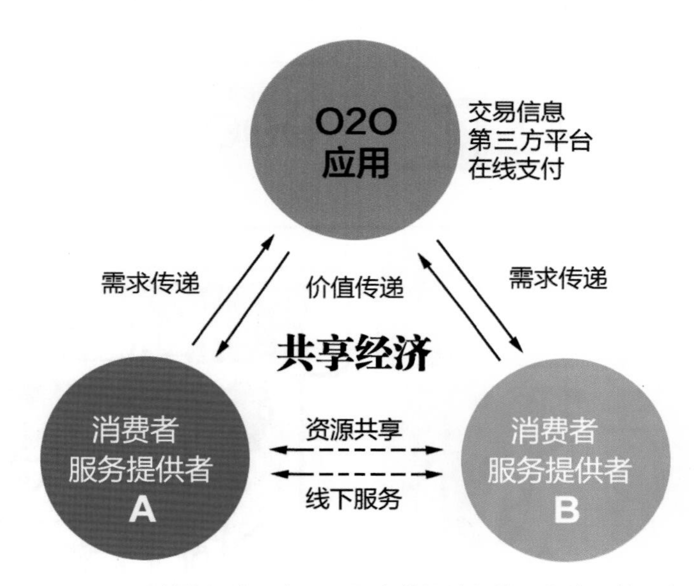

图13-10　“共享经济”离不开平台的设计与管理和线下的服务

在共享经济模式下，消费者可以通过合作的方式来和他人分享产品和服务，而无须持有产品与服务的所有权。使用但不拥有，分享替代私有，这也成为随后如日中天的优步（Uber）、滴滴出行等分享服务的模板。据美国《时代周刊》统计，全球共享经济中目前活跃着 1 万家公司。如全球知名空房出租（Airbnb）、实时租车和共乘服务公司优步（Uber）、欧洲知名长途拼车（Blablacar）等。同样，像优步、滴滴出行、小猪短租这些创新企业也在中国取得了相当大的成功。随着优步和滴滴在租车市场上竞争和“烧钱”的白热化，滴滴出行也将市场拓展到滴滴巴士、滴滴代驾等新的 O2O 服务领域。滴滴出行还为此专门推出了宣传活动的手机 H5 广告，如《都是去上班，差别那么大》和《这酸爽，从未拥有过》等（图 13-11、图 13-12），以用户“痛点”为营销突破口，借此扩大企业的品牌知名度。

图13-11　滴滴巴士的H5广告《都是去上班，差别那么大》

图13-12　滴滴代驾的H5广告《这酸爽，从未拥有过》

共享经济的代表就是滴滴、优步等打车软件和综合服务平台。优步自2009年成立以来，在交通领域掀起了一场革命。这些新的服务模式打破了传统由出租车或租赁公司垄断的租车领域，将全球的出租车和租车行业拖入了一轮新的竞争格局。同样，短租企业Airbnb（意为网络、床垫和早餐（air，bed and breakfast）），旨在帮助用户通过互联网预订住宅（民宿）。由于提供价廉物美的服务以及各具特色的民宿，Airbnb在住宿业内异军突起，预订量与房屋库存开始比肩希尔顿等跨国酒店集团。与传统的酒店或汽车租赁业不同，共享经济平台上的公司（互联网+和O2O企业）并不直接拥有固定资产，而是通过撮合交易获得佣金。这些互联网企业利用移动设备、评价系统、支付、LBS等技术手段将供需双方进行最优匹配，达到双方收益的最大化，其本质就是整合线下的闲散物品或服务者，让他们以较低的价格提供产品或服务（图 13-13）。

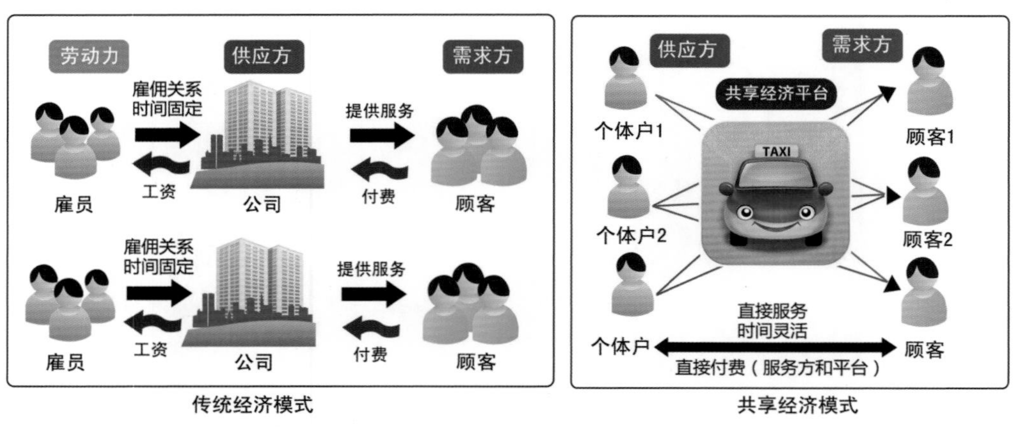

图13-13　共享经济就是整合线下资源来提供更灵活的服务

根据腾讯研究院的《2016 中国共享经济全景解读报告》，我国 2014—2015 年共享经济企业出现井喷式爆发，新增共享经济企业数量同比增长 3 倍，席卷十大主流行业，超过 30 个子领域（图 13-14）。我国目前已有 16 家共享经济的重量级互联网企业，另外还有 30 多家估值超过 10 亿元、累计估值超 700 亿元的准独角兽企业，这也成为未来服务设计最重要的市场。

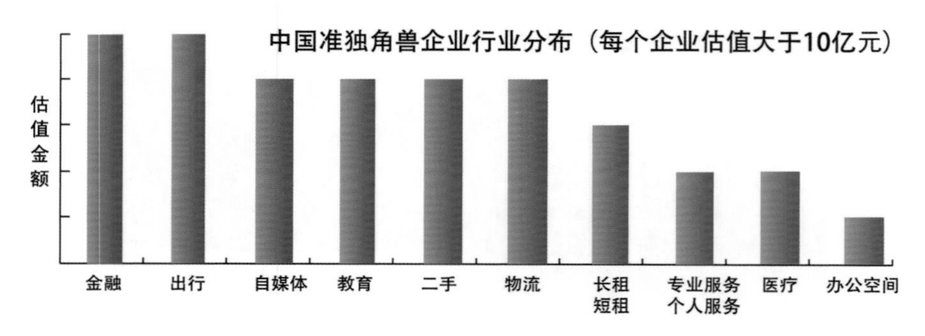

图13-14　我国共享经济企业估值和十大行业

13.4　自助式酒店

共享经济的核心就是传统的服务商 / 顾客模式的变迁，自助型服务正在悄悄改变着服务业。例如，现在最酷的事情已经不是去青年旅舍当背包客了。随着移动互联网和共享经济时代的到来，一种没有服务员的自助式酒店应运而生。2015 年末，一家由两位荷兰年轻创业者专门为年轻人设计的自助式酒店 CityHub 在荷兰首都阿姆斯特丹正式开张营业。进入酒店宽敞时尚的数字大堂，每一个人都可以通过位于大堂里的触摸屏来启动住店自助式登录程序，为自己办理入住和退房手续（图 13-15，右下）。大厅内还有一个搭配地图导游等多种与旅游相关的专用 App 可供使用。它将“数字社区”与“自助旅游”紧密结合，让旅客能够实惠和舒适地出行，同时促进旅客愿意更加深入地探索这座城市的欲望，而不仅仅只是为他们提供一个住宿的地方。

图13-15　自助式酒店CityHub（上）和大厅内的自助住店手续机（右下）

CityHub 概念是由两个荷兰大学生山姆·施恩克斯（Sem Schuurkes）和彼得·范·迪博格（Pieter Van Tilburg）提出的，他们以自己的亲身经历了解到了现在世界各地为数众多的学生群体和年轻旅行者的需求，决定打造一个与传统酒店业不同的适合当今社会年轻人需要的时尚先进的新型酒店，并采用目前最新的智能技术，针对数字原生代旅客的需求进行服务设计，他们之前已经通过众筹方式取得了创业资金。施恩克斯在谈到其创意时说道："我们在学生时代自己也经常背起行囊外出去旅行，一方面开阔了自己的眼界，另一方面又锻炼了身体，一举两得。为了减轻旅行负担，节省费用，我们有时会住在青年旅馆。旅馆的好处是它有一个相对自由宽松的环境和一个互动社区，缺点是你要与素不相识的陌生人共用一个房间，通常你还不能确定他是否讲究卫生。另一方面，如果你想保护自己的个人隐私，提高住宿的舒适度，那么通常在房间上的花费就会过于昂贵。我们创建 CityHub 可将酒店的互动社区功能和住客的私密性、舒适性结合起来，并进一步整合了智能和有趣的互联网解决方案，为所有住在这里的客人提供既舒适有趣又方便快捷的住宿体验。"

CityHub 酒店坐落在阿姆斯特丹市西部地区一个约六百平方米的工厂仓库里，酒店提供给旅客休息的房间称为 HUB。酒店为四面八方远道而来的旅行者提供了五十间经过精心布置的迷你客房（图 13-16）。内部的布局和 HUB 的设计是由荷兰 uberdutch 工作室制作完成的，所有房间小巧而雅致，舒适而温馨，这里虽然没有五星级酒店豪华的设施，也不在著名旅游景点附近，但是却通过个性化的住店体验与多样化、时尚化的服务内容吸引了众多年轻一族的目光。干净整洁的双人床，无线网络，以及柔和的灯光和音乐流媒体系统，客人可以依据自己的喜好和感受进行个性化设置。酒店里设有宽敞明亮的客人休息大厅，充满活力的年青人可以在此认识来自五湖四海的新朋友，使用酒店配给每个住店客人使用的个人 RFID 腕带，除了用来方便地进出自己的迷你房间外，还可以用它在酒吧里进行自助消费。

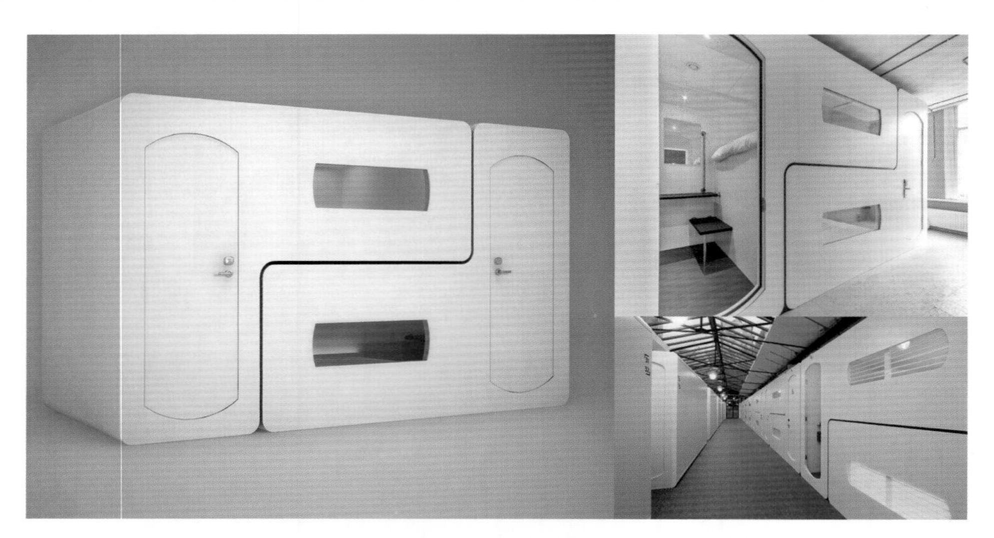

图13-16　自助式酒店CityHub里的迷你房间舒适而温馨

为了消除不必要的漫游费和推广酒店内的应用 App，CityHub 酒店联手互联网运营商 T-Mobile 公司共同合作，为住在店里的客人们提供他们自己专属的 WiFi。有了这个功能，住在酒店里的客人就不必担心漫游费的问题了。除了借助网站登录外，客人们还可以下载酒店 App（图 13-17），该客户端是一个智慧导航指南。除了地图导游外，它还提供了附近正在进行的表演或活动信息，如舞会或时装秀等的详细时间提示。并为客人想去哪里逛街提供一些合理化建议。该 App 还提供了一个可以谈天说地的聊天室，让客人们之间可以相互联系，分享他们在旅行过程中发现的新热点及旅游心得，为所有客人打造个性化旅游体验提供了方便。与此同时，该应用还可以用于控制房间内的灯光明暗，设定闹钟和控制房间内睡眠环境必要的空气流通。自助式酒店的出现不是偶然的，而是智能信息服务和“共享经济”发展到一定阶段的产物。无论是酒店、咖啡厅还是银行，由于移动媒体、服务机器人和智能化科技的出现，自助式服务将成为未来服务业发展的一股潮流。从服务设计思考的原则上，自助式服务不仅降低了服务成本，简化了服务流程，实现了服务触点的全程可视化，而且将选择权、知情权交给了用户，从而形成了全新的服务模式。

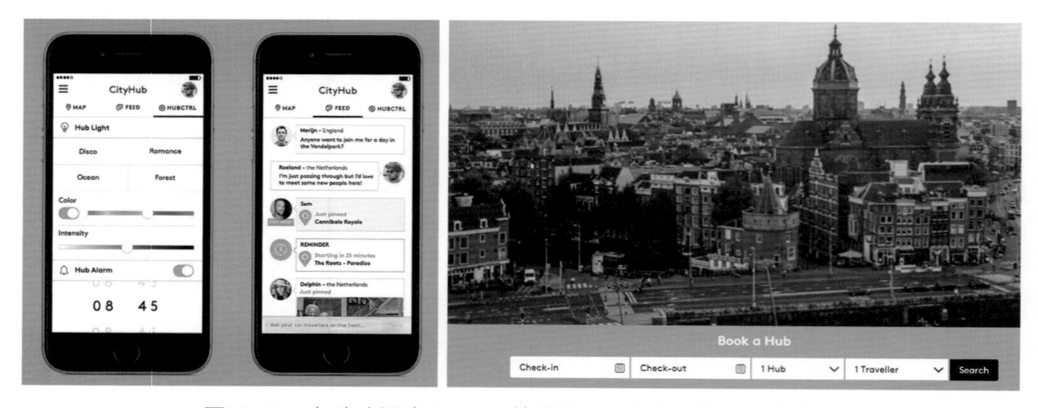

图13-17　自助式酒店CityHub的手机App（左）和网站（右）

13.5 女仆餐厅

以用户为中心的设计（UCD）是一种源于交互设计的系统方法和观念，也是服务设计最重要的原则。该理念将使用产品或接受服务的用户置于中心。在服务设计过程中，用户的参与是必需的，大部分服务都需要有用户的参与才能形成闭环。因此，在服务设计过程中，应该使用用户听得懂的语言并切身感受用户的体验。如果有两家相邻的咖啡店，咖啡味道一样，价格也一样，那么，你会选择哪家咖啡店消费呢？理由是什么？因此，对消费人群和消费心理的把握往往是商业致胜的关键。

由于消费人群的复杂性，对于不同用户的习惯、文化、社会背景和消费动机的理解是至关重要的，这不仅依赖统计数据，而且需要借助人类学、心理学等领域的方法和工具，使服务设计人员能够了解用户的个性化需求。例如，源于日韩文化的“女仆餐厅”（图 13-18）在北京、上海、武汉等城市风靡一时，与一般餐饮业最大的不同在于该餐厅主要服务于 ACG 动漫粉丝（fans）群体。如果没有对二次元文化（动画、漫画、游戏、手办和 cosplay 等）的深入理解，就无法满足这些消费者的个性需求。这种“粉丝经济”源于粉丝和明星、偶像或品牌之间的“互动型”交易行为，最为典型的应用领域是音乐，在音乐产业中真正贡献产值的是艺人的粉丝，粉丝所购买的 CD、演唱会门票、彩铃下载和卡拉 OK 中点歌版税等收入构成了产值。同样，动漫粉丝、品牌粉丝（如苹果粉、小米粉）、偶像粉丝等也属于这类人群。

图13-18　位于北京朝阳区的源于日韩文化的“女仆餐厅”

根据艾瑞咨询《2015 年二次元行业报告》的数据，随着中国经济日益发展，人们对于物质的需求已获得满足，人们对于精神文化消费的需求变高。其中，90 后人群逐渐成长，有了收入来源，消费力提高，他们从小接触更加多元化的二次元文化。2015 年，国内动漫用户达 6000 万，辐射二次元人群 2.2 亿，覆盖 62.9% 的 90 后和 00 后，也就是说，每 3 个年轻人中就有 2 个是二次元用户。二次元人群多聚集于 A 站（AcFun）、B 站（Bilibili）等弹幕网，追剧、看番、吐槽、看弹幕是二次元人群乐此不疲的享受。除了动画（animation）、日剧、漫画（comic）、鬼畜、游戏（game）和小说（novel）外，偶像宅、历史宅、军事宅、技术宅等也导致了泾渭分明的“次元墙”的存在。包括女仆咖啡厅、Coser、手办、初音音乐会等也都属于这个群体的消费场所。这个群体的消费习惯包括购买周边产品，购买手办 / 模型，虚拟消费，购买漫画、同人本、角色扮演服装、道具，以及在音乐、动画上面的消费比例。可以看出，这个群体的消费和普通人有着很大的差异，但目前在国内，除了不定期的漫展和偶像音乐会外，社会上很少能够提供二次元粉丝们线下相互交流、切磋技艺和增进感情的交流场所。而地理位置相对固定，又能够提供日漫粉丝最喜欢的日式、韩式料理的“女仆餐厅”无疑是粉丝们最好的社交场所。此外，这个社交场所不仅提供就餐、休闲和娱乐活动，还可以出售周边产品，租赁漫画书、同人志，可以说是非常有商业前途和发展机会的服务设计。

由于受众群体的特殊性，女仆餐厅的成功依赖于对动漫粉丝群消费偏好和消费习惯的把握。例如，2007 年入驻北京的“屋根里”女仆动漫日料餐厅就是一家针对御宅族设计的日本料理店。该店主营生鱼海鲜、北海道成吉思汗料理、煎牛肉火锅、大阪煎饼等日式料理。典型的日式装修和卡哇伊的气氛让粉丝们更贴心。在这里不仅可以尝到正宗的日式料理，还仿佛置身于动漫家园，享受女仆的亲切服务。不仅书架上摆放了很多原版漫画书、杂志和轻小说供顾客阅读，而且通过社交网站和各种主题日的活动来聚集人气，不定期请日本声优等偶像人物来店并组织 Coser 活动（图 13-19）。这些线上和线下的互动交流使得“屋根里”女仆动漫日料餐厅成为宅系男生最喜欢光顾的场所。因此，对特定用户偏好的理解和研究就是服务设计最为关键的因素。以用户为中心的思考方式使得设计师更关注用户的语言和“群体认同感”，就像“女仆餐厅”的成功就必须打破“次元墙”一样，想顾客之所想，这才是商业的成功之道。

图13-19　“屋根里”女仆动漫日料餐厅的粉丝墙（左）和就餐服务（右）

13.6　无印良品

无印良品是什么？无印良品（MUJI）是日本百货品牌，是生活用品、图书、服饰，甚至房屋建筑……无印良品是生活方式，是提倡自然、简约、质朴和循环……无印良品一向以致力于倡导简约、自然、质感丰富的现代生活著称，它的产品特点是使用可持续的材料，尽量减少对环境的影响，并以合理的价格发售。这在当今追求奢华的社会风气中独树一帜，成为一道靓丽的风景线。近年来，无印良品更是被大量青少年粉丝所追捧，一时风光无限。例如，2015 年末，亚洲最大的专营店——无印良品上海淮海路旗舰店盛大开张，有排队绵延数百米的顾客们等候进店，而店堂里更是挤满了热情的粉丝。2001 年，无印良品曾经出现巨额赤字，濒临倒闭。临危受命的社长松井忠三认为：当务之急不是裁员，而是要找到企业内部的根源性问题。通过建立一定的管理机制与企业文化，无印良品将服务设计落实到“工作手册”和具体的服务细节上。2015 年，松井忠三先生通过自己编著的《解密无印良品》解释了 MUJI 成功逆袭的秘密：一本 MUJI 内部通用的“2000 页工作手册（MUJIGRAM）”，或者说是服务设计手册，成为无印良品店铺使用的经营指南（图 13-20）。从小事做起，从细节着眼，将公司哲学和员工行为规范化、可视化，成为无印良品反败为胜的法宝。

图13-20　无印良品的标识（左）和《解密无印良品》封面（右）

松井忠三之所以要制定如此详实的指南，是为了“将依赖个人经验和直觉的服务进行‘机制整合’，使它作为规范延续下去”。该指南细致入微，如规定商品摆放何时为“正三角形”何时为“倒三角型形”，搭配服装的色彩必须保持在三色以内。此外，所有的商品布局均须统一，商品陈列方式都有固定规则（图 13-21）。在无印良品店铺中有五种衣架，指南里将每种衣架使用时的注意点都配上照片进行了说明。为了避免歧义，指南不仅设有条条框框，而且有质朴通俗的解释，如“礼貌待客”的“礼貌”就会有多种不同的理解，可以是“说话态度要亲切热情”，也可能是“注意使用敬语”。指南在解释“把商品摆放整齐”时说明，整齐即“正面朝上（有价签的一面朝向上面）”，“商品的方向，例如杯子一类的把手要朝向一致，缝隙、间隔等要呈一条直线”。所有的商品标签都有明确固定的尺寸和标准的说明要求。“无印良品的商品命名方法首先对客人来说要浅显易懂……可以使用羊毛、棉、麻等天然材质名称。不可使用外来语 cotton 和 hemp……不可以用辞藻修饰。描述真实的事物，就要用真实的语言。”此外，指南还配有具体图解。总之，为了使不同地区的无印良品店铺都能够让顾客体会到“无印良品风格”，必须将店铺建设和待客等服务细节等统一规范。

图13-21　店内的商品布局和陈列方式都有统一和规范的标准

服务设计要求透明化，就是指所有隐藏的服务环节需要清晰化和规范化。无印良品的工作指南共计 13 册，2000 页，内容包括店铺视觉设计规范和员工行为规范，正是一种透明化的服务设计。松井先生说："这些工作指南绝非那种枯燥无味的东西，而是生动地结合了每日工作，能够创造最终成功的最重要的工具。"松井忠三的要求如下：①指南要从店铺中来，共享智慧，是集体智慧的结晶；②通过服务标准化来促进服务质量的提升；③ 通过该指南，每个员工都可以自我完善，大大节约了企业员工的培训成本；④统一团队成员的工作目标，关注细节。

无印良品的努力取得了明显的回报。到 2015 年，无印良品海外店铺 348 家，已逼近日本本土的 425 家，海外销售额占比 33%。据松井忠三透露，目前中国 39 个城市有 134 家无印良品店，平均 15.9 个月收回投资。从 2011 年起，无印良品连续 3 年进入了日本"我喜欢就职的公司"排行榜前 25 名。无印良品的经验说明：服务的透明化，人性化、可视化以及服务流程各环节（行为触点）的规范化就是其成功的奥秘。近年来，无印良品的管理模式也为其他日本知名品牌所借鉴，如"来自日本的时尚休闲品牌"优衣库（UNIQLO，图 13-22）同样强调现代极简主义风格和简单、朴素、时尚的元素。和无印良品相似的是，优衣库的品牌和设计也反映了日本乃至东方文化中强调与自然的和谐、对自然材质的珍爱以及通过简约的形式发挥材料的本质的特征。优衣库不仅已经跻身全球著名服装品牌的行列，而且在 2015 年的"双 11"网络购物大战中同时夺下男装和女装交易指数排行的第一名，被许多服饰同行喻为"神一样的对手"，可见其服务设计的成功之处。

图13-22　日本的时尚休闲品牌优衣库的标识与商品

13.7 公共服务

由于用户本身的多样性和复杂性，服务设计必须多视角思考用户的需求。以城市中最为常见的公共交通（如地铁）的服务来说，一些人们司空见惯的轨道交通导航与服务设施对普通人来说应该没有问题，但对于特殊群体，如老人、精神障碍者、肢体残疾人、盲人、孕妇、哺乳期带婴儿的年轻妈妈等来说，往往就会成为障碍。2015 年末，一位年轻母亲在北京地铁上哺乳的照片被网友拍照并上传到微博一事曾经引发了热议，这也引起了很多人对城市服务设计的反思。而北京市新修订的《城市轨道交通无障碍设施设计规程》就据此提出了更精细化、人性化的设计要求。因此，任何一项服务的设计要尽可能考虑到其包容性。

其他一些国家的范例可以给我们的公共交通的服务设计提供很好的思考角度。例如，在日本，肢体残疾人不但可以拄着拐杖进百货公司，而且可以坐着轮椅逛街和坐地铁。各个公共场所和机构都为残疾人预先设置了各种便利的专用通道和标识，所有路面都有残疾人黄色通道。坐地铁时，残疾人只要把轮椅开到地铁进口处的垂直电梯即可。垂直电梯有两排按钮，一排在高处，是给正常人使用的；另一排在低处，是供残疾人使用的。电梯关门的间隔时间很长，是为了照顾残疾人和老年人而特意设定的，所以不用担心电梯门会夹住人。在日本地铁站，残疾人上车会得到工作人员特别的照顾。在一些没有垂直电梯的地铁站，滚梯旁边还会专门备用供残疾人和轮椅乘坐的“阶梯运送车”（图 13-23），工作人员通过这个“阶梯运送车”从阶梯通道将乘客送到站台。

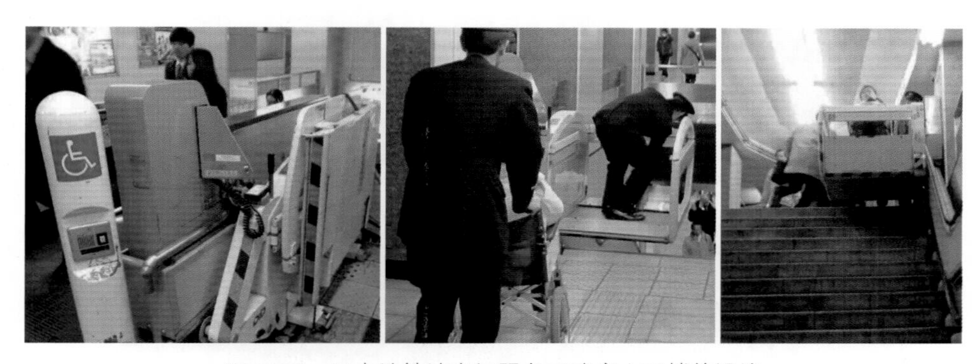

图13-23　日本地铁站专门服务于残疾人下楼的设施

此外，日本的列车上通常有供轮椅停靠的位置，在车厢外面绘有显著的标志。而站台的工作人员会提前将乘客安排在特定车厢停靠点等候列车。由于列车和站台之间是有缝隙的。为了方便残疾人士上车，工作人员会准备一块专用的塑料板，让残疾乘客更加顺畅地上车而完全没有后顾之忧（图 13-24）。如果是乘坐轮椅，工作人员会全程帮助坐轮椅的乘客推上车。列车到站后，乘务人员会提前出现在乘客身边，帮忙拿好行李并推着轮椅缓缓行至车门，车上所有人会自觉地让该乘客先下车，没有人会抢道。门开后站台的工作人员已将专用的塑料板铺好，方便乘客的轮椅顺利出车门。抵达站台会有工作人员亲自通过轮椅专用阶梯运送车将乘客送至出站口，确保乘客全程安全。日本政府还规定：残疾人上下班如果有家属陪同，则电车和地铁一律对陪同的家属免票。同样，美国几乎所有的城市公交车都提供了残疾人轮椅上车的自动踏板（如图 13-25）和专用靠位（有地锁和安全带帮助固定轮椅），这些也都体现了服务设计的细微之处。

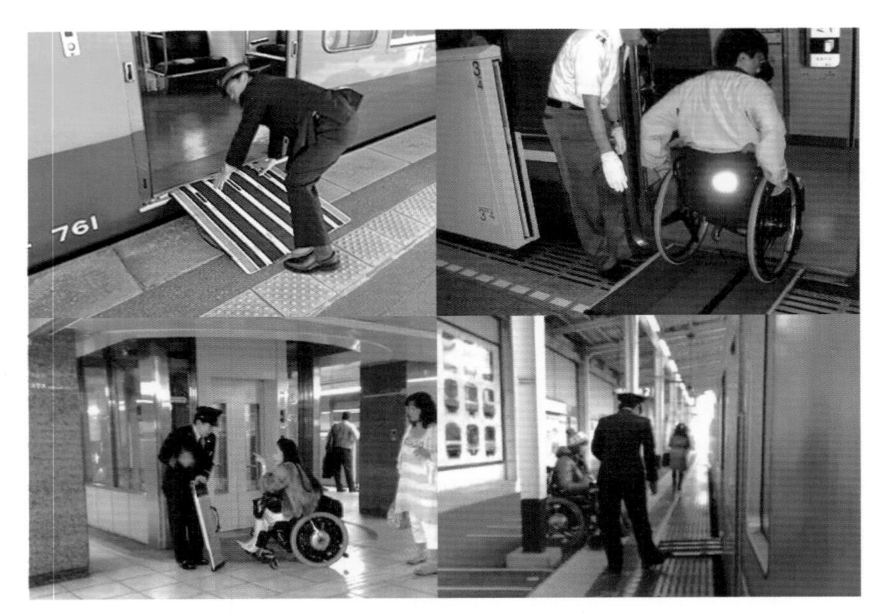

图13-24　日本火车站专门辅助残疾人上车的工作人员和轮椅踏板

图13-25　美国城市公交车的残疾人轮椅自动踏板

服务设计的高低不仅会影响大众的体验和满意度，甚至也会成为国家之间竞争的标准之一。据联合国儿童基金会和日本国立社会保障·人口问题研究所的调查显示，日本的儿童“幸福度”在 31 个先进国家中位居第 6 位（第 1 位为荷兰）。英国 BBC 和日本的《读卖新闻》等 24 个国家的媒体共同进行的舆论调查显示，认为日本给世界带来了良好影响的回答占 49%，排名第 5 位，非常接近排名第 4 的法国（50%）。日本 65 岁的老年人中有一半人还在工作，有的超市还贴出了招募最大年龄为 70 岁的服务员的启事。这些创下了世界各国的最高纪录；日本政府还提出了“健康医疗战略”，力争以世界最先进的医疗技术打造健康长寿型社会。该战略提出，到 2020 年把不需日常护理便可正常生活的“健康寿命”延长 1 岁以上，并使代谢综合征患者数量与 2008 年度相比减少 25%。这些说明良好的服务设计可以延长人们的工作年限，使老年人有更好的生活体验。同时，如今“老龄化社会”已经成为全球普遍现象，针对特殊人群（如行动迟缓的老人、需要借助轮椅、拐杖出行的人）的公共服务设计（图 13-26），不仅需要设计者提供贴心的产品，而且要求政府增强社会保障和公众服务意识，才能创造出一个温馨舒适的和谐环境，使社会生活更加人性化。

图13-26　国外轻轨上针对老人和残疾人的轮椅车位（带固定装置）

思考与实践13

一、思考题

1. 什么是体验经济？顾客体验可以分为哪几种？

2. 什么是体验的“甜蜜地带”？如何设计丰富的体验？

3. 迪士尼公园的体验文化和服务设计有何特点？

4. 共享经济的特点什么？共享经济和移动互联网有何联系？

5. 以滴滴出行为例分析其商业模式。

6. 自助式酒店如何解决结账、安全、清洁和身份验证的问题？

7. 共享拼车如何解决安全、可靠和双赢（司机与乘客）的问题？

8. 什么是“粉丝经济”？如何理解粉丝的心理？

9. 无印良品的服务理念是什么？如何规范化服务？

二、实践题

1. 我国的许多公共服务设施（如公交车、地铁、公共卫生间、餐饮场所等）和旅游景点都开始关注残疾人和特殊人群。但标识往往不能确切说明是哪些人群可以享受特殊服务（如残障人专座）。请参考图 13-27 给出的国外服务设施上的标识，设计一套针对坐轮椅者、盲人、安假肢者、孕妇、老人、哺乳期妇女和带婴幼儿的妈妈等需要帮助的人群的中文辅助标识系统。注意重点考虑人群特征、环境和相关内容（如母婴洗手间）。

图13-27　国外服务设施上的优先座位标识

2. 去人气爆棚的餐馆排队是一种“幸福”和“烦躁与无奈”的混合感觉。为了留住排队的客户，许多餐馆推出了棋牌、茶点和免费服务（美甲、擦鞋或自助照相等）。请设计一款“排队叫号”的手机 App，功能包括信息服务、提醒服务、提前点餐和下单、抽奖活动和补偿设计（如等待时间超过 20 分钟，就可以减免 10 元餐饮费等）。

第14课　设 计 研 究

14.1　谱系导图

从金融、医疗保健到媒体，服务在生活中的作用越来越重要。但长期以来，设计主要关注产品，而忽略产品的运作方式，也就是交互与服务。体验经济和互联网的发展推动了服务的升级和设计的转型。服务设计也就自然成为人们所关注的焦点。1991 年，德国设计专家和科隆国际设计学院（KISD）教授迈克·恩豪夫（Michael Erlhoff）博士首次提出了服务设计的概念并引入大学课程。随后，服务设计教授布瑞杰特·玛吉尔（Birgit Mager）建立了全球首个服务设计交流网（Service Design Network，SDN）。随着全球服务设计研究的深入，美国纽约的帕森设计学院（Parsons The New School for Design）在 2010 年举办了首次“全球服务设计论坛”。来自美国和欧洲大学的研究专家和设计师聚集一堂，集中研讨了服务设计的核心问题（图 14-1）。

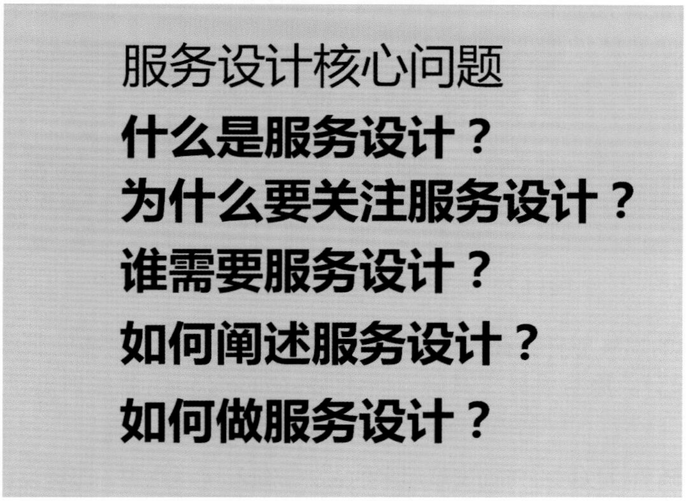

服务设计核心问题
什么是服务设计？
为什么要关注服务设计？
谁需要服务设计？
如何阐述服务设计？
如何做服务设计？

图14-1　服务设计所关注的五大核心问题

根据服务设计教授布瑞杰特·玛吉尔的观点，**“服务设计是源于用户角度的服务形式与功能。从被服务者的角度看，它的目标是建立一个有用、易用和令人满意的服务界面；从服务供应商的角度看，则是建立一个有效、高效和独特的服务体系。”**服务需要设计师与用户产生共鸣，并通过建立一系列的服务“接触点”与用户产生互动，由此理解和改善现存的各项服务。作为一个跨学科和多专业合作的领域，目前服务设计所涉及的相关理论和实践仍在不断发展和完善之中。

从客户角度上看，无论是制造商还是服务提供商，许多不同类型的组织和机构都需要应用服务设计。从基本的配套产品（客户服务）到公共或消费服务，服务设计的应用领域几乎是无限的。例如，美国 cAir 航空公司就通过引入服务设计，将顾客飞行旅途的所有环节（服务触点）都进行了系统化的研究（图 14-2），并制定出了一系列行之有效的措施，由此得到乘客们的普遍赞誉。服务设计可以应用于个人，如餐饮、洗衣、美发、医院、医疗，也可以扩展到公共空间，如银行、金融、投资、交通、垃圾收集、博物馆、电影院等。包括餐馆和酒吧、旅行社、航空公司、酒店、学校和社会服务机构（如福利院和社会救助团体）都是急需服务设计的领域。

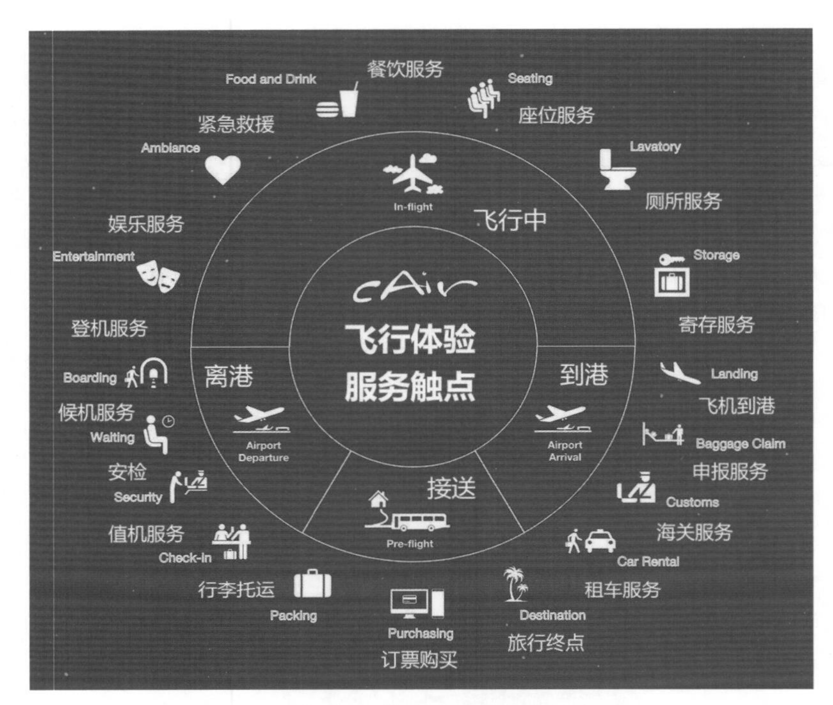

图14-2　美国cAir航空公司的服务触点地图

从服务设计的发展历史上看，可以发现有三个明显不同的谱系树：服务管理、产品服务系统和交互设计。服务设计工具网（servicedesigntools.org）就梳理出了这个谱系导图（图 14-3），即社会科学 + 市场营销 + 设计学 + 信息与交互技术。

作为一种伴随着互联网经济而发展起来的设计思维和美学意识，服务设计的理论、框架和方法仍在探索之中。但服务设计思想则有着更为悠久的发展历史。正如图 14-3 所示的那样，服务设计的许多思想、观念、技术与方法都可以从设计学、管理学、营销学和社会科学中找到渊源和出处。例如，1927 年，迪士尼公司创始人，沃尔特·迪士尼首次在制作动画片中采用了故事板（storyboard）作为电影脚本，该方法随后演变成为交互设计中研究用户行为的情景还原法。美国社会学家列文（K.Levin）和马尔顿（R.Merton）在 1940 年就提出的焦点小组（focus group）的概念，已经成为当代交互与服务设计用户研究的核心方法之一。1960 年，日本文化人类学家川喜田二郎（Jiro Kawakita）提出了“亲和图法”（affinity diagram），该方法也成为服务设计中观察和归纳用户行为的手段。几乎在同年，美国西北大学认知科学家，著名教授艾伦·柯林斯（Allan Collins）提出了思维导图（mind map）的概念，而这也成为如今广泛采用的创新型设计的方法。

从服务设计观念发展的导图中可以注意到，随着 20 世纪末期交互设计思想与理论的发

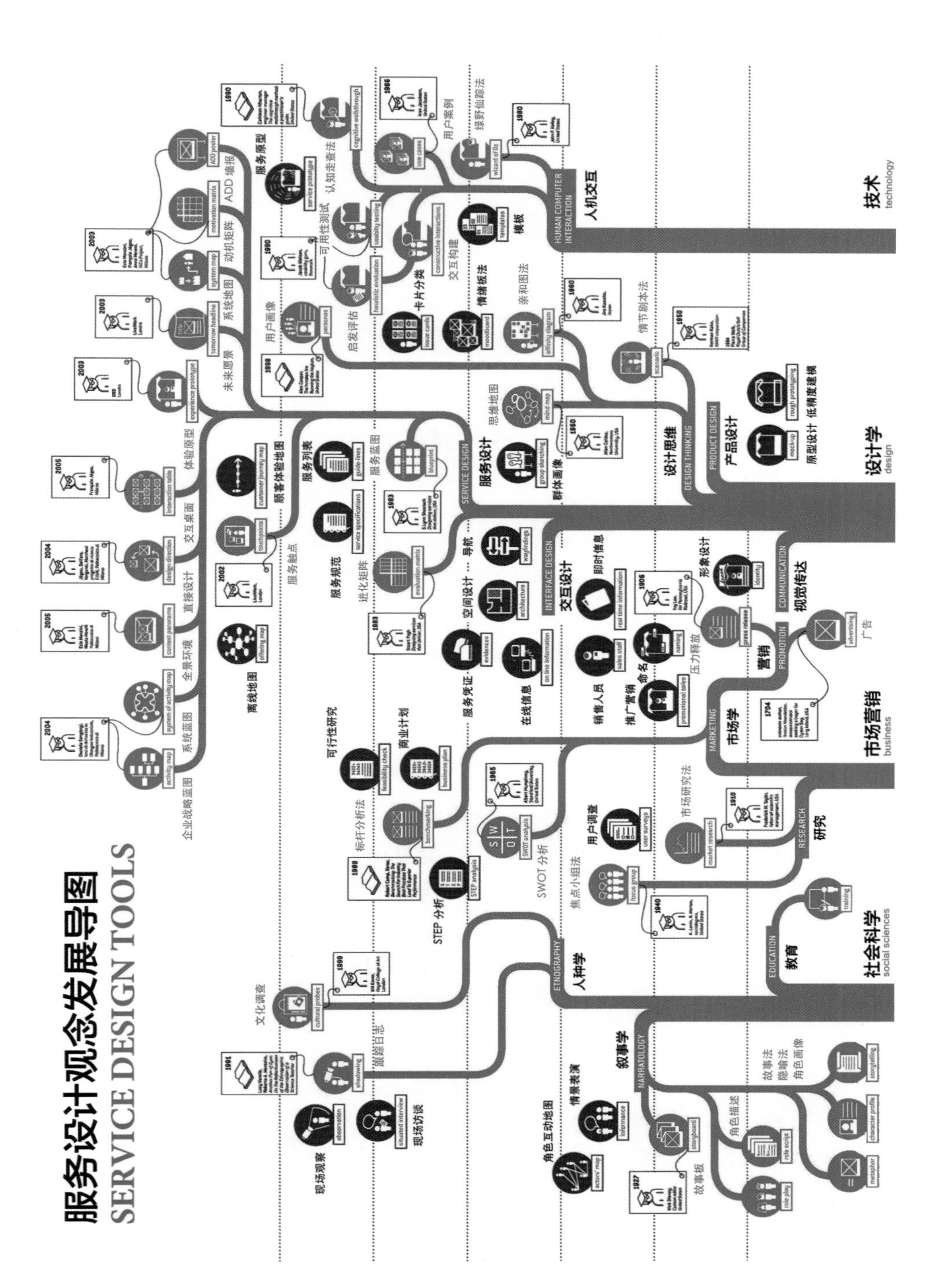

图14-3 服务设计观念发展的谱系导图

展，服务设计也逐渐开始形成自己的学科雏形和观念体系。一系列基于技术、管理、市场研究和心理学的方法被引入到服务设计体系之中，如顾客旅程地图、服务触点研究、体验原型、用户画像、可用性测试和认知走查等。由此，以设计学科为主干的服务设计体系逐步完善。在此期间，服务设计和人机交互、交互设计、用户研究、企业管理学、心理学和市场研究等学科的联系更加紧密。第一批服务设计从业人员和研究人员都在其他学科受过训练，他们不同的学科背景使得服务设计的思想更加丰富多彩。

14.2 趋势和挑战

服务设计作为一种实践，通常是指对系统和流程的设计，旨在为用户提供全方位的服务。有意识地设计服务，并整合新的商业模式，不仅可以了解用户需求，而且可以尝试着为社会创造出新的社会经济价值。服务设计也是更多的从人性化的角度考虑现有服务的矛盾和问题。例如，IDEO 公司在为美国约翰·霍普金斯大学医院制定服务设计方案时，就从医生的心理需求角度探索服务流程的合理性。同样，国内著名作家和投资人冯唐先生曾经有一篇《我为什么不做医生》的文章。他在列举了医生在个人收入、工作强度、医患关系等种种困惑之后，总结道：要让医神阿波罗、埃斯克雷彼斯及天地诸神赐给我生命与医术上的无上光荣，医生还要有足够的收入。任何好的发展中国家的医疗体系都采取双轨制，不过分强调绝对公平，在保证基础医疗的同时，提供高端医疗服务满足差异化的医疗需求。他还调侃道：在制度、体制和世风基本改变之前，我还是建议医生面对利刃要学会保护自己，苦练逃跑。这些事实说明：服务设计是一个“牵一发而动全身”的系统工程，不仅会涉及各方的利益，而且也会对现存的各种服务规章制度形成挑战。冯唐后来曾经作为“华润医疗”的创始人，探索民营医疗在创新服务上的途径。而从产品与服务角度上看，我们周围有着大量不合理的装置，如商场饮料自动售卖机的取货口的位置（图 14-4），对于长腿短裙的女生来说，就是一个非常尴尬的设计。

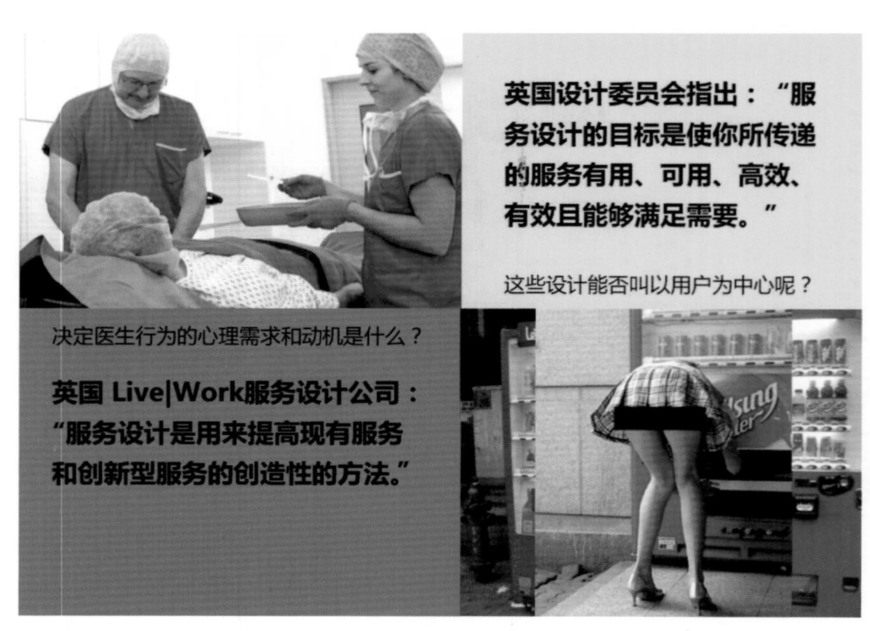

图14-4　服务设计是从服务者和服务对象的角度来思考问题

交互设计资深专家丹·塞弗（Dan Saffer）认为：服务是一些行为或事件，它们产生于消费者、媒介技术和服务提供方在服务过程中的交互行为。虽然服务本身在许多学科领域都被定义而且不尽相同，但不管怎样，如果从服务的特质来划分，都可以概括成四点：无形性、多样性、生产与消费同时性和易逝性。对服务设计的研究首先要从设计的目标和对象入手。服务是一方可以为另一方提供的任何一种行为或利益。它可能是无形的，并且是一种不能产生事物所有权的行为。服务设计的产物并非一定要与实体产品产生关联，但是可以与其整体活动过程产生关联。因此，服务设计具有系统性和多学科的特征。要针对每个服务接触环节进行设计，不仅涉及空间、建筑、展示、交互、流程设计等知识，而且还涉及管理学、信息技术、社会科学等诸多领域（图 14-5）。从服务商的角度看，影响服务设计的学科包括心理学、社会学和管理学、市场营销和组织理论。从服务对象考虑，交互设计、界面设计、视觉传达设计必不可少。而从服务环境考虑，服务设计与建筑、市政规划、环境和产品设计密切相关。因此，服务设计有着多学科的构架就不足为奇了。

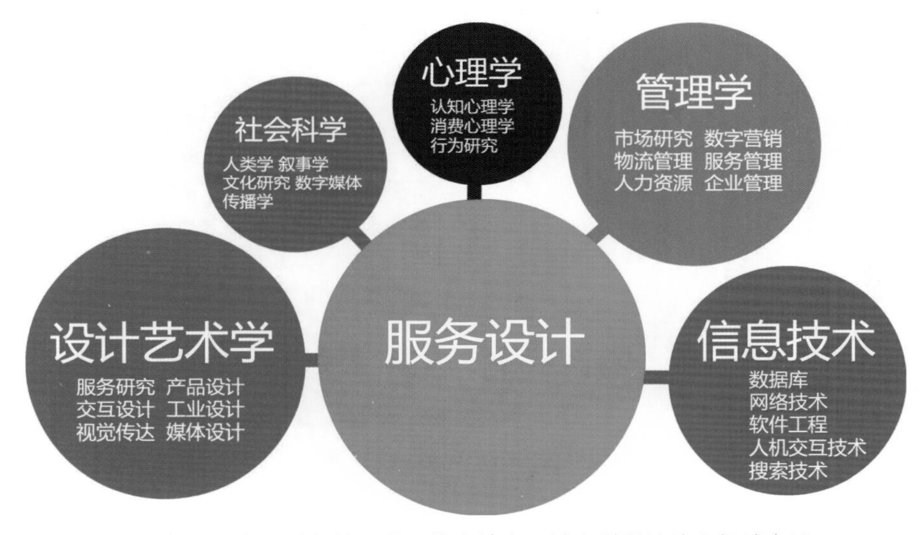

图14-5　服务设计与管理学、信息技术、社会科学等诸多领域有关

服务设计早期研究依靠两种方法：一是扩大服务设计的范围，从非设计领域（如营销、领导才能和管理工程等）整合实践和观念；二是挑战和探索服务设计中的基本假定和从其他学科继承来的方法，这样便可以深化服务设计的知识。目前服务设计面临的主要挑战之一是如何构建自身的体系和设计方法。跨学科的研究无疑有助于扩大服务设计研究的广度，如认知科学、服务科学、人类学和社会学的加入。服务设计专家马克·斯迪克多恩（Marc Stickdorn）曾经指出："服务设计是学科交叉的一种方法。"由此定义了服务设计区别于现有设计学科的新颖观点。正如服务设计资深专家斯蒂芬·莫里茨（Stefan Moritz）所言："服务设计有助于创新或改善现有的服务，对客户来说，服务会更有用、更可用，更满足需要，而对于组织来说更高效、更有效。服务设计是一个崭新的、全面的、涉及多种学科的、综合性的领域。"

根据约翰·布罗姆奎斯特（John Blomkvist）等人在《服务设计思维》中的阐述，大多数服务设计研究者的学科背景是交互设计。这个结论不难理解，因为相对于产品设计等对"物"的研究，交互设计把更多的聚焦点投射到"人"和"服务流程"，由此二者就形成了天然的

联系和知识的互补。早在 2001 年，英国的交互设计公司 Live|Work 就开始转型为服务设计咨询公司，并为索尼爱立信、沃达丰、法国 Orange、英国 BBC、意大利电信等公司提供服务。该机构也是最早提出服务触点的概念、方法和实践的企业（图 14-6）。同样，早期产品与交互设计的著名企业 IDEO 也转型为服务设计咨询公司。和交互设计类似，服务设计也是通过更多横向研究来多角度探索发展的方向。这些内容包括：对共享经济（分享经济）的研究；服务体系（产品与服务）的研究、服务设计语言的探索；对设计技术（工具和过程）的研究。相关的课题包括参与式设计、可视化技术、人类学方法、人机交互和服务设计与管理学等。

图14-6　英国交互设计公司Live|Work转型为服务设计咨询公司

14.3　创新的设计

美国著名学者思想家丹尼尔·贝尔（Daniel Bell）把技术作为中轴，将人类社会划分为前工业社会、工业社会、后工业社会三种形态。从产品生产型经济转变到服务型经济，恰恰是后工业社会经济方面的特征。当前新经济时代的来临，促使服务产业进入一个新的快速发展阶段。在以往工业时代，由于经济落后与材料的匮乏，公共机构提供的服务只能满足人们“有用”和“可用”的需求，基本保证这项服务能实施是当时执政者的目标，而关于服务的体验在所难免地被忽略。随着时代的发展，以往工业时代沿袭下来的服务并没有追上经济发展的步伐，依然存在诸多的体验弊病。但人们对生活品质的追求不断提高，对于服务，单单“有用”和“可用”已经不能满足人们的需求，更多地需要满足“好用”“常用”和“乐用”的需求，消费者更加注重服务的环境、品味、体验、人性等软件建设。因此，21 世纪服务设计的出现并不是一个偶然的事件，而是以互联网为代表的技术革命、全球化和服务贸易的必然产物。同时，服务设计也是对传统设计思维、体系和学科分类的一个挑战。

众所周知，现代设计教育开始于 1919 年建立的德国包豪斯（Bauhaus）学校，通常也被视为现代教育中的设计学科开始的标志。包豪斯的意义在于创始人将设计视为一门重要的专门学科进行系统的、全专业的规划、组织并实施教学。其系统性表现在教学的过程上，由此确立了迄今为止世界大多数设计院校都继续沿用的设计教学“基础课 + 专业课”的模式。“教室 + 工作室”的“双轨制”教学体系也被多数艺术院校所沿用。虽然这个体系已经有近 100 年的历史，但并未受到广泛的质疑。而随着智能手机、分享经济和电子商务的普及，要求设计师必须从全局看问题，而传统的设计思维则会遇到困惑。以滴滴打车为例，通常交互设计师的工作范畴包括用户研究、界面设计、功能创新设计（如微信支付）和营销广告等。但由于滴滴打车的线下服务会涉及司机、乘客和管理方的不同诉求，有包括安全、价格、税收、城管等一系列利益相关者。而服务设计是生态设计，通过服务全程多环节的“触点分析”和“服务追踪”可以更好地发现问题，平衡各方的权利与利益，并通过综合设计来解决线上与线下的衔接问题。由此来看，传统设计和新型设计的区别就一目了然（表 14-1），而这些会对未来的设计思维产生深刻的影响。

表 14-1　传统设计思维和新型设计观念上的区别

设计对象	传统设计观念	新型设计观念
设计主体	专家，设计师，天才	全部利益相关者 设计师，客户，工程师，投资商……
什么时期	包豪斯运动以来	21 世纪初（2000 年以年……）
工作场所	工作室（有形产品）	现场工作（服务设计）
工作内容	产品设计，视觉传达，包装……	体验、服务、触点、综合系统
流程与方法	可视化、创意、灵感	可视化、观察、参与、合作
设计目标	促销，提升市场占有率	提升用户体验，持续可能性
设计定位	现实目标（增长，业绩，魅力度）	长期目标（绿色，环保，可持续）

14.4　崭新的美学

卡耐基 - 梅隆大学设计学院院长理查德 • 布坎南（Richard Bushanan）教授指出：“坦率地说，设计最大的优点之一就是我们不会局限于唯一的定义。现在，有固定定义的领域变得毫无生气、失去活力或索然无味。在这些领域中，探究不再挑战既定的真理。”而服务设计对传统设计观念最大的挑战就是将设计从“造物”转变为“事人”，将产品设计视作完整的服务活动的一部分。服务设计着重通过无形和有形的媒介，从体验的角度创造概念。从系统和过程入手，为用户提供整体的服务。正如清华大学美术学院教授柳冠中先生所强调的那样，从“物”的设计发展到“事”的设计；从简单的对单个的系统“要素”的设计发展到对系统“关系”的总体设计，从对系统“内部因素”的设计转向对“外部因素”的整合设计。这种设计思维跨越了技术、人的因素和经济活动三大领域（图 14-7），成为新型产品设计美学的核心。心理学家和交互设计专家唐纳德 • 诺曼指出：用户对产品的完整体验远远超过产品本身，这与我们的期望有关，它包含顾客与产品公司互动的所有层面，从刚开始接触、体验，到公司如何与顾客维持关系。而服务设计就是对用户“完整体验”的设计。

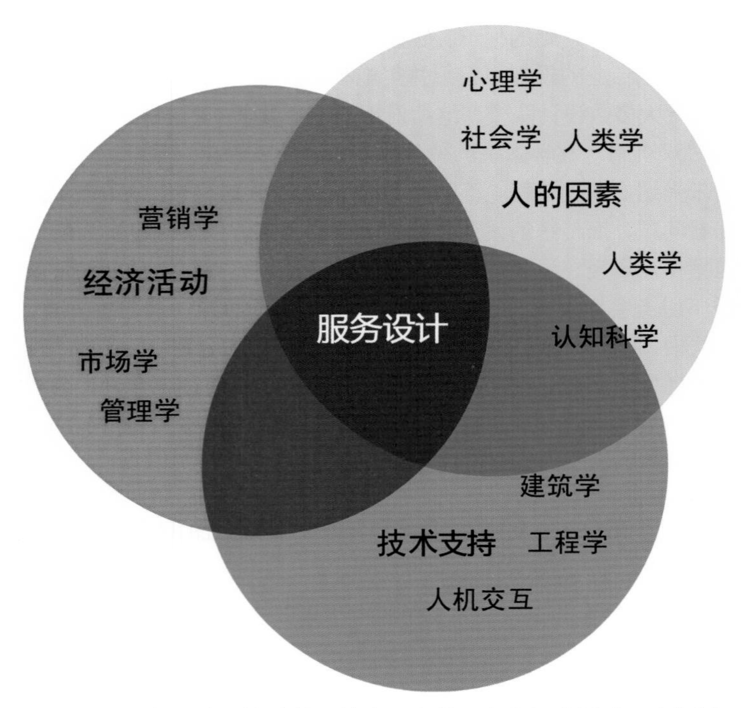

图14-7 服务设计思维跨越了技术、人的因素和经济活动三大领域

意大利特伦托大学（Universita di Trento）的美学教授雷纳托·特隆康（Renato Troncon）指出：服务设计的美学超越了基于传统康德（Kant）美学关于艺术品的把握认知、想象力和信念。德国哲学家康德坚信：美丽证明了物体的无用，而功利主义者也漠视美丽的事物。这个想法把美学特性局限于交响乐厅、画廊和诗集里，也使设计师在很大程度上受到了功能主义和功利主义的支配。而服务设计通过聚集“触点”，即整个服务过程的链式环节，来考察整体的服务活动设计的合理性。由此，服务设计代表了崭新的设计美学：关注设计与服务流程中“至关重要的次序”，并且它不能从“媒介”——人工制品或其他事物的多样性中被分离出来。雷纳托·特隆康教授进一步指出：这种类型的设计是“积极向上的哲学思想”。它致力于为生活创造空间。因此，“服务设计”代表了一种“负责任的”哲学。换句话说，要响应每个人和每个事物，如年轻人和老人、富人和穷人、美丽的人和丑陋的人，并把知识的“响应”与这个世界紧密结合起来。这种热爱生命、关注生活的态度就是服务设计的美学基础。从视觉层面来说，服务设计的美学意味简洁、清晰、高效、实用和大众化，也就意味着更为简约和清晰的视觉设计。以手机界面为例，这种美学强调通过明快的色彩、大胆的布局、简约的风格和亲切的图像营造出更具有活力和感性的页面（图 14-8），从而使得信息流更为清晰，实用性、易用性更强，也更受公众的欢迎。

柳冠中教授指出：真正的服务创新并不是把一个产品变成一个服务体系，设计主战场不再是企业，而是全社会，也就是进行社会设计，把设计的目标放在社会。设计应该靠近人的本质需求，而且不仅仅是以人为本，更应该是以生态为本。服务设计正是从系统和“生态”着眼，提倡使用，不提倡占有，它能让社会转型，让企业转型，让经济转型。因此，柳冠中教授认为，服务设计不仅仅是一个思维方法，它实际上是一个观念的转换。从这个角度看问题，就会理解服务设计出现的深刻意义。

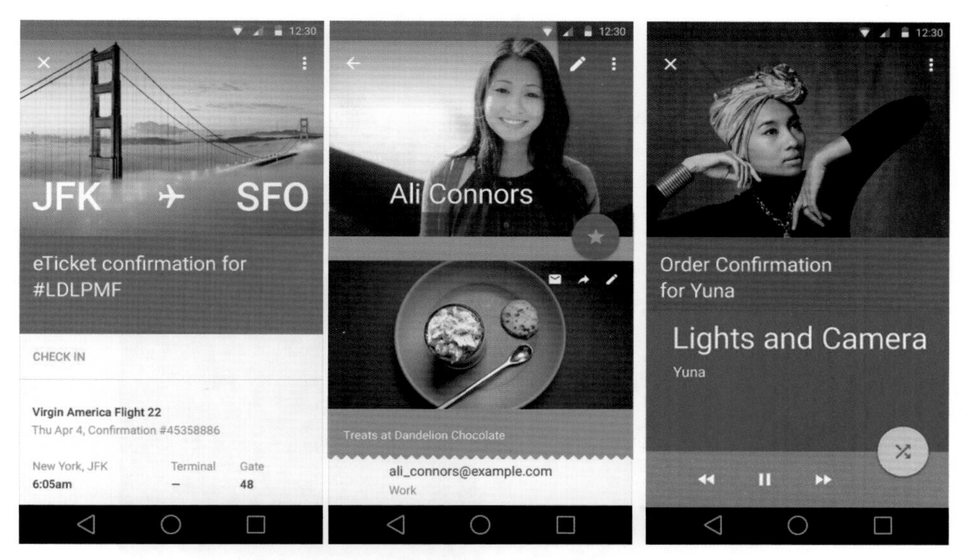

图14-8 服务的美学意味着更为简约和清晰的视觉设计

14.5 设计原则

当今社会正在进入体验经济的时代。产品和服务是在一个阶段性的体验过程中出售的。而这一过程需要识别、定义和设计一个体验主题和印象。同传统设计方法相区别的是，通过探索性、沉浸式的研究，发现战略创新的机会显得更为重要，同时也为设计相应的服务提供了背景。服务设计不仅关注服务过程的分析，同时，用户的定位、背景融入等也将作为考虑因素。从这个意义上讲，服务设计的目标是设计出具有有用性、可用性、满意性、高效性和有效性的服务。

美国南加州大学教授，生产运营管理专家理查德·B. 蔡斯（Richard B. Chase）针对服务流程进行了大量有关认知心理学、社会行为学的研究。他给出了服务设计的首要原则，主要包括以下三点。

（1）让顾客控制服务过程。

研究表明，当顾客自己控制服务过程的时候，他们的抱怨会大大减少。即使是自助式的服务，当顾客的服务使用过程操作不当时，也不会对自助系统产生过多抱怨。例如，位于加拿大蒙特利尔（Montreal）麦吉尔大学老城区的乐客 A 连锁自助型酒店（LikeAHotel）就是将短租公寓完全交给游客管理的新型自助式服务。公寓简洁而设备齐全，设有开放式的休息、用餐和厨房区，配有全套不锈钢家用电器和电视、WiFi 等，可以自己做饭和娱乐（图 14-9）。

乐客 A 连锁酒店最具特色的是：该酒店没有前台服务人员。游客的身份验证、入住、登记、密码获取、退房等一系列环节均在大堂的一个带摄像头的屏幕和旁边的电话（图 14-10，上）上完成。当游客到达酒店时，借助直拨电话就可以接通服务生，借助摄像头向屏幕上的远程工作人员出示身份证（护照）并拍照确认后，游客就可以获得房门钥匙盒（图 14-10，下）的密码，从而通过数字按键打开盒子并取得房间的钥匙。退房时，借助同样的远程操作，可以将钥匙放回密码盒中。所有的订房和结账都通过网络完成。由此，游客完全掌控了服务过程，也就最大限度地减少了抱怨。

图14-9　乐客A连锁自助型酒店客房

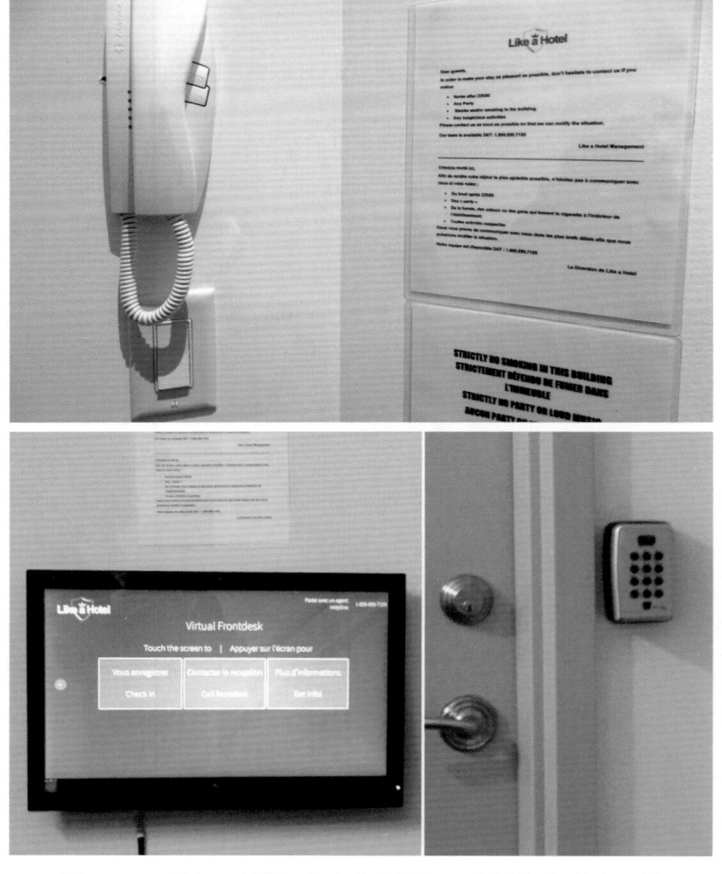

图14-10　乐客A连锁酒店客房的视频、电话和自助式门禁

（2）分割愉快，整合不满。

蔡斯的研究表明：如果一段经历被分割为几段，那么在人们印象中整个过程就要比实际时间显得更长。因此可以利用这一结论，将使顾客感到愉快的过程分割成不同的部分，而将顾客不满的部分组成一个单一的过程。这样有利于实现更高的服务质量。如知名餐饮企业“海底捞”为等座顾客提供免费娱乐服务（图 14-11），就最大限度地化解了顾客等座过程的焦虑和无助感。同样，在机场登机时，过长时间的排队等候将大大影响顾客的满意度，而飞机晚点更是旅游中的大忌。虽然这些情况旅行社和航空公司一般都控制不了，但如果有各种应急预案（如及时提供免费的餐饮和休息设施，透明化信息服务以及服务人员的耐心和体贴等）就可以及时化解矛盾，避免顾客情绪失控。除了贴心服务外，自助式服务，无论是餐厅的屏幕点餐系统还是机场的自助值机（图 14-12），也是解决等候、排队的技术手段。这些“自动化前台”不仅有效降低了企业人力成本，而且成为“机器人时代”提高工作效率的有效手段，甚至很多国家的海关也采用了护照扫描的自动边检程序。

图14-11　“海底捞”为等座顾客提供免费娱乐棋牌服务

图14-12　屏幕点餐系统（左）和机场的自助值机（右）

（3）强有力的结束。

这是行为学中的一个普遍结论。因此在服务过程中，相对于服务开始，往往是服务结束时的表现决定了顾客的满意度。因此在服务设计中，服务结束的内容和方式应当作为重点考虑的问题。例如，博物馆或艺术馆的游览，特别是以图片展示为主的大型展馆，游客在即将结束时往往感到身心疲惫，兴趣大减。如何解决这个问题？位于美国纽约曼哈顿的库珀·休伊特史密森尼设计博物馆（图 14-13）就提供了一种不寻常的解决思路。当游客来到该博物馆前台，工作人员除了提供导游图、胸牌和带有唯一标识码的门票外，还提供游客一只特定的光笔（图 14-14）。几乎所有的展品旁边都有带有“+”字标签的标牌，游客只要把笔的末端对准标牌按住，就可以把这件展品“存入”该博物馆网站的“个人空间”，包括图片、文字、影像、声音等文件。结束游览的游客在回家以后，输入门票的标识密码文字，就可以进入自己的空间，欣赏自己在该博物馆留下的足迹和保存下来的感兴趣的展品资料。这种服务结束的内容和方式超越了传统游客借助相机保存资料的体验，成为更具创意的服务设计。

图14-13　纽约库珀·休伊特史密森尼设计博物馆

图14-14　博物馆为游客提供的用于收藏和记录展品信息的光笔

同时，该博物馆还通过各个展厅中的交互桌（图 14-15）让游客（特别是儿童）来编辑和整理自己收集的图片，并通过拼贴、涂色、变形等有趣的互动方式对展品进行重新设计。这个创意吸引了众多的游客，也让游客在互动体验中对设计馆陈设的内容有了更丰富的认识。这种“寓教于乐”的方式突破了一般展馆枯燥和静态的观展模式，对于数字环境下成长起来的新一代来说，是一种更自然的学习与交流的模式。同样，游客自己的创意和素材也可以存入该博物馆官网（图 14-16）内为游客设置的“设计空间”，甚至也可以和其他游客一起来分享你的创意。库珀·休伊特史密森尼设计博物馆的这种服务模式也为博物馆未来的创新体验提供了一种独特的思路。

图14-15　库珀·休伊特史密森尼设计博物馆的交互桌

图14-16　库珀·休伊特史密森尼设计博物馆官网，游客可以登录和回访自己的“空间”

思考与实践14

一、思考题

1. 服务设计的观念、技术与方法源于哪些学科?

2. 谁最先发明了“焦点小组”和“亲和图法”?

3. 后工业社会经济方面的特征是什么?

4. 服务的性质可以概括成哪四点?

5. 服务设计理论从横向和纵向研究有哪些可探索的领域?

6. 服务设计的基本特征是什么?

7. 服务设计美学的创新性包括哪些方面?

8. 服务设计的基本原则有哪些?

9. 交互设计和服务设计之间的共同点有哪些?

二、实践题

1. 对于大学生来说，身边的服务体验是最直接和感受最深的。例如传统的大学宿舍上下式的双人铁架床就因为种种不方便、不实用和不安全被许多新生吐槽。这也促动了一位女生对宿舍上下铺的改造憧憬（图 14-17）。请从安全性、隐私性、美观性、实用性和舒适性几个角度对你们学校女生宿舍床铺进行综合服务设计。

图14-17　一位女生对宿舍上下铺的改造憧憬

2. 柳冠中教授认为，设计应该从“物”转到“事”，即关注人、环境和事件。请针对“游泳”的互动体验展开联想，设计一个探索、健身和游戏一体化游乐项目（产品和服务），如冰桶挑战、与鱼同乐、水下探险、美人鱼、双人冲浪等。

第六篇

方法和实践

第15~17课：设计方法•IDEO公司•智慧卡片

服务设计通过研究服务流程的“触点”来进行服务系统的创新，包括产品、交互和环境。具体的、可视化的、可触摸的流程是服务设计的核心。本篇的3课内容重点在于服务设计的方法研究，并以IDEO公司为例，说明服务设计与创新思维相结合的意义。

第15课　设 计 方 法

15.1　服务触点

服务设计关注人或系统的交互关系并从中创造服务，具体的、可视化的、可触摸的流程是服务设计思维的核心。服务设计研究学者，科隆国际设计学院的布瑞杰特•玛吉尔(Birgit Mager) 教授认为：服务设计师的主要工作是对设计方案进行视觉化。他们需要观察并解读用户的需求和行为，并将它们转化成为潜在的服务产品。例如，汽车属于出行服务，手机属于通信服务，购买和后期的增值服务是环环相扣的生态设计。因此，任何一种产品，都带有服务触点 (touch point) 的属性。触点就是服务对象 (客户、用户) 和服务提供者 (服务商) 在行为上相互接触的地方，如商场的服务前台、手机购物的流程等。通过对触点的选取和设计，可以提供给消费者最好的体验。为了视觉化服务触点和用户行为，2002 年，英国 Live|Work 服务设计咨询公司首次提出了用户体验地图 (user experience map) 和服务触点的分析方法。用户体验地图是一种用于描述用户对产品、服务或体系使用体验的模型 (图 15-1)。它主要呈现用户从一点到另一点一步步实现目标或满足需求的过程。对服务流程中的触点进行研究，可以发现用户的消费习惯、消费心理和消费行为。同时，触点不仅是服务环节的关键点，而且也是用户的痛点，触点分析往往可以提供改善服务的思路、方案和设想。

图15-1　用户体验地图是一种用于描述产品、服务或体系使用体验的模型

用户体验地图可以分为三个部分：任务分析 + 用户行为构建 + 产品体验分析。首先需要分解用户在使用过程中的任务流程，找出触点，再逐步建立用户行为模型，随后进一步描述交互过程中的问题。最后结合产品所提供的服务，比较产品使用过程在哪些地方未能满足用户预期，在哪些地方体验良好。以旅客出行服务为例，其行为顺序为：查询和计划→挑选机票服务机构→订票→订票后、出行前→出行 (或计划变更) →出行后。这个过程涉及一系列前后衔接的轨迹和服务触点 (图 15-2)，用图形化方式对这些轨迹和触点进行记录、整理和表现，就成为服务设计最重要的用户研究的依据，也是产品致胜的法宝。

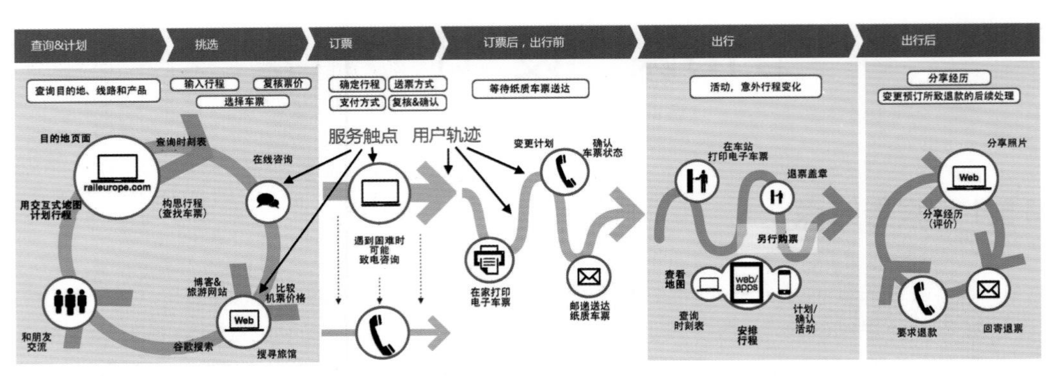

图15-2　旅客出行服务前后衔接的轨迹和服务触点

服务设计触点的类型包括物理的、数字的和情感的。以顾客购物的轨迹为例（图 15-3），彩条为事件发生的时间轴，代表用户购物从想法到实施完成的全部时间。图 15-3 中的 S 形曲线就是用户体验地图，具体标示了从线上到线下所有的行为触点。彩条下方为线下（物理的）行为触点，彩条上方为线上（数字的）行为触点，这个旅程经历了从虚拟购物到实体购物再回到网络分享的过程。可以假设一个购买洗衣机的家庭主妇从需求（欲望）开始，经历了计划、浏览和搜索，包括受到广告潜移默化的影响，货比三家（酝酿），最后确定购买的网络旅程。随后就是实体购物旅程，如和销售人员、前台、收款、客服中心、安装调试工程师的交互。最后是以会员的身份，完成售后服务评价和会员分享等，该过程就是典型的用户体验地图。

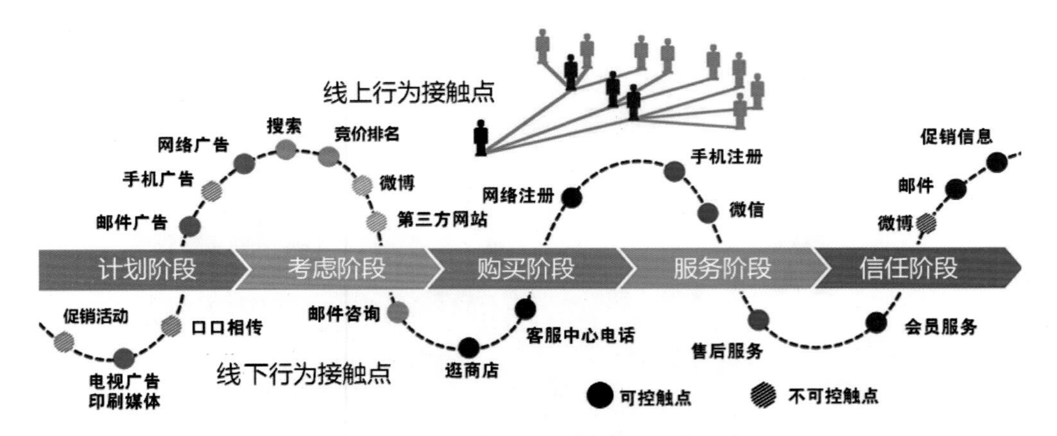

图15-3　用户购物体验地图中的线下和线上的触点

在线上完成的行为，无论是手机广告还是电商购物，无论是鼠标点击还是触屏交互，都是数字触点。国内交互设计师大部分工作都是在这个范围工作的。实体购物流程意味着从线上到线下，如店面的档次，服务的热情，购物的便捷，售后的贴心……所有这些都涉及实体服务的触点，也就是人与人的互动环节。这也是情感接触发生的地方。情感触点也称为人际触点，如五星级酒店的登记环节，服务员先给客人递上一杯高档咖啡，在登记环节中，服务员说话的语气、与客人的距离，包括蹲下来的高度都经过了标准化的设计，其中的每一个细节都会让用户感受到自己的尊贵，都体现了情感触点的价值（图 15-4）。情感触点是顾客记忆的重要部分，也是用户体验地图最后阶段（信任阶段）的核心。对优质服务的体验是用户再次光顾和分享、点赞的基础，而反面的体验则会使得用户懊悔不已、退避三舍。如果用户将自己的坎坷经历发帖传播，还会导致舆论哗然。无论是青岛的天价大虾（宰客）还是云南旅游的强制消费（导游的恶语相加），都对当地的旅游形象造成了负面影响。所以相对网上宣传来说，线下的服务设计更琐碎，更困难，也更重要。

图15-4　用户旅游体验地图中的情感触点（服务员为游客办理入住登记）

15.2　服务蓝图

从"连接人与信息"到"连接人与服务"，用户体验在产品设计中扮演着越来越重要的角色。那么如何精准地优化服务体验？如何捕捉到遍布产品和服务流程中的每个用户体验痛点？为了解决这个棘手的问题，20 世纪 80 年代，美国金融家兰・肖斯塔克（G. Lann Shostack）将工业设计、管理学和计算机图形学等知识应用到服务设计方面，发明了服务蓝图（Service BluePrint，SBP，图 15-5）。服务蓝图包括顾客行为、前台员工行为、后台员工行为和支持过程。

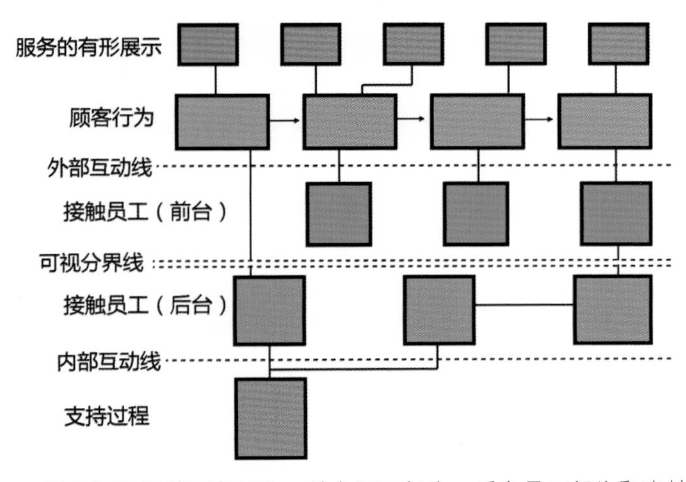

图15-5　服务蓝图包括顾客行为、前台员工行为、后台员工行为和支持过程

顾客行为是顾客在购买和消费过程中的步骤、选择、行动和互动。与顾客行为平行的部分是服务人员行为，包括前台和后台员工（如饭店的厨师）。前台和后台员工间有一条可视分界线，把顾客能看到的服务与顾客看不到的服务分开。例如，在医疗诊断时，医生既进行诊断和回答病人问题的可视或前台工作，也进行事先阅读病历、事后记录病情的不可视或后台工作。蓝图中的支持过程包括内部服务和后勤系统，如餐厅的后厨和采购、管理机构。蓝图中的外部互动线表示顾客与服务方的交互。竖向的线表明顾客开始与服务方接触。内部互动线用以区分服务员和其他员工（如采购经理）。如果竖向的线穿过内部互动线，就表示发生了内部接触（如顾客直接到厨房接触厨师的行为）。蓝图的最上面是服务的有形展示（如购买产品、点餐或将车开入停车场）。

相比用户体验地图来说，服务蓝图更具体，涉及的因素更全面，更准确。服务往往涉及一连串的互动行为，以旅店住宿为例，典型的顾客行为就可以拆分为网上搜索→选房→下订单→网银支付→前台确认→付押金→住店→清洁服务→退房→退押金→开具发票等，可能还包括残疾人（轮椅）、会员、取消订单、换房、提前退房、餐饮、叫车、娱乐和投诉等更多的服务环节。因此，最典型的方法就是在服务蓝图中的每一个触点上方都列出服务的有形展示，让隐形的服务变得可视化。例如，酒店的清洁服务属于隐形服务（清洁时旅客往往不在房间内），但欧美很多酒店在服务员清洁旅客房间时给客人留下各种小礼品（图 15-6），让顾客在惊喜中把无形的服务（清洁）转化为温馨的记忆。

图15-6　欧美很多酒店在清洁旅客房间时为客人准备的小礼品

服务蓝图不仅可以描述服务提供过程、服务行为、员工和顾客角色以及服务证据等，以直观地展示整个客户体验的过程，更可以全面体现整个流程中的客户体验过程，从而使设计者更好地改善服务设计。例如，美国麦当劳餐厅是大型的连锁快餐集团，主要售卖汉堡包、薯条、炸鸡、汽水和沙拉等。作为餐饮业文化翘楚，麦当劳服务蓝图的控制点在四个方面：质量（Quality）、服务（Service）、清洁（Cleanliness）和价值（Value），即 QSCV 原则。从麦当劳餐厅的服务蓝图（图 15-7）可以看出，从顾客进门开始到顾客离开的一系列连续服务都体现了该餐厅高效的服务效率。前台服务、后台服务分工明确，餐厅支持过程严谨流畅。但就餐者的用户体验是否因此就很完善了呢？图中的红色、绿色和黄色的圆圈分别代表了在服务的不同环节可以进一步改善用户体验的方式。例如，在客户排队等待的过程中，时间就被浪费了。如果借鉴海底捞的服务模式，就可以通过一系列的排队附加服务来减轻食客们等待时的烦躁、焦虑的情绪。

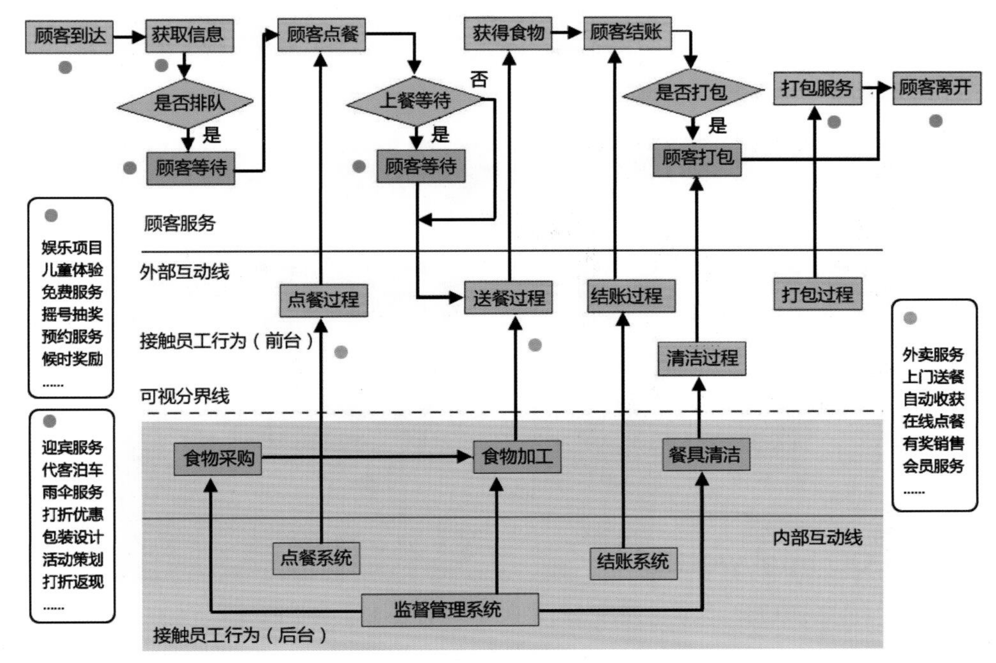

图15-7　麦当劳餐厅的服务蓝图

服务蓝图不仅是服务流程中的顾客和企业行为的参考，也成为改善服务的参考，其意义在于：

① 提供了一个全局性视角来把握用户需求；

② 外部互动线阐明了客户与员工的触点，这是顾客行为分析的依据；

③ 可视分界线说明了服务具有可见性和不可见性；

④ 内部互动线显示了部门之间的界面，它可加强持续不断的质量改进；

⑤ 为计算企业服务成本和收入提供依据；

⑥ 为实现外部营销和内部营销构建合理的基础，使其易于选择沟通的渠道；

⑦ 提供了一种质量管理途径，可以快速识别和分析服务环节的问题。

2014 年，英特尔公司专门举办了一个创新设计工作营，向研究生介绍创新设计的思维方法。其中的一个创意项目是“如何通过智能产品和物联网来改善生态环境”，研究生小组在导师的指导下，设计了一个类似“龙猫”的桌面智能玩具——科比（Coby，图 15-8）。这个小家伙能够“吃掉”用户每次去超市购物的收据，并通过扫描计算其中各商品的“碳排放量”。这些数据可以显示到智能手机，使得大家可以有意识地多购买“低碳产品”。顾客还可以把自己的“碳足迹”或“碳记录”通过政府的税务部门进行交易，一些低碳生活的人（如素食主义者）可以把他们每年用不完的碳指标作为信用账户转给“高碳生活”（如喜欢奢侈品、大排量汽车）的人士，从而获得政府的退税鼓励。这个涉及多项服务的智能产品需要一个清晰的服务流程来展示，而该小组给出的服务蓝图（图 15-9）就通过一个虚拟用户的行为链，即“信息获取→购买→试用→持续关注→服务完成”的流程，将顾客、前台与后台服务行为清晰地展示在地图上。最重要的是，该服务蓝图还将涉及的各种隐性服务，如政府退税、碳交易、物联网支持的碳足迹计算、手机 App 和个人碳信用账户等都通过“后台”的形式呈现出来，形成了从产品（Coby）到服务（低碳生活）的整体生态圈。

图15-8　类似“龙猫”的桌面智能玩具可以计算碳排放量

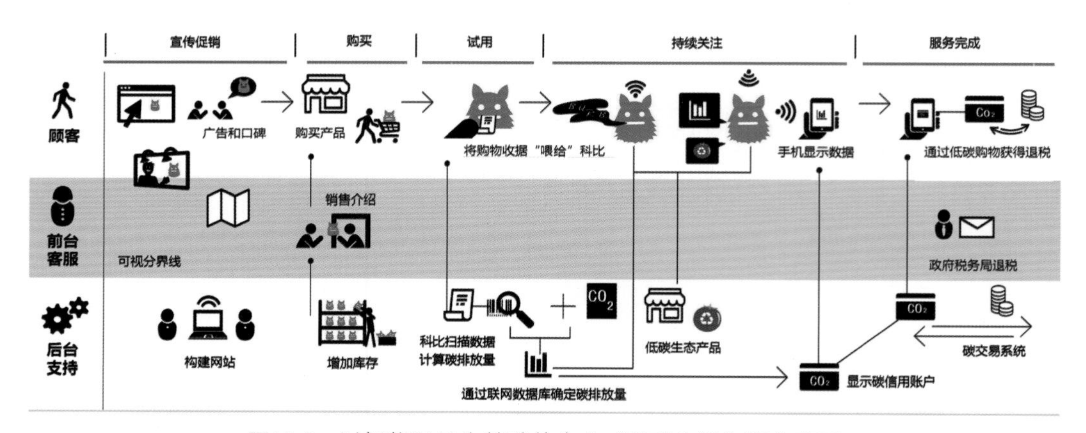

图15-9　以智能玩具为基础的个人“低碳生活”服务蓝图

15.3　用户体验地图

用户体验地图又称为顾客旅程地图（customer journal map）。和服务蓝图的思想一样，该地图也是将服务过程中的用户需求和体验通过可视化流程图表的形式来展示。但是和服务蓝图不同的是，该地图最关注的是用户的“行为触点”以及用户的心理感受，由此反映出服务过程中用户的“痛点”并提出改进措施。该地图通过四个步骤来发现用户需求并设计服务（图 15-10）：①通过行为触点和各种媒介或设备（如网络媒体、手机等）来研究用户行为；②综合各种研究数据绘制行为地图；③建立可视化的流程故事来理解和感受用户的体验；④利用行为地图来设计更好的服务。触点是指人与人（如顾客与服务员）、人与设备（如手机、ATM 机、汽车等）的交互时刻。如启动开车就涉及“遥控开门→接触方向盘→踩住离合器

→点火→松开离合器给油→观察后视镜→挂挡倒车（出库）→换挡给油→按喇叭上路”的一系列人车触点（含手、眼、脚和耳的配合）。行为触点的特征是时空明确，前后连贯，目的性强。绘制该地图的四个步骤是绘图、记录、分析和创意（图 15-11）。

图15-10　通过四个步骤发现用户需求并设计创新服务

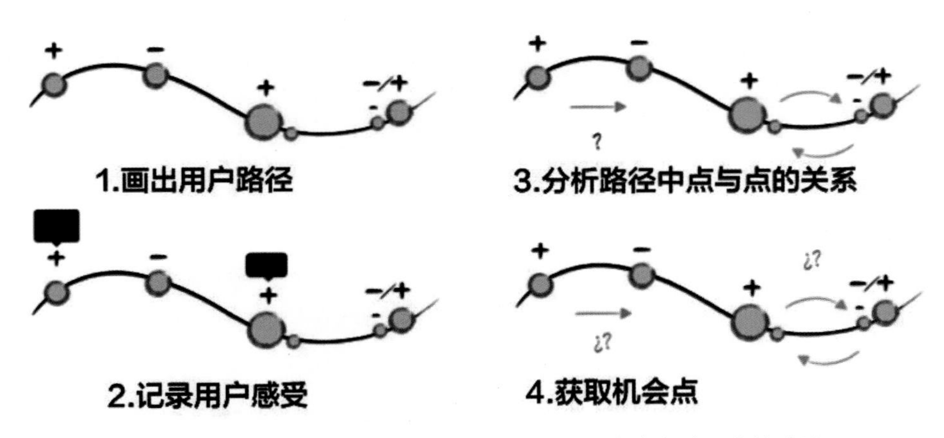

图15-11　采用四个步骤：绘图、记录、分析和创意来完成用户体验地图

用户体验地图可以为服务设计提供生动而有组织的视觉表现。该地图提供一个全面的视角让设计师了解整个项目的情况。很多关键触点都能在用户体验地图上一目了然地展现。用户体验地图可以清楚地展示出每个关键触点的人、行为、情绪，从而更容易了解到哪些地方做得不错，哪些地方还有创新的空间。如何发现并列出整项服务的触点是制作用户体验地图的关键。定义触点可以用很多方式进行，例如与旅行社和游客面对面交流，记录他们在体验服务或者提供服务中所接触的关键流程。记录方式可以采用快速笔记，也可以通过录音、录像的方式完成。定义好触点后，就可以把触点写在纸上，并且用连线的方式把触点之间的关系理清，需要时，可以在触点上补充一些必要的说明，例如参与该触点的场景、人物、他们的情绪等。由于触点是基于场景和人物的，所以场景需要描述清楚，人物也可以用“角色模型”或者“用户画像”来描述。由于触点是整项服务流程的总结，所以用户体验地图已经把整项服务细分为多个部分，这些部分的划分有助于设计师的后续工作。

用户体验地图也是百度、腾讯等知名 IT 企业进行用户研究和服务设计所依靠的工具。传统的交互设计师很习惯通过一些线上的方式去设计服务，如预约酒店、客房、打折服务、免交押金等环节，这些都是在线上触点和场景结合的设计，而设计师可能会忽略实体酒店的服务触点。事实上用户在真正到酒店之后才能发现所遇到的各种问题，如在餐饮、洗澡、卫生或环境等方面不尽人意。因此，触点就不仅仅包括线上，也包括线下实际环境中的一切体验，综合体验才能反映出服务系统的水准。因此，设计师深入实际环境，才能体验到服务设计的意义。例如，腾讯 CDC 公益团队就深入到贵州省黎平县铜关村，为当地发展旅游进行服务设计（图 15-12）。该团队借助智能手机、微信和 App 设计，将旅游、短租、博物馆、社区服务、品牌设计、旅游品开发等融合在一起。在短租服务设计中，设计师们深入现场，悉心感受，将旅游前、旅游中和旅程结束的所有触点都标示在一张图上（图 15-13）。为了表现游客“从订房到入住”和“确定旅程到开始游览”的全部服务环节，该团队用了两个相互对应的用户体验地图来呈现顾客和服务提供方（旅行社）的不同行为轨迹。

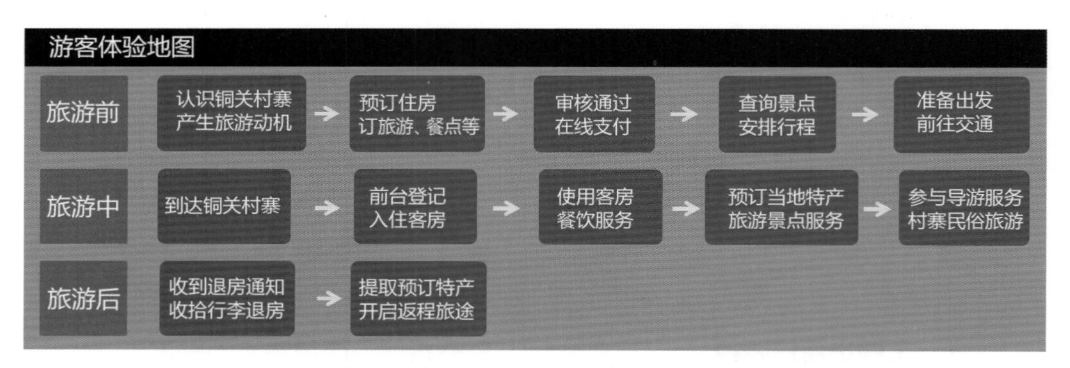

图15-12　腾讯CDC公益团队为铜关村旅游所做的用户体验地图

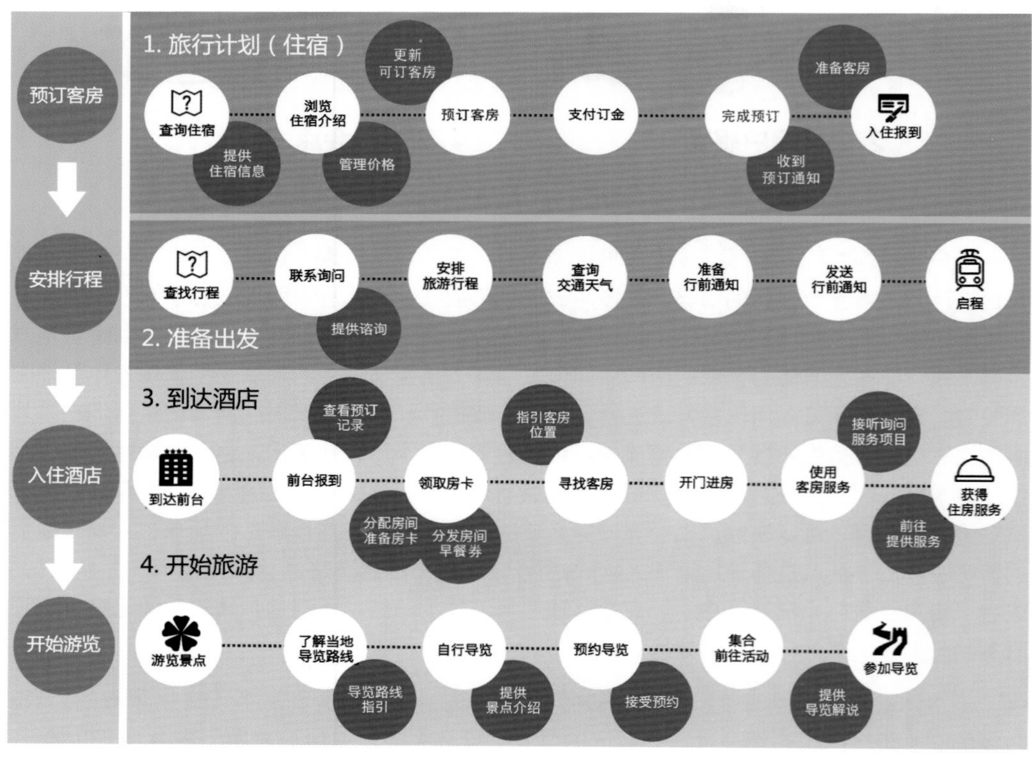

图15-13　游客在旅游过程中可能的全部服务触点

绘制用户体验地图的最终目的是改善服务，要求设计师能够通过地图分析出服务系统中的行为触点和“问题点”，分析影响顾客感知服务质量的关键所在，如游客对乡村旅店房间设施、清洁服务的担心，对景点服务和价格的疑虑等。因此，腾讯 CDC 的设计师们通过亲身体验，将这些实际遇到的“问题点”一一标示在用户体验地图中（图 15-14），并从游客和旅行社的不同视角探索问题的产生原因和改进方法，将用户体验地图的作用落到了实处。

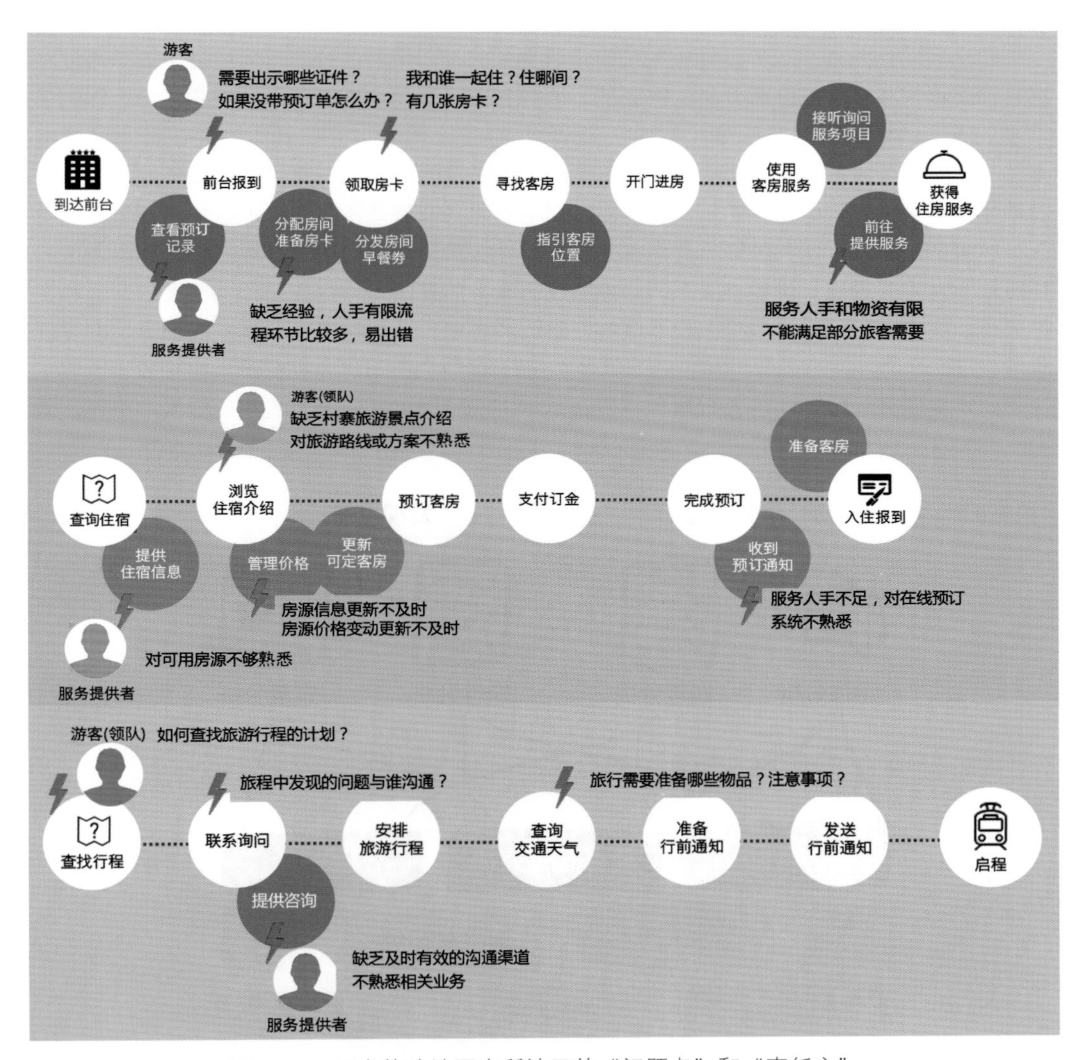

图15-14　用户体验地图中所涉及的“问题点”和“责任方”

除了旅游业，用户体验地图也被广泛用于医疗服务、金融服务和电子商务等领域。它是一个非常有用的用户研究工具，可以帮助交互和服务设计师分析和描述产品（设备）或者机构（旅行社、医院、银行等）在与顾客的交流过程中所发生的故事。用户体验地图的核心是根据用户需求，在特定的时间段（如从 A 点到 B 点）建立用户目标行为模式。该流程图可以将用户、服务方、利益相关方等不同的对象纳入系统，由此可以整体呈现服务过程的全貌，并进一步通过“问题点”或“失败点”的分析来改善服务机制。服务设计同传统的产品设计和交互设计有着密切的关系。因为这两者有着比较成熟的理论、方法和工具，而且服务的交互性和体验性特点也非常鲜明，体验地图就是交互设计、视觉设计与用户研究的综合体现。

15.4 研究与发现

和交互设计一样，服务设计也是从用户研究和分析入手的。顾客行为特征主要是通过观察法、访谈法和多渠道综合分析法得到的。研究和发现是制作服务蓝图和用户体验地图的第一步。主要的研究方法是观察（行为）、思考和感受（图 15-15）。其中需要设计师注意的问题是：用户在特定的时间、地点做了哪些动作来满足他的需求？其中哪些动作是触点（关键动作）？人们如何描述和评价他们得到的服务？服务有哪些不足之处？他们更期望得到什么？在服务过程中，用户的情绪是怎样变化的？什么时候是情绪的高峰或低谷？需要考虑的环境包括时间、地点、设备、关系和触点五个因素。所有的工作都包括相互交叉的定量和定性分析。研究阶段的定性研究主要是观察、访谈和思考，定量研究主要是问卷调查。在发现阶段，定性研究包括行为分析和思考（列表），而定量研究则与思考和感受直接相关（图表）。这里的定量研究也包括网络大数据分析、数据挖掘和可视化呈现等方式得到的客户资料，网络问卷和在线调查也可以提供客户满意度的参考信息。

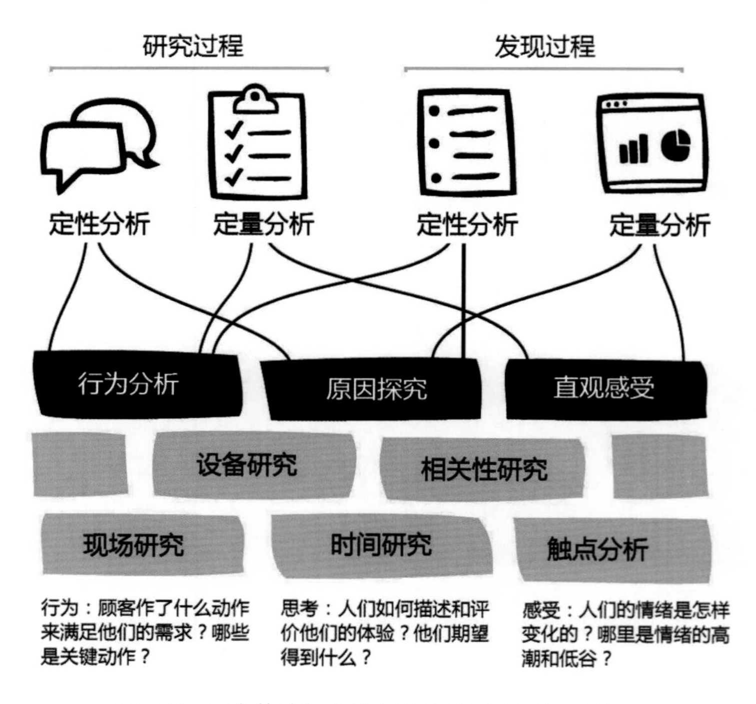

图15-15 用户体验行为特征必须通过观察与思考得到

研究与发现需要研究者的耐心、同理心和敏锐的观察能力。例如，通过对一名在超市商场中取钱的用户的行为进行观察（图 15-16），就可以将该过程的任务分解为一系列前后衔接的用户体验地图：插卡→输入密码→输入金额→确认→取钞口取钱→退卡→离开。研究的内容包括时间（高峰时段）、地点（商场）、联系（购物取钱）、动作（取钱）、感觉（挎包）、目光（屏幕）、设备（ATM）、声音（噪声）和思考（评价）9个维度分析该ATM与人的关系。通过观察法，可以将用户的操作步骤等行为触点和周边环境等记录下来，并亲身体验该自助服务过程中的人机交互环节，从而对ATM的安全性、易用性、舒适性等一系列指标提出改进建议或意见（表15-1）。

图15-16　对在超市商场中取钱的用户的行为进行观察

表15-1　对ATM的安全性、易用性和舒适性的改进

用户行为（触点）	可能的服务解决方案
专注于取钱动作	私密性，周围防护栏，摄像头或透明隔板设计
单手操作不方便	可以提供放置台或挂钩，解放双手
取钱后忘记将卡取出	先退出卡，再打开取钱槽（辅助语音提示）
输入密码易于被偷窥	键盘区应和显示区分开，加防护网
环境声音嘈杂	密闭空间或隔音板设计
挎包容易被偷窃	前面提供放置台或挂钩，解放双手
环境光线太亮	改进ATM窗口斜面和槽深的设计
输入卡号时间长	增加指纹扫描和“一键登录”的功能
老人、残疾人困难	可以增加扶手、护栏等设施
操作过程遇到难题	增加语音提示和导航功能

15.5 用户画像

用户画像（persona）又称为服务角色扮演（user scenario），最早源自 IDEO 设计公司和斯坦福大学设计团队进行 IT 产品用户研究所采用的方法之一。交互设计之父，库珀设计公司总裁艾伦·库珀（Alan Cooper）在 IDEO 设计公司工作期间，最早提出了“人物角色”的概念。为了让团队成员在研发过程中能够抛开个人喜好，将焦点关注在目标用户的动机和行为上，库珀认为需要建立一个真实用户的虚拟代表，即在深刻理解真实数据（性别、年龄、家庭状况、收入、工作、用户场景 / 活动、目标 / 动机等）的基础上“画出”的一个虚拟用户。它是根据用户社会属性、生活习惯和消费行为等信息而抽象出的一个标签化的用户模型（图 15-17）。构建用户画像的核心工作是给用户贴“标签”，即通过对用户信息分析而来的高度精炼的特征标识。利用用户画像不仅可以做到产品与服务的“对位销售”，而且可以针对目标用户（图 15-18）进行产品开发或者服务设计，做到按需量产、私人定制，构建企业发展的战略。

人物角色：安妮 Anney
城市白领
职业：办公室文员
居住地：上海
婚姻：未婚
收入：6500元/月
教育程度：本科
爱好：交友、音乐、网购
使用电子产品：iPod
笔记本电脑：MacBook Pro
手机：iPhone 6s
电子邮件：200/月
短信数目：1000/月

生活目标：希望有个自己的服饰商店
事业：初创期
消费习惯：逛街，注重品牌和价格
业余生活：喜欢阅读，注重心灵体验
喜欢颜色：淡紫色
出行方式：出租车、公交
居住环境：合租 1500元/月
餐饮花费：600元/月
购物支出：1000元/月
购物方式：朋友推荐，看时尚杂志、网上购物，专卖店……
生活态度：乐观、积极
格言：不浪费每一天

图15-17 用户画像是一个标签化的虚拟用户模型

图15-18 用户画像的目的是寻找并确定目标用户

建立用户画像的方法主要是调研，包括定量和定性分析。在产品策划阶段，由于没有数据参考，所以可以先从定性角度入手收集数据。如可以通过用户访谈的样本来创建最初的用户画像（定性），后期再通过定量研究对所得到的用户画像进行验证。用户画像可以通过贴纸墙归类的亲和图法（图 15-19）来逐渐清晰化。首先，可以将收集到的各种关键信息做成卡片，请设计团队共同讨论和补充。其次，在墙上将类似或相关的卡片贴在一起，对每组卡片进行描述，并利用不同颜色的便利贴进行标记和归纳。再次，根据目标用户的特征、行为和观点的差异，将他们区分为不同的类型，每种类型中抽取出典型特征，赋予一个名字、一张照片、一些人口统计学要素和场景等描述，最终就形成了一个用户画像（图 15-20）。如针对旅游行业不同人群的特点，其用户画像就应该包括游客（团队或散客）、领队（导游）和利益相关方（旅游纪念品店、景区餐馆、旅店老板等）。

图15-19　用户画像可以通过贴纸墙归类的亲和图法完成

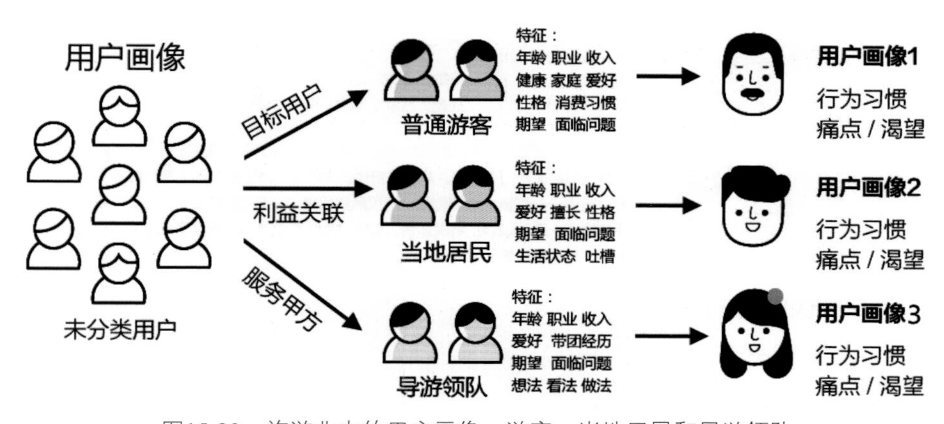

图15-20　旅游业中的用户画像：游客、当地居民和导游领队

从系统的角度去观察一个设计或者服务，最好的办法就是将其放入一个具体情境中进行分析。情境是一个舞台，所有的故事都将会在这个情境中展开。这个舞台上，无论是甲方（服务方）还是乙方（消费方），都可以转化为典型的人物角色（演员）来完成互动行为。腾讯 CDC 公益团队在进行服务设计的用户研究中就将游客、当地农民和城镇青年的不同诉求归纳成 3 个用户画像（图 15-21）。他们还结合了真实的调研数据，将用户群的典型特征加入到用户画像中。与此同时，调研团队还在用户画像中加入描述性的元素和场景描述，如愿景、期

望、痛点的情景描述。由此让用户画像更加丰满和真实，也更容易记忆并形成团队的工作目标。用户画像制作中需要注意的问题如下：

（1）要建立在真实的数据之上。

（2）当有多个用户画像的时候，需要考虑用户画像的优先级。如果为几个用户画像设计产品，往往容易产生需求冲突。

（3）用户画像是处在不断修正中的。随着调研的深入，会有更清晰准确的用户定位。

用户画像1 服务系统侧

吴顺

性别：女　　年龄：62岁

职业：务农，家务　　兴趣：唱歌，唱侗戏

吴顺平时的主要工作是务农，种植稻米、蔬菜和养鸭。带孙子也是她平日的重点。她目前与先生和两个孙子同住。两个孩子都在外地工作，一年只在过年时才回家。她平时工作之余便是和村里的其他妇女一起到鼓楼唱侗戏，绣十字绣和看电视。家中的粮食靠务农自给自足。她也会种植一些茶叶和棉花出售，但这种收入并不太稳定。她最大的心愿就是存更多的钱，把房子翻修一下，好住得舒服一些。她希望孩子能有机会在县城上学。

用户画像2 服务系统侧

吴胜庭

性别：男　　年龄：20岁

职业：博物馆员工　　兴趣：玩手机，玩电脑，看小说

县城职业学校的师资良莠不齐，也没什么可学的；小学毕业后就在村里待着。因为不喜欢务农，想要做些专业性的工作。我对外面的世界好奇，也和同村人一起去温州打工，做仓库保管员，干了将近一年，过节前才回来。得知村里要开个民俗博物馆，就过来参加面试。然后还去了温州和深圳的酒店、餐厅学习和实习了半年。然后我回到村里开始了博物馆的工作。因为有电脑专长，就负责系统电脑后台的管理工作。我认为能学点一技之长的话，对以后的工作会有帮助。

用户画像3 终端用户侧

石朵

性别：女　　年龄：26岁

职业：文员　　兴趣：旅游，购物，拍照，玩微信

因公司每年需要组织员工的旅游活动，身为文员的小朵必须要收集几个国内旅游路线提供给相关部门做选择。从小在贵州长大的她近期在朋友圈上看到铜关有个新的旅游景点——侗族大歌博物馆，不仅风景优美，还有独特的民俗活动。于是她便着手安排了一趟3天2夜的铜关旅游。如何才能实现这个旅程呢？为此，她得做行程的查询、食宿预订等各项准备工作。

图15-21　游客、当地农民和城镇青年的3个用户画像（腾讯CDC）

15.6　群体智慧

和交互设计一样，服务设计师也要利用群体智慧的创意方法，如小组研讨、SWOT分析或思维导图来设计方案。群体智慧中最典型就是头脑风暴（BrainStorming，BS）。这种无限制的自由联想和讨论可以产生新观念或激发创意。头脑风暴法又称智力激励法、BS法、自由思考法，是由美国创造学家A.F.奥斯本于1939年首次提出，1953年正式发表的一种激发思维的方法。这种创意形式由IDEO设计公司、苹果公司等最早引入工业设计和IT产品设计领域。进行头脑风暴集体讨论时，参加人数可为 3~10 人，时间以 60 分钟为宜。讨论的基本要求如下：

（1）明确而精炼的主题。讨论者需要提前准备参与讨论主题的相关资料。

（2）在规定的时间里追求尽可能多的点子。也鼓励把想法建立在他人想法之上，发展别人的想法。

（3）跳跃性思维。当大家思路逐渐停滞时，主持人可以提出“跳跃性”的陈述进行思路转变。

（4）空间记忆。在讨论过程中，随时用白板、即时贴等工具把创意点子即时记录下来，并展示在大家面前，让大家随时看到讨论的进展，把讨论集中到更关键的问题点上（图 15-22）。

图15-22　即时贴墙报是头脑风暴记录、思考和碰撞的工具

（5）形象具体化。用身边材料制成二维或三维模型，或用身体语言演示使用行为或习惯模式，以便大家更好地理解创意。

头脑风暴的关键在于不预作判断的前提下鼓励大胆创意。要让大家把自己的想法说出来，然后快速排除那些不可能成功的概念。头脑风暴会议往往不拘一格，可以配合演示草案、设计模型、角色、场景和模拟用户使用等环节同步进行。服务蓝图、用户体验地图、用户画像等前期的研究模型也会在头脑风暴会议中发挥最大的作用。在会上，大家可以集思广益，围绕核心问题展开讨论，如用户痛点是什么，用户轨迹中的服务触点在哪里，如何通过竞品分析找出现有产品的缺陷等。除了鼓励提问和思考外，还可以让大家评选出最优设计方案和最可能流行的趋势并分析其原因，最后集中大家的智慧为进一步的原型开发打下基础。然后由团队对这些创意投票表决。无论是设计产品还是设计服务，都可以用各种简易材料做出样品或服务的使用环境，让无形的概念具体化，以更好地理解用户需求（图 15-23）。例如，IDEO 公司的工作室都有手工作坊或 3D 打印机。它们的创新理念是用双手来思考，快速制作样品，并不断改进。此外，让用户实际参与使用各种样品（身体风暴，bodystorming）也是头脑风暴的一部分。设计师可以通过观察用户使用样品的实际情况，并根据用户反馈对设计进行改良并完善产品或服务。

图15-23　各种简易材料可以模拟出样品或服务的使用环境

经过多年的实践，IDEO 设计公司总结归纳了头脑风暴的七项原则并以易拉宝的方式放置在会议室中（图 15-24）：暂缓评论，异想天开，借题发挥，不要跑题，一人一次发挥，图

图15-24　头脑风暴的七项原则

文并茂，多多益善。这个规则时刻提醒大家“这不是茶馆聊天，而是针对问题的发散思维”。这种事先的约定有效地防止了人云亦云、信马由缰的清谈，同时也照顾了民主和平等的氛围（如领导与员工一起座谈时，往往会使得部分员工有发言的顾虑）。需要说明的是，头脑风暴并非创意的万能灵药，也不能期待它解决所有的创新问题。但它是一种结合了个人创意和集体智慧的重要机制。麻省理工学院媒体实验室 eMarkets 机构副主任迈克尔·施拉格（Michael Schrage）教授认为，IDEO 的成功并不在于头脑风暴方法论，而是在于它的企业文化。正是 IDEO 员工对于创新的热情推动了他们的头脑风暴方法论。他认为，只是创造新概念不叫创新，只有创造出可实行且能改变行为的方法才能称之为真正的创新。头脑风暴只有建立在团队的融洽气氛中，才能集思广益和深入思考，成为创新产品的杀手锏。

思考与实践15

一、思考题

1. 什么是用户体验地图和服务触点？

2. 什么是服务蓝图？服务蓝图分为哪几个部分？

3. 如何利用用户体验地图发现用户需求？

4. 腾讯 CDC 公益团队如何为铜关村进行服务设计？

5. 用户体验地图可以应用在哪些服务领域？

6. 研究顾客行为轨迹和行为触点有哪些方法？

7. 什么是用户画像？如何绘制目标用户画像？

8. 基于群体智慧的创意方法有哪些？

9. 什么是头脑风暴？其形式有几种？

二、实践题

1. 锤子科技总裁罗永浩自认为是乔布斯的衣钵传承者，他以“工匠精神”和“情怀营销”来推动其品牌手机的设计和推广(图15-25)。请对比锤子手机(最新款)与同价位的三星、小米、魅族手机，分析锤子手机的外观设计、控件、界面风格、应用软件和交互设计，分析其针对的用户群，重点分析它在用户体验上的创新性和优缺点。

图15-25　罗永浩和锤子手机

2. 顾客体验地图是基于观察、记录、思考，对服务流程的可视化归纳和总结。请组成3 ~ 5人的研究小组，去附近的购物超市(家乐福、物美或永辉)，观察并手绘主力购物人群(家庭主妇)的购物路线、购物时间、停留频率、高峰时间流量等信息，汇总制作一幅“超市顾客旅程地图”并作为超市货架与流程设计改造的依据。

第16课　IDEO公司

16.1　创新思想库

2015 年 4 月，全球顶尖的设计与创新公司 IDEO 有 5 个设计项目获得国际数字艺术与科学学院颁发的威比奖（Webby Awards）。这个奖项被誉为互联网界的奥斯卡奖，颇受业界关注。2015 年 8 月，IDEO 再接再厉，一举获得美国工业设计协会颁发的 4 项国际设计卓越奖。自创立以来，IDEO 已获各类设计大奖数百项，包括 38 项享有盛誉的红点大奖（Red Dot）。它同时还拥有数千个专利，其卓越表现超过任何一家设计公司。因此，IDEO 在波士顿咨询集团的调查中被评为全球最具创新力的公司之一，并赢得创意工场的美誉。IDEO 公司的理念是：运用以人为本的方式，通过设计帮助企事业单位进行创新并取得发展；观察人们的行为，揭示潜在需求，以全新的方式提供服务；设计商务模式、产品、服务和体验，呈现企业发展的新方向并提升品牌；帮助企业打造创新文化，培养创新能力。IDEO 认为，设计和创意是每个人的天性，而并非天才或者创意型人才的专利（图 16-1）。它提倡每个人都应该找到自己创意的自信心（creative confidence），解除对新事物和变化的恐惧。传统上，创意活动被视为神秘的灵光一现后便一步到位的活动，而 IDEO 用“设计思维”证明创意不是单纯的灵感，每一个人的灵感都可以转变为创意。这个设计思维的方法，IDEO 不仅在自己的产品设计中运用，也在斯坦福大学设计学院的教育中成功运用。它不仅深受设计界人士的信赖，也被商业、科技界和社会创新界人士所使用。

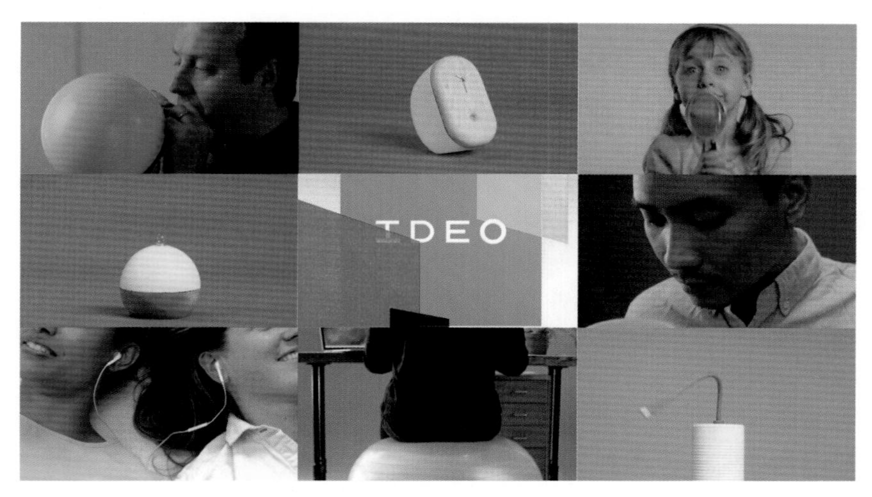

图16-1　IDEO认为设计和创意是每个人的天性，而非天才的专利

IDEO 的成功秘诀在于，它所做的每一个项目都是从关注消费者体验开始的，无论是设计手机、可穿戴设备、数字终端、游戏、玩具还是互联网服务，都有消费者的参与和互动。IDEO 还引领时代潮流，发起了一场关于设计理念的革命（Design Thinking）。斯坦福大学与硅谷源源不断地为 IDEO 提供智力支持与客户资源。2004 年，斯坦福大学与 IDEO 合作成立了设计学院。在大卫 • 凯利等人的大力推动下，设计已不单纯是关乎产品的外观，而是一种具有更

为广泛影响力的思维方式，可以用于解决各类商业和社会问题。也就是说，设计早已超越单一产品的层面，而是着眼于整个商业生态系统甚至社会结构的创新和变革。目前，IDEO 定位于全球商业服务设计，并开始致力于一些社会问题的研究和解决，如世界上低收入人群的可持续发展、社区设计、有机农业、青少年教育、健康、保健以及工作机会等（图 16-2）。

我们是全球领先的商业创新咨询机构。
我们帮助远见卓识的商业领导者探寻核心问题，开创价值新领地。

图16-2　IDEO官网：全球领先的商业创新咨询机构

IDEO 公司成立于 20 世纪 80 年代末硅谷的繁荣期，最初的定位是工业产品，特别是电脑相关产品的设计。IDEO 曾经设计了诸多传奇产品，如苹果的第一款鼠标、第一代笔记本电脑，Palm V 的个人数字助理（PDA）和宝丽来（Polaroid）一次性相机等，成为硅谷的传奇公司。1991 年，毕业于斯坦福大学产品设计系的大卫·凯利将自己的设计室（DKD）和毕业于英国皇家美术学院的比尔·莫格里奇（Bill Moggridge）的公司合并后成立了 IDEO。莫格里奇从单词 ideology（“思想”）中取名 IDEO，意味着该公司主要以“概念设计”和“创意”为根本。大卫·凯利是公司合并的主要倡导者，他曾在波音公司和 NCR（美国一著名金融设备公司）作电子工程师，但大公司各部门之间壁垒重重的工作环境使他感到郁闷，于是辞职攻读斯坦福大学产品设计硕士学位并在 1979 成立了自己的设计公司。目前，IDEO 已成长为全球最大的设计咨询机构之一。目前员工 600 余人，在纽约、伦敦、上海、慕尼黑和东京等地均设有办事处。它的客户包括一些全球最大的企业，如消费产品巨擘可口可乐、宝洁、麦当劳、福特、三星、BBC、美国国家航空航天局（NASA ）和沃达丰（Vodafone）等。由于它的出色表现，该公司几乎成为全球各大企业解决创新问题的朝圣之地。

随着全球化服务设计的兴起，IDEO 公司也从 20 世纪 90 年代的产品设计、交互设计公司转型为服务设计和商业创新咨询公司。他们提供给客户的不只是设计，还包括企业战略和新的服务模式等，如为德国汉莎航空公司设计长途飞行的服务体验和为华尔街英语设计社交型学习环境等（图 16-3）。IDEO 不是将客户视为买主，而是视为合作伙伴，通过项目、培训课程和工作交流会，向客户传授自己的创新方法，在进行技术转移的过程中实现共同创新。例如，宝洁公司就是 IDEO 这种开明创新方法的受益者。宝洁前任总裁拉夫利（A.G. Lafley）曾带领他的核心团队两次前往 IDEO 总部观摩学习。随后，IDEO 为宝洁公司设立了一个创新中心用于员工培训和企业转型，由此大大提升了保洁公司的业务能力。从 2001 年开始，IDEO 承接了一系列服务设计的业务并取得了优异的成绩。目前，服务设计已成为该公司主要的收入来源之一，政府和事业单位已成为 IDEO 迅速增长的服务对象。

图16-3　IDEO 为德国汉莎航空公司（上）和华尔街英语（下）提供设计与咨询

16.2　创新性思考

什么是创新？怎样创新？创新是依靠人才还是方法？这些问题已经成为企业家和创业者共同关注的问题。相信“天才论”的人有很多，特别是在艺术、设计和时尚圈。例如，皮克斯（Pixar）的创始人埃德·卡特穆尔（Ed Catmull）在《哈佛商业评论》（*Harvard Business Review*）上发表过一篇文章——《皮克斯如何打造集体创造力》。他坚定地认为人才是原创点子的催化剂，并且相信“天才是罕见的”。法国知名奢侈品集团路易·威登（LVMH）集团的掌门人伯纳德·阿诺特（Bernard Arnault）也支持这一观点，他认为像约翰·加里亚诺（John Galliano，迪奥首席设计师）和马克·雅克布（Marc Jacobs，路易威登涂鸦包的设计师）那样的顶级设计师才是创意之源，“我所做的全部不过是给我们的艺术家和设计师们完全无限制的自由”。“天才论”支持者认为天才只存在于像建筑师、设计师或者音乐家这样创造性思考者的群体当中。但 IDEO 设计公司则对创新有另外一番想法，该公司联合创始人大卫·凯利和汤姆·凯利（Tom Kelley）两兄弟联合撰写了一本新书《创新自信力》（*Creative Confidence*，图 16-4）。他们相信，人们的惯性思维中对创造性和非创造性群体的区分实际上存在误区。事实上，所有人都有创造的潜能，等待着被挖掘出来。大卫·凯利的其他代表作还包括《创新的艺术》，该书大力倡导了 IDEO 所遵循的设计思维、头脑风暴方法论和快速原型法等，并且引起了企业界和学术界的广泛关注。

图16-4　IDEO联合创始人大卫・凯利和汤姆・凯利以及他们的书《创新自信力》

汤姆・凯利曾说："创新自信力是关于两件事情，这两件事情同样重要。一件是人与生俱来的去创造新事物的能力，每个人都有这个能力。另一件同等重要的事情是如何将这种想法付诸实践以及这样做的勇气。创新自信力就像一块肌肉，它可以通过锻炼和不断地体验而增强。"IDEO 公司特别注重对整个团队创意精神的培养。为了鼓励创意性思维和天马行空的想法，IDEO 和纽约的公共媒体 STUDIO 360 一起开设"暑期创意营"，让学员们通过轻松的心态重新设计人们日常生活中的物品，如闹钟、日历等。传统的闹钟机械而死板，为了让设计找回童真和快乐，设计小组采访了宠物治疗师和瑜伽教师等，最后设计的创意包括可以触摸产生气泡的提醒装置(图 16-5,上),还有通过手指"搔痒"就可以产生"怪笑"的提醒闹钟(如图 16-5，下)。这些设计不仅是童心未泯的快乐玩具，而且也是 IDEO"在快乐中思考和创意"理念的成果。

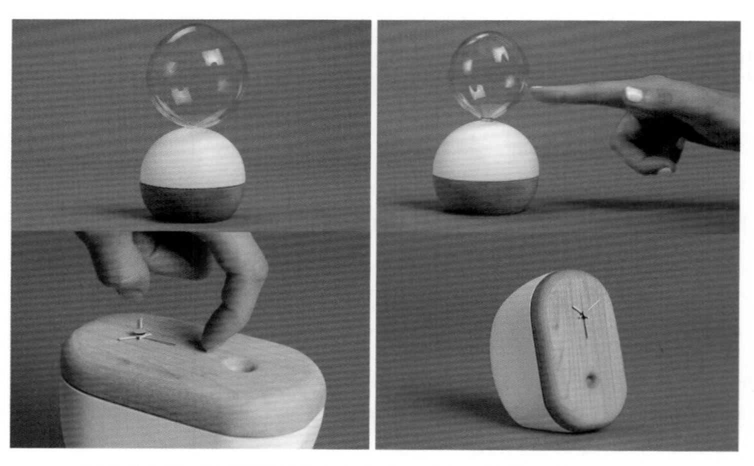

图16-5　交互式气泡的提醒装置（上）和可以"怪笑"的交互式闹钟（下）

16.3　跨界设计

作为以"创意"为核心的产品与服务设计公司，IDEO 对人才的重视远远超过其他公司。该公司有着一群能够触类旁通的怪才（图 16-6）。除了有传统的工业设计、艺术家外，还有心理学家、语言学家、计算机专家、建筑师和商务管理学家等。他们爱好广泛，登山攀岩、去亚马逊捕鸟、骑车环绕阿尔卑斯山等大量古怪的经历与爱好成为创意和分享的财富，IDEO 的各个工作室都有其“魔术盒”，收集了各种各样有趣的东西，如新式材料、奇异装置等，这些物品都是员工们收集后共享在工作室以给大家提供灵感或带来快乐（图 6-7）。公司典型的项目团队由设计调研人员、产品设计师、用户体验设计师、商业设计师、工程师和建模师等构成。团队成员的背景和专业截然不同。在设计的验证过程中，真正有相关行业背景的设计师只有一两名，更多的专家则来自其他行业。这样的安排就是为了团队不要太多地受所谓的“经验”束缚，而是集思广益，从多方获取设计的灵感，从而达到创新的突破。IDEO 特别鼓励跨学科和多面性。传统设计学院各个专业泾渭分明，而 IDEO 首开跨学科合作的先河，让大家可以各取所长。跨学科交流不仅可以避免固执和钻牛角尖，而且让每一个队员面对共同的问题，跨出自己的舒适区，挑战自己的创意和思维，这对团队的打造和长期运作也是非常必要的。

图16-6　IDEO公司有着一群能够触类旁通的怪才

图16-7　工作室的“魔术盒”收集了各种新奇有趣的东西

创意需要环境，如果没有一定的自由和乐趣，员工是不可能有创造性的。因此，在IDEO公司，工作就是娱乐，集体讨论就是科学，而最重要的规则就是打破规则。该公司处处是琳琅满目的新产品设计图。在电脑屏幕上展示着各种设计图，涂鸦墙上也有各种即时贴和创意小工具（图16-8）。桌上堆满了设计底稿，厚纸板、泡沫、木块和塑料制作的设计原型更是随处可见。这看似混乱的场景，却闪现着创造性的一切。IDEO允许它的每一个工作室空间都拥有自己独有的特色，都有其团队的象征物，都能讲述关于这个工作室的员工和这个工作室的故事（图16-9）。

图16-8　IDEO个性工作室的环境有助于各种创新实践

图16-9　IDEO的每一个工作室都有不同的文化和故事

16.4 快速迭代设计

创新的出彩往往需要颠覆所谓的专家意见，抛开熟悉的行业知识。曾经有一家大型公立医院找到 IDEO 公司，希望重新设计急诊室的流程。按照一般的思路，设计公司可能会找到几家医疗行业内的标杆企业进行竞品分析，但是 IDEO 设计师却独辟蹊径，拿到课题后他们借助头脑风暴进行思考：急诊室的流程有何特殊性？人命关天，分秒必争。那么，有没有任何其他的行业也会有同样的需要呢？设计团队随后从 F1 赛场维修站得到灵感，最终急诊室的流程设计获得了成功。因此，在 IDEO 公司的工作中，经常会看到“不务正业”的情景：原本是家居照明的体验设计，设计师却在电视机专柜找寻设计灵感；在国际时尚品牌的体验设计中，设计团队带着客户转得最多的不是大型高端商场，而是晨练时间的公园。正如凯利所说，我们不太关注传统的市场调研，而是直接面向源泉本身进行思考和创意。当聆听完设计委托方的意见后，设计师们并不直接以委托方提供的意见为依据，而是走进用户使用产品的场所，真实地观察用户是如何使用产品的，自己再进行深入的研究。例如，为了开发儿童智能玩具，IDEO 专门建立了针对不同年龄的玩具实验室（toy lab），设计师可以在玩具实验室内与儿童一起玩耍来构思和测试自己的作品（图 16-10）。

图16-10　IDEO专门建立了针对不同年龄的玩具实验室

快速迭代设计是 IDEO 公司最重要的设计原则。“我们不追求完美主义。”大卫•凯利说过，“在 IDEO，我们没有时间做细致的科学研究。我们对成百上千精选出来的用户所填写的详细表格或进行群体调查不感兴趣。相反，我们通常只要跟踪调查几个有趣的人，与他们交流并观察他们使用某种产品或服务的情况。同时试图深入人们的内心世界，推测他们在想什么、打算做什么及其原因。这就是观察和创意的源泉所在。”大卫 • 凯利把 IDEO 比作“活生生的工作场所实验室”。他说：“IDEO 永远都处于‘实验状态’。无论是在我们的项目中还是我们的工作空间中，甚至在我们的企业文化中，我们时时刻刻都在尝试新思想。”IDEO 曾经受学校的委托来改善旧金山地区小学生的膳食结构。该团队深入到学校食堂和餐厅，深入观察学生们的午餐情况（图 16-11）。通过对观察和实验，IDEO 提出了一系列改进学校“装配线式”餐饮服务设计的思路，例如提供更多的学生自助式服务以避免食物浪费，家庭小餐桌式布局，由小学生“桌长”来负责分配午餐的流程，学校餐厅灯光和环境设计，改进肉类和蔬菜比例等。这些措施得到了斯坦福大学专家们的好评。

图16-11　公司设计团队深入观察学生们的午餐情况

大卫·凯利认为 IDEO 主要的“创新引擎”就是它的集体讨论方式，这也是该公司唯一受严格纪律约束的东西。会议上大家集思广益，踊跃发言，一旦项目小组斟选出最佳点子后，就会迅速采取行动，将它们付诸实践。设计师们会在尽可能短的时间内将自己的创意原型制作成模型（可以用泡沫或纸板这样简单的材料）。如果创意确实相当出色，设计师便可以在机械加工车间制造模型。3D 打印和电数控机床可以在几小时之内就制作出模型。IDEO 公司的理念是：创造贵在动手尝试，从尝试中吸取经验教训，而不在于精心筹划。故事化设计也是 IDEO 公司的杀手锏。公司专门设计了鼓励创意的即时贴小模型，可以用于快速构建流程。设计小组通过日常的观察、事例以及运用视觉类的素材，通过便条贴使得创意细节化、清晰化又便于重新安排和管理，使创意门槛大为降低。除了使用公司的即时贴模型外，还可以制作故事板并直接拍摄故事化场景，由此快速说服客户接受创意方案（图 16-12）。

图16-12　IDEO公司专门设计的鼓励创意的即时贴小模型以及故事化设计

16.5 创新3I原则

IDEO 对创新的关注点是商业的可持续性、技术的可行性以及用户的需求这三个领域的交集。IDEO 现任总裁兼首席执行官蒂姆·布朗就曾明确说道："设计思维是一种以人为本的创新方式，它提炼自设计师积累的方法和工具，将人的需求、技术可能性以及对商业成功的需求整合在一起。"为了得到真实的用户诉求，设计师必须深入到客户环境中，甚至扮演"客户"来找到同理心（情感共鸣）。大卫·凯利曾经写道"我们在人们使用的水槽中亲手为他们洗衣服，在住房项目中以客人身份入住，在手术室里站在外科医生旁边，在机场警戒线安抚焦虑的乘客——这一切都是为了培养同理心。同理心策略就是让我们始终记住自己是在为活生生的人做设计，它推动了我们的工作进程，为真正有创意的解决方案找到了灵感和机会。我们发挥同理心的作用，曾为数千位客户设计出了无数产品，从易于使用、可挽救生命的心脏除颤器，到帮助消费者为退休作储蓄准备的借记卡。我们认为，成功的创新源自以人为本的设计调研（人的因素），并且平衡了另外两种因素。在考虑消费者真正的需要与期望时，寻找技术可行性、商业可行性和人的需求之间的'甜蜜地带'，这就是我们在 IDEO 和设计学院所说的'设计思维'的部分内容，它是我们为了创意与创新所经过的流程。"

IDEO 实现创新的理念已经形成了规范化的设计流程。斯坦福设计学院的"五步创意法"就是源自 IEO 公司的实践总结。公司的许多成功的项目都是这几个步骤的变体：灵感、综合、构思 / 测试和执行。这个过程也被归纳为"发现 - 解释 - 创意 - 实验 - 推进"的 5 个迭代步骤（图 16-13），并分别对应 5 个问题，这些问题的解决方法就是就是该环节的最关键的内容，一旦确定了答案，就可以推进创意的进程。

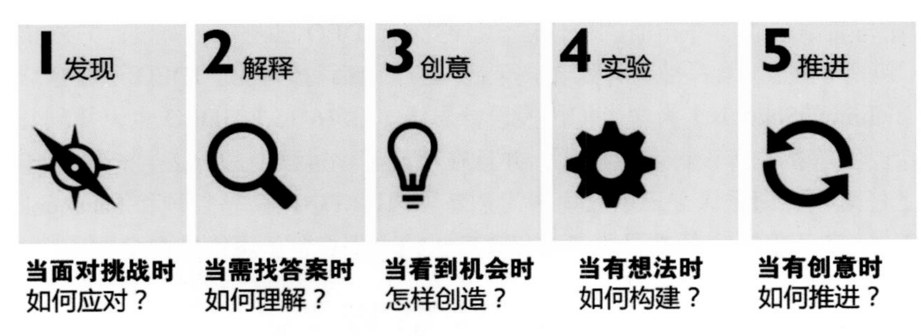

图16-13　IDEO公司的"发现-解释-创意-实验-推进"流程

IDEO 公司对三星公司的创新转型的咨询就是一个很好的商业案例。1993 年，三星电子的董事长李健熙在洛杉矶的一家电子产品商店考察时发现，三星的电视机被摆放在无人关注的角落。对李健熙来说，这显示了三星在全球市场上的糟糕表现。李健熙下令高层管理人员调整努力方向：从力求节约成本转变为创造出独特的、客户必须拥有的产品。1994 年，三星开始与 IDEO 设计公司合作并成立设计研究院（图 16-14）。由此，三星是当时少数几家设立"首席设计官"职位的家电企业之一。时过境迁，今天的三星早已从一家二线的韩国电视制造商转变为全球最大的消费数字产品制造公司，而 IDEO 公司的"设计思维"在其中发挥的作用不容忽视。

通过观察以 IDEO 为代表的全球顶尖设计公司的工作流程，欧洲工商管理学院的曼纽·苏萨（Manuel Sosa）教授总结了这些公司成功创新的三步流程，同时也是三项核心的组织创新技能（简称为 3I 原则）：以用户为中心（UED）的需求洞察（Insighting），深层而多样的创意

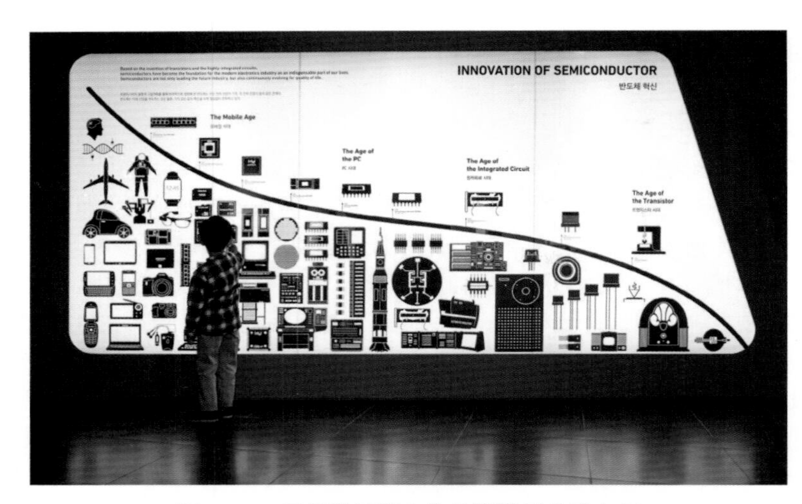

图16-14　三星设计研究院的科学博物馆大厅

激发（Ideating），快速且低成本的反复验证（Iterating）。如何从复杂的用户体验中发现需求（Insighting）并提炼出有价值的信息是关键。虽然用户调查和焦点小组通常有助于简化这一流程，但这些举措往往掩盖了人们对市场的真实反映。相比之下，设计师们更喜欢采用观察和询问的方式，通过同理心来辨识那些用户没有阐明甚至是没有意识到的潜在需求。

乔布斯曾经指出："设计 = 产品 + 服务。在大多数人的字典中，设计意味着华而不实，认为设计就是指室内装潢，是指窗帘和沙发用什么面料。对我来说，这样的解读实在大错特错。设计是人类发明创造的灵魂所在，它的最终体现则是对产品或服务的层层思考。" IDEO 创新设计 的理论与实践延续了乔布斯的设计理念。今天，IDEO 已经将创新设计方法拓展至各个商业领域，包括零售业、食品业、消费电子行业、医疗、高科技行业。IDEO 还在全球开办"创新型学校"（InnovaSchools）为学生们传授设计思维（图 16-15）。IDEO 也为初创公司、商业组织、社会企业等机构等设计商业模式，并且在项目孵化过程中进行指导。2009 年，美国奥巴马总统上任之初，即派人赴三家公司学习创新思想，其中两家是谷歌和 Facebook，还有一家即是 IDEO。它不仅影响着美国的商界和政府机构，也将创新思维推向全球。

图16-15　IDEO公司的"创新型学校"里的学生项目小组

思考与实践16

一、思考题

1. 为什么说 IDEO 是交互与服务设计的“思想库”？

2. IDEO 公司的成功秘诀在哪里?

3. 汤姆·凯利认为“自信力”和“执行力”是成功的关键，你是否认同?

4. IDEO 创新的核心区域是哪三个领域的交集?

5. 什么是创新型公司成功的三步流程或 3I 组织原则?

6. 头脑风暴方法的基本原则是什么?

7. 跨界设计的优势和问题在哪里?

8. 什么是以人为本的设计思想（UCD）?

9. IDEO 和苹果公司为什么都不看好市场调查?

二、实践题

1. 福州旅游景点三坊七巷的一家著名的“肉燕馆”（馄饨馆）为了吸引游客，特请来一位民间文化传承人来现场表演手工制作肉馅的技艺（图 16-16）。请从服务设计的角度来分析其创新性并为该企业设计一个 iPad 自助点餐菜单，要求注重体现历史传承、故事、品牌、文化和服务特色。

图16-16　民间文化传承人现场表演

2. 心理学研究表明：人们在同样的环境下往往很难启发灵感，所以皮克斯或 IDEO 等公司往往会组织员工移步换景，到大自然中野餐和探险来激发创意。请组织同学参加“拓展训练营”或野营郊游，并就研究方向进行小组形式的头脑风暴。

第17课　智 慧 卡 片

17.1　创新锦囊

古典小说《三国演义》第五十四回中。东吴大将周瑜以“娶亲”为名设计骗刘备到东吴入赘，准备到时将他幽囚狱中。诸葛亮识破此计，决计派赵云伴随刘备入东吴成亲。临行时诸葛亮交给赵云三个锦囊，内有三条妙计。后来赵云果然依计而行，保刘备成亲，并携新夫人安全返回荆州，使得周瑜的计谋成为泡影。由此，“锦囊”成为出奇制胜的法宝。IDEO 设计公司在 30 多年的服务与交互设计实践中总结了一系列的创意方法。随着公司规模的扩大和公司业务不断向多领域拓展，无论是新职员的培训还是与跨地域、跨文化领域的客户沟通，都需要有一套携带方便、简洁易行、图文并茂的设计规范。因此，20 世纪 90 年代，在比尔•莫格里奇（Bill Moggridge）的倡议下，IDEO 设计公司就设计了这样一套样式像扑克牌的创意卡（图 17-1）。

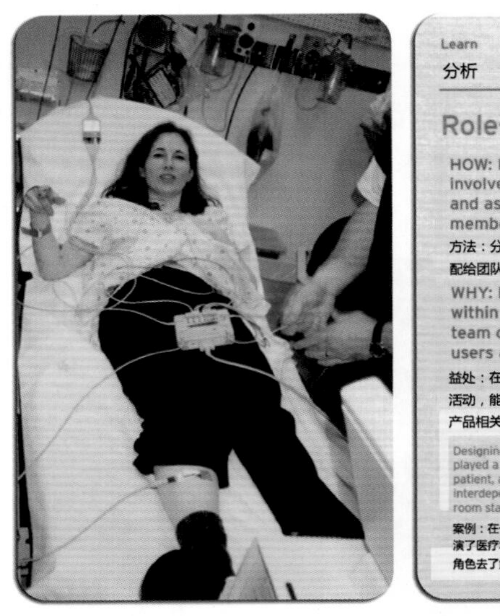

图17-1　IDEO设计公司的创新锦囊——创意卡

该套创意卡共计 50 张，是 IDEO 设计公司的人因工程团队针对消费者心理与经验而开发出的调查方法。这套卡片的目的在于让大家更熟悉这些方法并在用户研究中灵活采用。有了这套创意卡，大家就可以很轻松地分类、浏览、比较及总结各种资料，对用户研究者来说是必不可少的参考工具和“锦囊妙计”。这套卡片的每一张都有关于调查方式与时机的文字解说，并简单叙述它可以应用于哪个项目中。除了卡片正面图像，有时背面还会有些令人感兴趣的图像。IDEO 公司将其区分为分析（学习）、观察、咨询（访谈）和尝试 4 个类别的卡片。分析类的重点在于收集信息并获得洞察；观察类则侧重行为（动作）研究，即人们是怎么做的；咨询（访谈）类则是争取人们的参与，并引导他们表达与项目相关的信息；最后是尝试类，也就是亲身参与制作一个产品或服务的原型，以便更好地与用户沟通和评估设计方案。这

50 张卡片，从定性到定量，从主观到客观，几乎涵盖了当前所有的交互与服务设计方法，可以说是 IDEO 设计公司多年实战经验的积累和总结。下面对这 50 张卡片分别进行说明。

17.2 分析

分析（Learn）类卡片包括以下 12 张。

人体测量法（Anthropometric Analysis，图 17-2，左）：采用人机工程学数据去检查产品对目标人群的有效性、适用性。益处：这种方法能帮助选取有代表性的人群去测试设计概念，同时有效地评估产品细节是否符合通用的可用性准则。案例：IDEO 团队在设计鼠标时，邀请不同手型的用户去评估该鼠标原型是否符合通用设计原则。

故障分析法（Error Analysis，图 17-2，右）：列出所有使用产品时可能产生的故障点并分析导致故障产生的原因。益处：该方法可以让使设计师了解产品在哪些方面可能会造成不可避免的错误或可能会导致失败的因素。案例：IDEO 团队运用该方法分析概念阶段的遥控器设计，由此确定每个功能按键的尺寸、形状和结构。

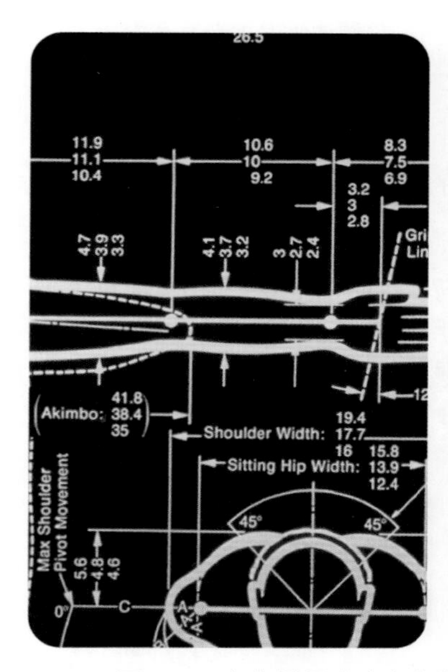

图17-2　人体测量法（左）和故障分析法（右）卡片正面

相关资料法（Secondary Research，图 17-3，左）从已发表的报刊杂志、论文及其他合适的资料中获取有根据或有价值的设计主题。益处：这是一种为观察和研究提供背景资料的有效方法，也能为研究者提供新的思路或创意。案例：掌握可能出现的社会和科技发展趋势，这帮助 IDEO 团队产生与时尚趋势相关的产品概念。

前景预测法（Long-Range Forecasts，图 17-3，右）：撰写一个关于社会、科技变革将会如何影响人们的生活和行为的情景故事，说明该趋势对未来产品、服务或环境的影响。益处：对用户行为、产业或科技变化的预测能帮助客户了解设计决策背后的支撑和意义。案例：为了描述用户的工作习惯的变化（如使用电子邮件）对设计策略产生的影响，IDEO 团队做出了对未来办公环境空间和情景变化的描述和预测。

图17-3　相关资料法（左）和前景预测法（右）卡片正面

流程分析法（Flow Analysis，图 17-4，左）：用信息流或行为流的方式表现一个系统或流程中所有的步骤。益处：该方法对于辨别流程中的瓶颈问题非常有帮助，由此可以让设计者采用其他的替代方案。案例：在设计一个在线的咨询网站时，流程图分析帮助 IDEO 团队在网站导航中设计出更加平滑顺畅的用户体验。

认知测试法（Cognitive Task Analysis，图 17-4，右）：列表并总结与用户认知有关的感受、决策点和相关动作。益处：该方法有助于了解用户的感知、注意力层面和信息层面的需求，并能辨别出可能导致错误的瓶颈之处。案例：该方法帮助 IDEO 团队确定遥控车操作者在操作过程中所遇到的问题，如操作键间距太小及定向障碍等。

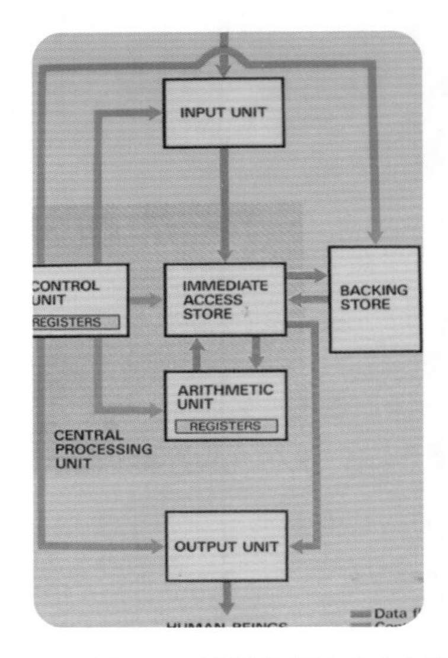

图17-4　流程分析法（左）和认知测试法（右）卡片正面

竞品研究法（Competitive Product Survey，图 17-5，左）：收集、比较和评估竞争产品。益处：这是一个建立产品指标的好方式。案例：在开发一种新的软饮料时，IDEO 设计团队研究了竞争产品的功能和外观等因素。

亲和图表法（Affinity Diagrams，图 17-5，右）：将各种设计元素根据相似程度进行分类，比如依据他们的外观相似性、依存关系和先后顺序等分类。益处：应用这种方法能帮助识别不同事物之间的联系并发现创新机会。案例：通过制作与家庭出行相关的因素的亲和图表，IDEO 团队发现了婴儿车和童车设计的机会。

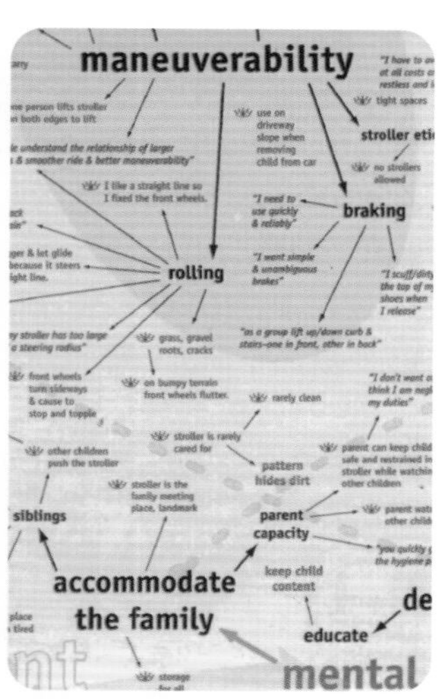

图17-5　竞品研究法（左）和亲和图表法（右）卡片正面

历史研究法（Historical Analysis，图 17-6，左）：比较一个产业、组织、群体或产品在不同发展阶段的特征。益处：这种方法能帮助明确产品使用的趋势、周期和用户行为的变化趋势，同时推测未来的产品和用户行为的模式。案例：通过研究历史各个时期椅子设计的变化，IDEO 为委托人界定了椅子设计的基本原则和标准。

图17-6　历史研究法（左）和活动研究法（右）卡片正面

活动研究法（Activity Analysis，图 17-6，右）：详细的列举或描绘一个流程中所有的任务、行动、对象、执行者以及彼此间的互动。益处：这能帮助确定访谈的利益人（如投资人）列举哪些问题以及处理这些问题时的轻重。案例：通过列举在刷牙过程中的所有活动和程序，IDEO 发现了一些未曾预料到的需求和期望。

跨文化研究法（Cross-Cultural Comparisons，图 17-7，左）：通过个人的描述或者公开的报道或出版物来揭示国家间或不同文化间的行为与产品的差异。益处：这种做法帮助项目团队在为全球市场或不熟悉的领域设计产品时能够更好地领会各种不同的文化因素以及这些文化对项目的影响。案例：在为一个国际市场设计通信设备时，IDEO 团队比较了跨文化的信息交流方式。

用户画像法（Character Profiles，图 17-7，右）：基于对真实用户的观察，制作虚拟人物角色来代表目标人群的行为习惯和生活方式。益处：这种方可以使得用户形象更为生动典型，同时也便于针对特定的目标用户群来展开概念设计的交流和讨论。案例：为了更好地理解不同的顾客对产品的不同需求，IDEO 团队为一家药品公司制作了四个典型用户的“画像”，用来帮助他们定位男士护肤品市场的目标用户群。

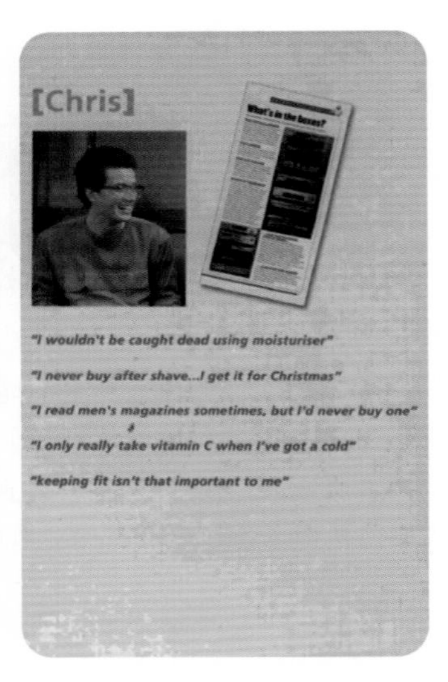

图17-7　跨文化研究法（左）和用户画像法（右）卡片正面

17.3　观察

观察（Look）类卡片包括以下 10 张。

物品清单法（Personal Inventory，图 17-8，左）：请用户列出他们认为对自己重要的物品清单，这可以作为展示用户生活方式的一个重要证据。益处：这个方法对于揭示用户的行为、认知和价值观非常有用，由此还可以进一步确认用户类型。案例：在一个手持电子设备的项目中，IDEO 团队成员请用户展示并描述自己每天携带和使用的个人物品。

田野调查法（Rapid Ethnography，图 17-8，右）：尽可能地多花时间与用户相处，与他们建立信任关系，观察和参与到他们的生活中并了解他们的习惯和活动。益处：这是深入获得用户第一手资料的好方法。可以就此了解研究对象的生活习惯、仪式、常用语言以及和他们生活发生联系的各种物品或活动。案例：在探索设计一个家庭互联网连接设备（如电视机顶盒）的项目时，IDEO团队花了大量的时间与不同种族、经济水平和教育背景的用户家庭相处并解他们的日常生活习惯。

图17-8　物品清单法（左）和田野调查法（右）卡片正面

日志记录法（A Day in the Life，图17-9，左）：借助影像、照片和文字记录用户一天经历的活动和场景。益处：该方法有效地揭示出用户每天的例行日程和日常环境，可以帮助发现一些未察觉的问题。案例：IDEO团队成员调查了一些佩戴缓释药物贴片的病人，请他们记录自己每天的行为，包括那些可能影响产品功能的行为，比如可能遇到贴片被打湿或刮破的情况。

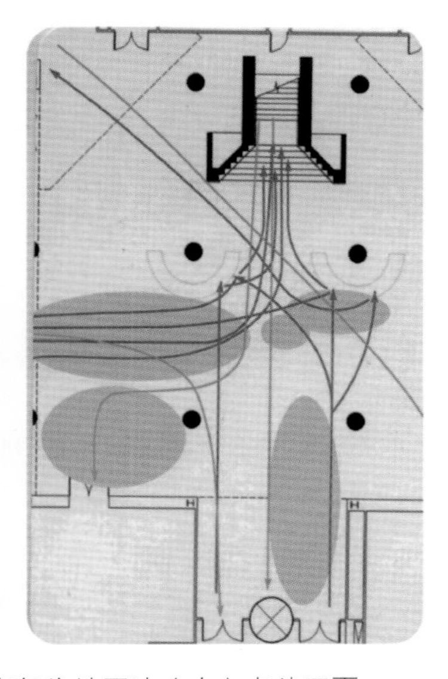

图17-9　日志记录法（左）和行为地图法（右）卡片正面

行为地图法（Behavioral Mapping，图 17-9，右）：可以借助 GPS 等追踪用户在特点时间段内的行动轨迹。益处：用户的行动轨迹可以帮助我们识别和定义用户在各区域中不同的空间行为（如顾客在超市购物时的轨迹）。案例：IDEO 对博物馆大厅的访客进行路线跟踪，以便了解哪些区域是参观者的高峰点（聚集点），哪些是空白点，哪些是未被充分利用的区域。

行为考古法（Behavioral Archaeology，图 17-10，左）：寻找用户行为背后隐藏的因果关系，如工作环境、着装风格、家居环境布置和物品摆设等。益处：这个方法有效地揭示出产品和环境在用户生活中占据着什么地位，反映出用户的生活方式、习惯和价值观方面的信息。案例：通过观察人们工作时堆放在桌面的各种文件，DEO 团队设计了一系列全新的家具元素，以便帮助用户更好、更高效地完成任务。

录像记录法（Time-Lapse Video，图 17-10，右）：设置一个有时间记录功能的摄像设备去记录研究对象的行为和运动轨迹。益处：此方法可以给设计师提供客观和连续的用户行为记录。案例：IDEO 团队成员连续几天记录了博物馆参观者的行为动作，并以此为依据进行了研究分析，以便改进该博物馆内空间设计。

图17-10　行为考古法（左）和录像记录法（右）卡片正面

旁观记录法（Fly on the Wall，图 17-11，左）：在真实环境下观察和记录用户的行为和情境，但不要打扰用户。益处：该方法可以客观地、有效地发现用户在真实环境中的行为模式。案例：IDEO 团队在手术室中观察外科医生的器官移植手术过程，然后将该信息用到相关医疗设备的设计中。

向导游览法（Guided Tours，图 17-11，右）：像导游一样陪伴用户参与到项目中并分享他们的活动与体验。益处：通过特定的空间与活动体验，使用户能够放松地表达他们的想法和观点。案例：IDEO 团队成员跟随用户在他们家中进行参观，以便更好地了解用户在选择悬挂或储藏不同的照片时的想法和动机。

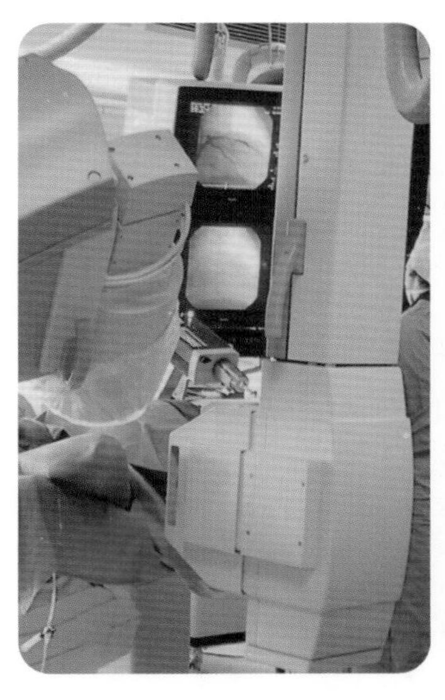
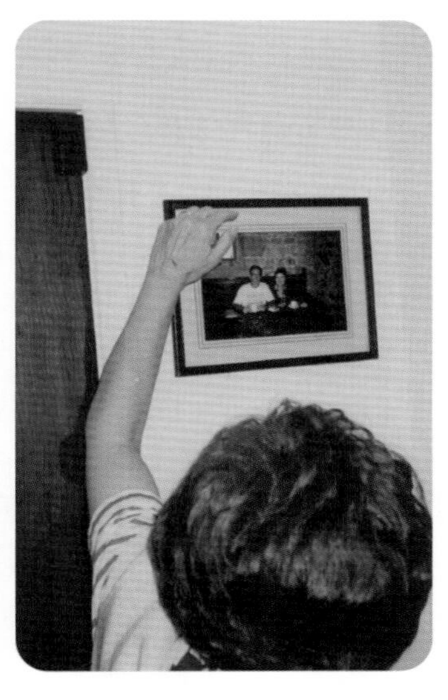

图17-11　旁观记录法（左）和向导游览法（右）卡片正面

如影随形法（Shadowing，图 17-12，左）：跟随研究对象，观察以及理解他们的日常生活及所处环境。益处：这是发现设计机会的一种非常有价值的研究方式，同时也能展示一个产品会怎样影响或者帮助用户。案例：IDEO 团队通过陪伴卡车司机出车，获得了“瞌睡提醒”装置怎样影响卡车司机的第一手资料。

照相记录法（Still-Photo Survey，图 17-12，右）：按照计划通过设置自动相机来记录用户的动作（行为）或产品的表现。益处：研究团队能够借助这些照片来了解用户在使用产品或服务时的感觉或行为。这些照片也可以激发新的设计想法或创意。案例：一个负责水龙头设计的研究团队用相机记录了用户利用塑料瓶接水的行为。

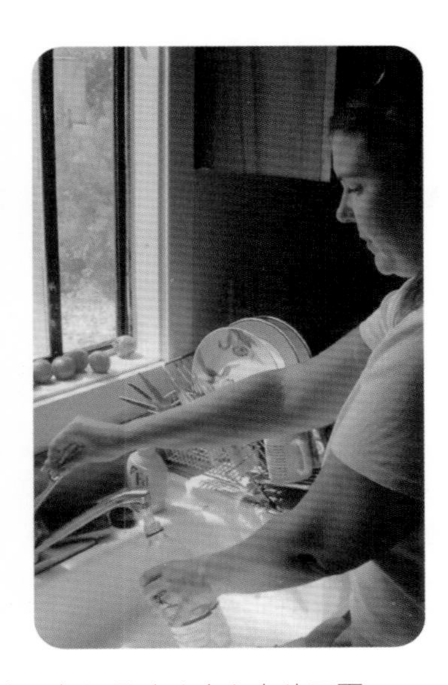

图17-12　如影随形法（左）和照相记录法（右）卡片正面

17.4 咨询

咨询（Ask）类卡片包括以下 14 张。

文化探寻法（Cultural Probes，图 17-13，左）：将一整套影像日记的装备（包括相机、胶卷、笔记本、其他工具）分发给不同文化背景的用户。益处：用于收集不同文化背景的用户的观点和行为来评估产品。案例：IDEO 在一个口腔护理产品设计中运用此方法，调研不同文化背景用户如何护理牙齿并发现他们的异同之处。

两极用户法（Extreme User Interviews，图 17-13，右）：挑选对产品非常熟悉或完全不懂的用户，请他们试用产品并给出体验评价。益处：此类用户往往能指出设计中的关键问题并能改进设计的痛点。案例：通过观察和了解家庭中孩子的观点，IDEO 团队在为一个家庭清洁产品做设计时发现了新的想法和设计概念。

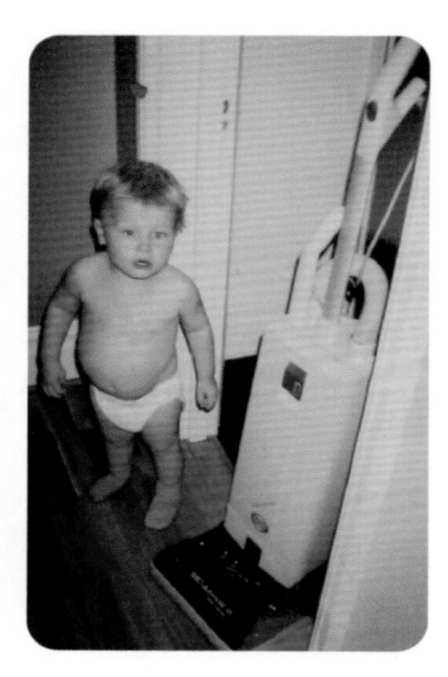

图17-13　文化探寻法（左）和两极用户法（右）卡片正面

集思广益法（Unfocus Group，图 17-14，左）：请背景不同的研究对象一起进行头脑风暴或创意。益处：鼓励差异化的想法和创意，打破顾虑，拥抱新思维。案例：IDEO 小组邀请了一位恋足癖者、一位性工作者、一位画家、一位足部按摩师、一位医生和其他相关的用户一起工作，以此来探索和完成新款流行凉鞋产品的设计理念。

刨根问底法(Five Whys，图 17-14，右)：连续问用户 5 个问题以获得更有深度的答案。益处：该方法可以让用户表达出深层次的想法和原。案例：问五个问题的方法被用于调查减肥的动机：为什么你要锻炼？（因为它会让我更健康。）为什么会健康？（因为锻炼可以提高我的心率。)为什么这个事情你觉得重要？(因为锻炼可以消耗更多的热量。)为什么要消耗热量？(因为我想减肥。)为什么你要减肥？因为怕别人的议论，好有压力。"

问卷调查法（Surveys & Questionnaires，图 17-15，左）：通过询问一系列有针对性的问题，可以弄清楚用户的特定想法。益处：这是一种获得大样本人群数据的方式。案例：为了开发一种新的包装纸，IDEO 团队通过网络问卷调查了全球众多消费者。

图17-14　集思广益法（左）和刨根问底法（右）卡片正面

用户自述法（Narration，图 17-15，右）：当研究对象完成一项任务时，让他们来谈谈体会。益处：这是一种获得用户体验（动机、想法、原因或者痛点）的常用的方式。案例：为了了解用户日常饮食习惯，IDEO 团队让他们描述食物带给他们的感觉。

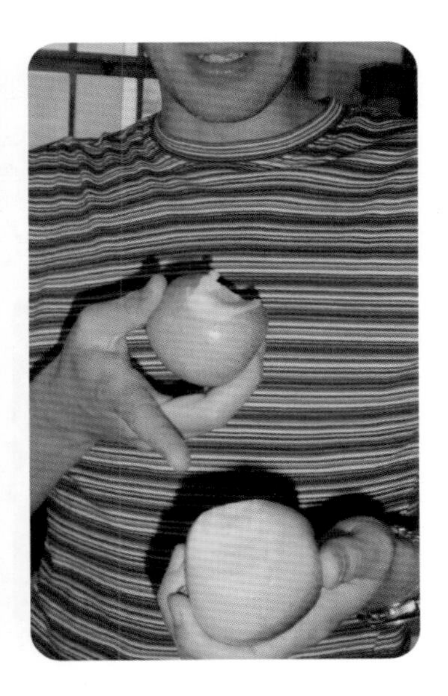

图17-15　问卷调查法（左）和用户自述法（右）卡片正面

词汇联想法（Word-Concept Association，图 17-16，左）：给用户一些描述性词汇卡片（如温馨的、可爱的、粗糙的或前卫的），让他们评价一些设计模型或产品，由此可以了解这些产品或服务在用户心目中的印象。益处：这是一种掌握用户心理，帮助评价产品设计的方法。案例：IDEO 团队让用户将不同的容器与特定词汇相联系，由此了解不同的形状对用户心理的影响。

视觉日志法（Camera Journal，图 17-16，右）：让研究对象通过文字或者日记的方式来记录他们在使用产品时的印象、感受和情景。益处：通过这种生动和直观的描述，可以更清晰地揭示用户行为模式。案例：为了开发一项旅游信息系统，IDEO 团队通过这种方式来调查家庭自驾游用户的观点和行为模式。

图17-16　词汇联想法（左）和视觉日志法（右）卡片正面

拼贴创意法（Collage，图 17-17，左）：给研究对象一些事先准备好的图片让他们拼贴在一起，让他们解释这样做的原因。益处：通过这种方法可以理解用户心理，并帮助他们描述一些抽象的事件。案例：为了理解人们对应用新技术的风险和挑战的看法，IDEO 团队给用户一些图片，让他们通过拼贴来表现特定的主题（如环境问题）。

图17-17　拼贴创意法（左）和卡片分类法（右）卡片正面

卡片分类法（Card Sort，图 17-17，右）：提供研究对象一些卡片，上面写有一些产品或服务的关键词，要求用户按照他们认为的重要性进行排列或分类。益处：这种方法对于了解一个产品或服务的用户心理模型很有帮助。案例：为了开发一种新型智能手机的导航，IDEO 团队让用户归纳出他们心目中最重要的功能（菜单）。

概念地图法（Conceptual Landscape，图 17-18，左）：图表、手绘草图或者说明图都有助于描述抽象的现象或者社会行为。益处：这是一种获得用户心理模型非常有用的方法，特别有助于理解与产品设计相关的问题。案例：为了设计在线大学教育的模式，IDEO 团队通过这种方式表现了人们在线学习的不同动机、目的和价值观。

跨境研究法（Foreign Correspondent，图 17-18，右）：为了构建一套能够适应不同文化的设计原则，需要来自不同国家和跨文化的研究团队一起合作。益处：在设计跨地域或文化的产品时，应用这种方法可以更清晰地理解多样性的文化环境对产品的影响。案例：在进行一项关于个人隐私的全球性问卷调查中，来自不同国家的记者通过他们自己的经历，帮助 IDEO 团队发现了该问题的答案。

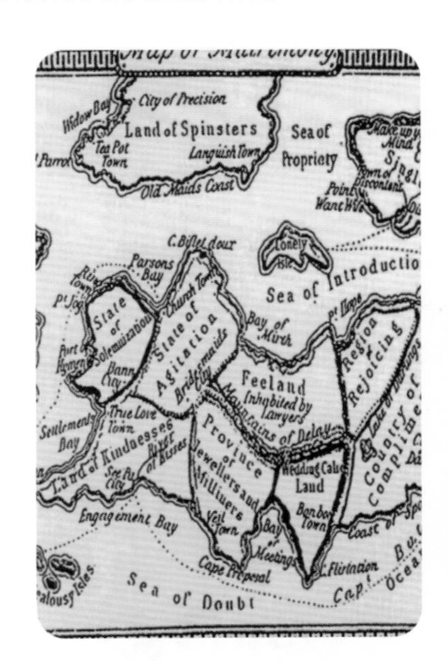

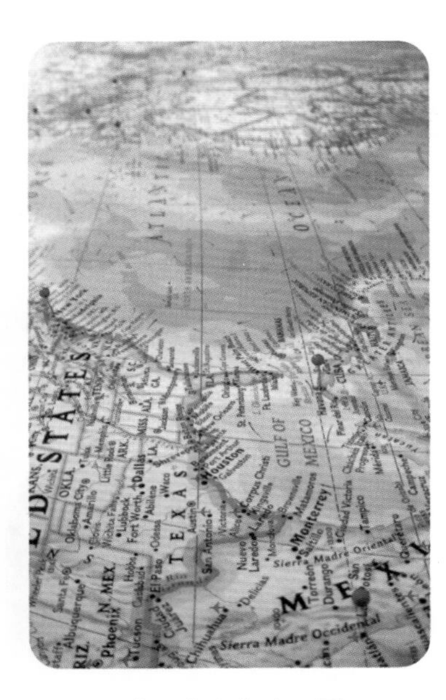

图17-18　概念地图法（左）和跨境研究法（右）卡片正面

认知绘图法（Cognitive Maps，图 17-19，左）：要求研究对象用手绘草图的形式来表现一个已知或虚拟的旅程。益处：通过研究图中标注的元素和路径，研究者可以进一步理解用户的行为特征。案例：为了研究骑行者们是如何通过复杂的城市环境的，IDEO 团队要求他们标注绿洲的位置和到达此处的途径。

行为视觉法（Draw the Experience，图 17-19，右）：要求参与者用手绘草图的形式来表达他们的经历。益处：这是一种可以表现用户的潜意识并揭示其行为心理的有用的工具。案例："请你画出你的钱。"为了开发一个在线银行系统，IDEO 团队借助该方法来识别用户对于钱币和财产的概念。

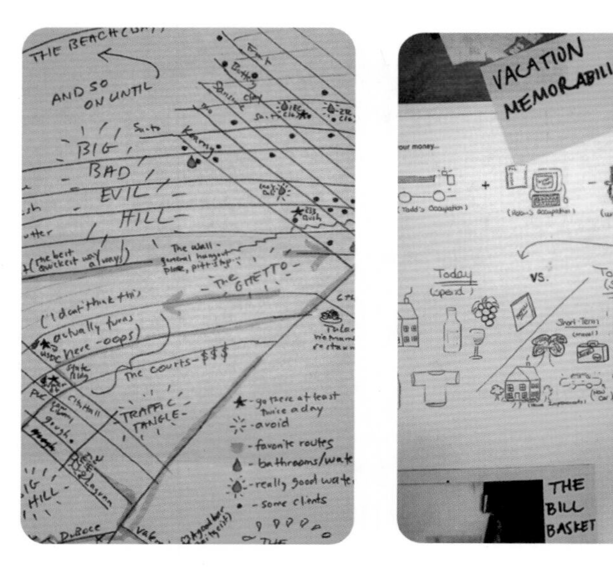

图17-19　认知绘图法（左）和行为视觉法（右）卡片正面

17.5　尝试

尝试（Try）类卡片包括以下 14 张。

快速原型法（Expericnce Prototype，图 17-20，左）：用能获得的材料快速做一个可以表达概念的原型，由此来洞察真实使用产品时的体验。益处：这个方法可以用于发现以前未曾考虑到的用户需求或发现问题。案例：IDEO 设计团队为一个数码相机产品做了交互原型，探寻不同交互解决方案的用户体验差异。

图17-20　快速原型法（左）和粗模测试法（右）卡片正面

粗模测试法（Quick-and-Dirty Prototyping，图 17-20，右）：用手边的任何素材快速表达出设计概念，以方便交流和评估。益处：这是团队间交流设计概念的好方法，同时也便于评估如何进一步完善概念。案例：IDEO 团队成员设计超市的购物车时，通过快速建模来评估不同的概念设计产品，如产品承重、尺寸和方向控制等元素。

移情工具法（Empathy Tools，图 17-21，左）：使用一些辅助工具，如尝试戴上充满雾气的眼镜或过重的手套，让自己体验特殊用户的感受。益处：这种方法能迅速帮助设计师认识到类似残障人士或有特殊需求用户所处的情境。案例：IDEO 设计师在设计一款家庭健康监控设备时戴上手套去操作设备，模仿和感受那些身体灵敏度较低的用户的使用情境，由此帮助评估产品的可用性。

等比模型法（Scale Modeling，图 17-21，右）：使用等比缩小的模型去展示空间设计。益处：这种空间原型设计工具可以帮助发现问题，同时也能够照顾到项目关联方（如投资者）的需求。案例：在设计家庭办公产品时，IDEO 设计师用了等比模型展示它们的各种使用情境。

图17-21　移情工具法（左）和等比模型法（右）卡片正面

情景故事法（Scenarios，图 17-22，左）：通过一个情景故事，描绘用户使用产品或接受服务的场景。益处：此方法有助于交流、评测特定情境下的产品或服务，特别是对于评估服务设计非常有效。案例：在为一个社区网站进行设计服务时，IDEO 团队成员画出了一系列情景故事，展示为满足不同类型用户需求时的服务方式。

未来预测法（Predict Next Years Headlines，图 17-22，右）：邀请客户预测他们企业的发展前景，由此来了解他们对未来的想法以及如何发展和维持客户关系。益处：站在客户需求的角度，帮助企业客户辨别哪些设计主题将有助于产品发展。案例：在为一个信息科技公司设计企业内部网站时，IDEO 设计师与客户一起座谈，明确他们的短期和长期的商业目标。

身体风暴法（Bodystroming，图 17-23，左）：设置情景、扮演角色和使用不用道具，重点观察用户在这些场景中的本能行为。益处：该方法可以进行快速和有效的交互产品测试（如扮演急诊室急需输液的病人的体验）。案例：通过亲身体验长途飞行时的旅客睡姿，IDEO 团队产生了许多关于飞机内舱的设计概念。

图17-22　情景故事法（左）和未来预测法（右）卡片正面

行为取样法（Behavior Sampling，图 17-23，右）：给人们一个手机或电话，让他记录和评价电话响时他们所处的位置和周围环境。益处：这种方式对于发现产品和服务如何融入人们的日常生活非常有用。案例：为了开发一种可移植式的心脏除颤器设备，IDEO 团队为客户团队分发了呼叫装置，用于记录除颤器的每一次震动。这种做法唤起了对病人每天体验和经历的共鸣感觉。

图6-63　身体风暴法（左）和行为取样法（右）卡片正面

亲身体验法（Try it Yourself，图 17-24，左）：自己使用自己设计的产品、原型或样机。益处：尝试亲身体验自己设计的产品促使团队获得真实用户的使用经历。案例：通过在日常的活动中穿着自己设计的一个医疗器械的样机，IDEO 项目团队感受到可能。

场景测试法（Scenario Testing，图 17-24，右）：给用户展示一系列产品使用场景的卡片，并请他们分享自己的观点和想法。益处：将产品放置在一个情境中，以便能与用户分享这个设计的概念。案例：在一个手持媒介设备的概念阶段，IDEO 团队使用了场景卡片的方式，由此了解用户对早期产品概念的评价和反应。

图17-24 亲身体验法（左）和场景测试法（右）卡片正面

自由扮演法（Infomance，图 17-25，左）：通过"非正式表演"的场景进行角色扮演，将你在研究中的洞察 / 见解以及用户行为展示出来。益处：这是一个与用户沟通交流并了解他人观点的好方法，同时也有助于建立共同语言。案例：IDEO 成员使用非正式表演的方法，重新设计了一个商店顾客的体验系统。

图17-25 自由扮演法（左）和社交地图法（右）卡片正面

社交地图法（Social Network Mapping，图 17-25，右）：通过谱系图来表达用户群成员之间的社会关系。益处：谱系图对于理解人们之间的关系非常有用，特别是有助于掌握工作组群的内部构架。案例：IDEO 通过构建工作现场的关系图来帮助客户明确他们的工作环境与机构的组织关系。

顾客扮演法（Be your Customer，图 17-26，左）：让客户代理详细描述或概括他们的顾客的典型体验。益处：这是了解客户代理如何看待他们的顾客的一个非常有帮助的方法，而且可以和实际的顾客体验进行对照研究。案例：IDEO 的创新工作营在设计桌面打印机时，借助该方法来了解顾客在购买打印机时的感觉和动机。

纸上原型法（Paper Prototyping，图 17-26，右）：通过快速手绘草图来评估交互设计概念及可用性。益处：这是一种可以快速表达和视觉化交互设计概念模型的常用方法。案例：IDEO 团队使用快速纸上原型，帮助客户建立和检测一个超市存货的数据库系统的交互设计模型。

图17-26　顾客扮演法（左）和纸上原型法（右）卡片正面

说明：由于角色扮演法（Role-Playing）已在图 17-1 中说明了，此处忽略，原为 51 张卡片。

思考与实践17

一、思考题

1. IDEO 设计公司的 50 张创意卡是用来做什么的?

2. IDEO 创意卡的基本形式是什么?

3. IDEO 的 50 张创意卡是如何分类的? 为什么这样分类?

4. 什么是流程分析? 举例说明其用途。

5. 什么是认知测试? 举例说明其用途。

6. 什么是竞品研究? 举例说明其用途。

7. 什么是亲和图表? 举例说明其用途。

8. 什么是田野调查? 举例说明其用途。

二、实践题

1. 儿童医院的急诊室往往是各种医患矛盾爆发的场所(图 17-27)。请利用观察和访谈法来了解这些矛盾,进一步设计可能的解决方案。可以利用田野调查、日志记录、行为地图等方法,也可以通过向患者、医护和管理层咨询来探索新型服务设计(如手机挂号、在线咨询、电子病历、快速化验、患儿分类、逐级诊疗和绿色通道等)。

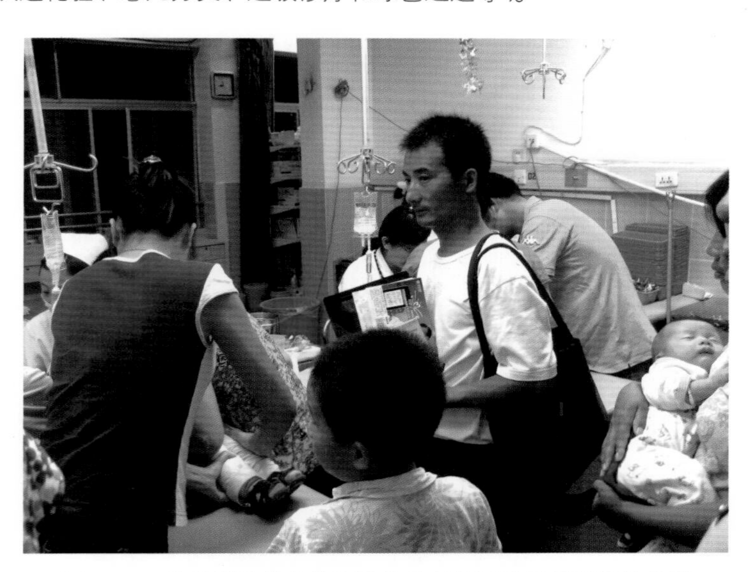

图17-27　儿童医院的急诊室往往是各种医患矛盾爆发的场所

2. 纸上原型是 IDEO 实践和产品测试的重要环节。除了直接在纸上绘制外,还可以利用厚的硬纸板或者铜版纸设计纸模型,这对于小型硬件(手机、刷卡器、遥控器等)的设计非常有用。请尝试制作专门为医院普通病房患者和陪护家属用的"护理小秘书"专用手机纸模型,请考虑功能性、便捷性、易用性(特别是供输液病人使用时)。

第七篇

界面设计（UI）

第18~20课：界面研究•设计原则•创新界面

界面设计是图形设计、交互设计和用户研究最终价值的体现，是用户体验和服务流程可视化和清晰化的关键。本篇的3课内容包括扁平化设计、信息导航、规范化设计和MD设计等一系列设计原则与方法。本篇同样关注创新界面如可穿戴产品设计等内容。

第18课　界 面 研 究

18.1　理解界面

用户对软件产品的体验主要是通过用户界面（User Interface，UI），或人机界面（Human-Computer Interface，HCI）实现的。广义界面是指人与机器（环境）之间相互作用的媒介（图 18-1），这个机器或环境的范围从广义上包括手机、电脑、平面终端、交互屏幕（桌或墙）、可穿戴设备和其他可交互的环境感受器和反馈装置。人通过视听觉等感官接收来自机器的信息，经过大脑的加工决策后做出反应，实现人机之间的信息传递（显示 - 操纵 - 反馈）。人和机器（环境）这个接触层面即我们所说的界面。界面设计包括三个层面：研究界面的呈现；研究人与界面的关系；研究使用软件的人。研究和处理界面的人就是图形设计师（GUI designer），这些设计师大多有着艺术设计专业的背景。研究人与界面的关系的人就是交互设计师，其主要工作内容就是设计软件的操作流程、信息架构（树状结构）、交互方式与操作规范等，交互设计师除了具有设计专业的背景外，一般都具有计算机专业的背景。专门研究人（用户）的专业人员就是用户测试 / 体验工程师（UE）。他们负责测试软件的合理性、可用性、可靠性、易用性以及美观性等。这些工作虽然性质各异，但都是从不同侧面和产品打交道，在小型的 IT 公司，这些岗位往往是重叠的。因此，可以说界面设计师（UI 设计师）就是图形设计师、交互设计师和用户测试 / 体验工程师的综合体。

图18-1　广义界面是指人与机器（环境）之间相互作用的媒介

界面设计包括硬件界面和软件界面（GUI）的设计。前者为实体操作界面，如电视机、空调的遥控器；后者则是通过触控面板实现人机交互。除了这两种界面外，还有根据重力、声音、姿势机器识别技术实现的人机交互（如微信的“摇一摇”）。软件界面是信息交互和用户体验的媒介。界面带给用户的体验包括令人愉快，使人满意，能引人入胜，可激发人的创造力和满足感等。早期的 UI 设计主要体现在网页设计上。后来随着移动媒体的流行，一部分视觉设计师开始思考交互设计的意义。到了2002年，一些企业开始意识到UI设计的重要性，纷纷把 UI 部门独立出来，图形设计师和交互设计师出现。2005 年以后，随着智能大屏幕手机的问世和移动互联网的风靡，IxD 设计就和 UI 设计结合得越来越紧密了，UI 设计也开始被提升到一个新的战略高度。近几年国内很多从事手机、软件、网站和增值服务的企业和公司都设立了用户体验部门。还有很多专门从事 UI 设计的公司也应运而生。软件 UI 设计师的待遇和地位也逐渐上升。同时，界面设计的风格也从立体化、拟物化向简约化、扁平化方向发展（图 18-2）。

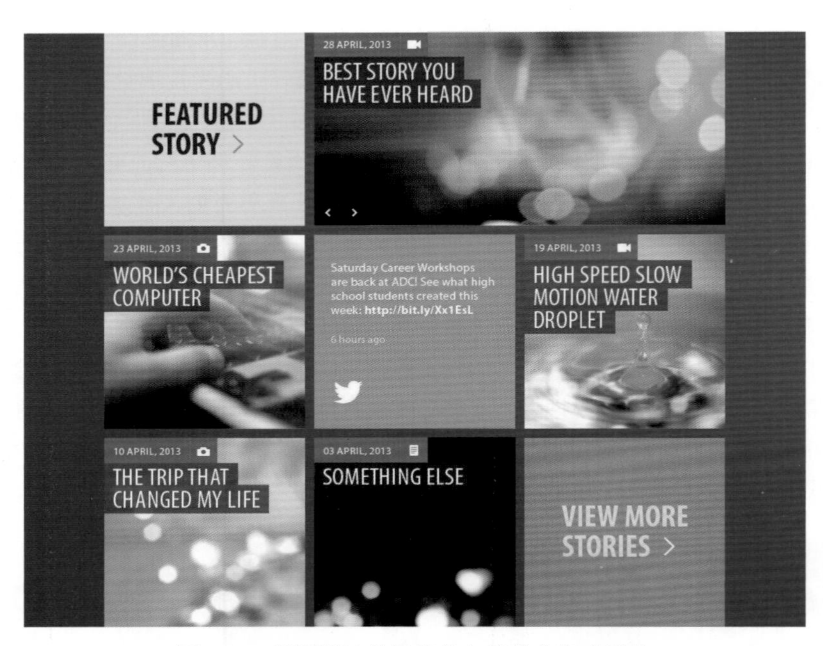

图18-2　界面设计的风格趋向简约化和扁平化

18.2　扁平化设计

在这个科技快速发展的时代，设计风格无疑会成为大众所关注的焦点。同样，艺术风格的流行还与媒介密切相关。随着以 iPhone 6 为代表的大屏幕智能手机（iOS7）和 Windows 8 平板电脑的流行，以实物仿真（如钟表图标）为代表的拟物化设计（realism）开始被扁平化设计风格所代替，近年来，以 Windows 8 和 iOS7 为代表，扁平化设计已成为今日 UI 设计的主流（图 18-3，图 18-4）。扁平化设计（flat design）最核心的是放弃一切装饰效果，诸如阴影、透视、纹理、渐变等能做出 3D 效果的元素一概不用。所有的元素的边界都干净利落，没有任何羽化、渐变或者阴影。尤其在手机上，更少的按钮和选项使得界面干净整齐，使用起来格外简便。简单地说就是抛弃那些已经流行多年的渐变、阴影、高光等拟真视觉效果，使用一些简单的纯色块，从而打造出一种看上去更“平”的界面。扁平风格的一个优势就在于它可以更加简单直接地将信息和事物的工作方式展示出来，减少认知障碍的产生。

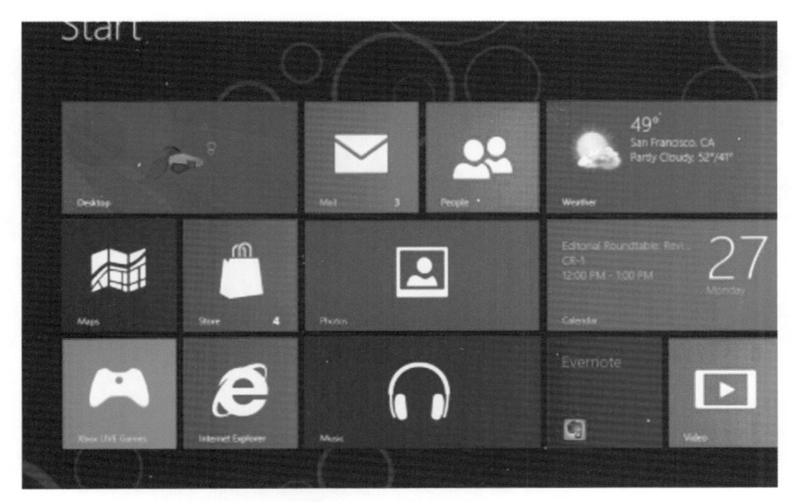

图18-3　Windows 8 Metro的扁平化UI风格

图18-4　苹果iPhone手机iOS 6（左）和iOS 7（右）的界面

从历史上看，扁平化设计与 20 世纪四五十年代流行于联邦德国和瑞士的平面设计风格非常相似。这种风格被称为“瑞士设计风格”（Swiss Design），它色彩鲜艳，文字清晰，传达功能准确，因此很快流行全世界，成为“二战”后影响最大的设计风格（图 18-5），因此也被称为“国际主义平面设计风格”（International Typographic Style）。扁平化设计不仅是国际主义平面设计风格的延续，同样也是荷兰风格派绘画（蒙德里安）、欧美抽象艺术和极简主义艺术的“直系亲属”。扁平设计既兼顾了极简主义的原则，又可以应对更多的复杂性；通过去掉三维效果和冗余的修饰，这种设计风格将丰富的颜色、清晰的符号图标和简洁的版式融为一体，使信息内容呈现更清晰，更快，更实用。

图18-5　“二战”后一度流行的“瑞士设计风格”的海报

扁平化设计风格是媒体发展的客观需要。随着网站和应用程序涵盖了越来越多的具有不同屏幕尺寸和分辨率的平台，对于设计师来说，同时需要创建多个屏幕尺寸和分辨率的拟物化界面是既烦琐又费时的事情。而扁平化设计具有跨平台的特征，可以适应多种屏幕尺寸，更简约，更清晰。扁平化设计有着鲜明的视觉效果，它所使用的元素之间有清晰的层次和布局，这使得用户能直观地了解每个元素的作用以及交互方式。特别是对于屏幕受限的手机，这一风格在用户体验上更有优势，更少的按钮和选项使得界面干净整齐。

此外，扁平化设计通常采用了几何化的用户界面元素，这些元素边缘清晰，和背景反差大，更方便用户点击，这能大大减少新用户学习的成本，因为用户凭经验就能大概知道每个按钮的作用。此外，扁平化除了简单的形状之外，还包括大胆的配色。扁平化设计通常采用比其他风格更明亮、炫丽的颜色。同时，扁平化设计中的配色还意味着更多的色调，尤其是纯色和二次混合的颜色，并且不做任何淡化或柔化处理(图 18-6)。另外，还有一些颜色也挺受欢迎，如复古色 (浅橙、紫色、绿色和蓝色等)。

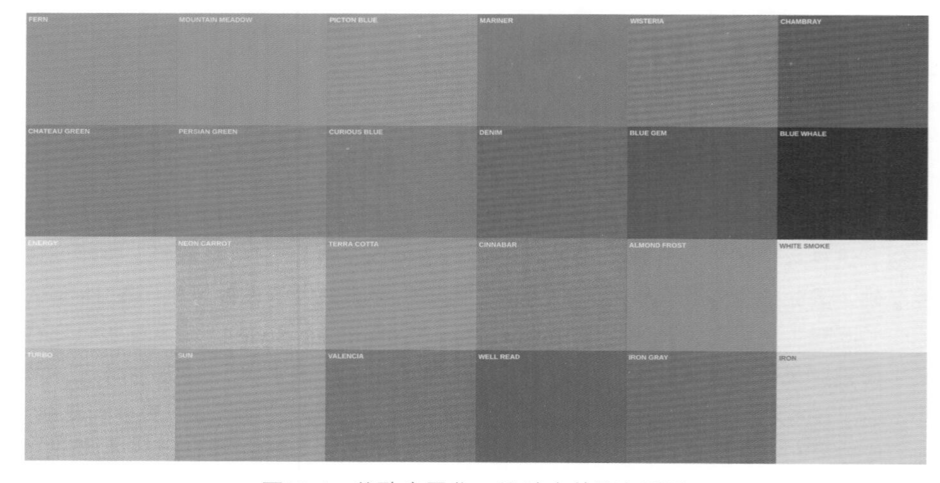

图18-6　谷歌扁平化UI设计中的配色系统

扁平化设计代表了 UI 设计的“以人为本”的发展方向，强调隐形设计与“内容为先”的原则（图 18-7）。20 年前，早期的网页设计鼓励使用 Photoshop 制作拟物化 UI 效果，10 年前，Web 2.0 带来 UI 设计的革命。博客的出现不仅带来了更大的信息量和更复杂的交互，而且使网页设计改变了方向，UI 设计开始回归了它的本质：让内容展现自己的生命力，而不是靠界面设计喧宾夺主。今天的手机界面设计也在走由繁至简的路子。无论是苹果还是安卓、微软，都在更努力地使 UI 隐形或简化，让界面设计成为更好的用户体验的助手。但作为一种偏抽象的艺术语言，扁平化设计也有缺点，比如传达的感情不丰富，特别是交互效果不够明显等。对于设计师来说，风格永远不会一成不变。扁平化设计也在发展之中，如微阴影、双色搭配、透明按钮、长投影、渐变色等也开始出现，成为朝向“混搭现实”风格探索的触角。

图18-7　扁平化设计（左）和拟物化设计（右）的界面风格比较

18.3　信息导航

今天的新媒体无处不在，虚拟正在改变着现实。从休闲旅游到照片分享，从淘宝抢购到美团聚餐，移动互联网和大数据已经渗透到了人们生活的每一个角落。数字媒体已成为数字化生活方式最直接的体现（图 18-8）。界面互设计师担负着沟通现实服务与虚拟交互平台的重任。其中，信息导航是产品可用性和易用性的显著标志。好的界面无外乎“视觉美观、导航清晰，运行流畅”。而负面评论则基本上是“糟糕的导航，无法返回，找不到某些东西……不能连接到账户……界面混乱，搜不到信息……”等等。因此，合理的布局设计可以使信息变得井然有序。不管是浏览好友信息，还是租赁汽车，完美的导航设计能让用户轻松、流畅地完成所有任务。目前界面的信息导航方式主要是以苹果 iOS、安卓系统和微软 Windows Mobile 为代表。国内的手机厂商如华为（Emotion UI）、魅族（MX）、小米（MIUI）和锤子（Smartisan OS）等纷纷推出了个性化的主题和 UI 风格，如面向年轻人的高颜值主题，华丽或扁平风格的图标，更加青春靓丽的色彩搭配等，各大手机厂商争奇斗艳，也使得 UI 设计成为软件产品中最能吸引眼球的标志。

图18-8 数字媒体代表了今天的数字化生活方式

目前智能手机屏幕的规格与内容布局开始逐步走向成熟，其导航设计包括列表式、陈列馆式、九宫格式、选项卡式、滚动图片式、折叠式、图表式、弹出式和抽屉式共 9 种。这些都是基本布局方式，在实际的设计中，可以像搭积木一样组合起来完成复杂的界面设计，例如屏幕的顶部或底部导航可以采用选项卡式（选项卡或标签），而主面板采用陈列馆的布局。另外要考虑到用户类型和各种布局的优劣，如老年人往往会采用更鲜明简洁的条块式布局。在内容上，还要考虑信息结构、重要层次以及数量上的差异，提供最适合的布局，以增强产品的易用性和交互体验。下面分别介绍这几种信息导航设计方式。

列表式是最常用的布局之一。手机屏幕一般是列表竖屏显示的，文字或图片是横屏显示的，因此竖排列表可以包含比较多的信息。列表长度可以没有限制，通过上下滑动可以查看更多内容。竖排列表在视觉上整齐美观，用户接受度很高，常用于并列元素的展示，包括图像、目录、分类和内容等。多数资讯 App、电商 App 和社交媒体都会采用列表式布局（图 18-9）。它的优点是层次展示清晰，视觉流线从上向下，浏览体验快捷。许多视频直播或用户分享（UGC）的 App 采用竖向滚动式设计，可以通过上下滑动来浏览更多的内容（图 18-10）。为了避免列表式布局过于单调，许多 App 界面也采用了列表式 + 陈列馆式的混合式设计。

图18-9 列表式是最常用的界面布局

图18-10　图文混排的竖向滚动式界面

陈列馆式布局是手机布局中最直观的方式。可以用于展示商品、图片、视频和弹出式菜单(图18-11)。同样，这种布局也可以采用竖向或横向滚动式设计。陈列馆式采用网格化布局，设计师可以平均分布这些网格，也可根据内容的重要性不规则分布。陈列馆式设计属于流行的扁平化设计风格的一种，不仅应用于手机，而且在电视节目导航界面，以及苹果 iPad 和微软 Surface 平板电脑的界面中也有广泛的应用（图18-12）。它的优点不仅在于同样的屏幕可放置更多的内容，而且更具有流动性和展示性，能够直观地展现各项内容，方便浏览和更新相关的内容。

图18-11　陈列馆式布局是手机布局中最直观的方式

图18-12　电视和微软Surface平板电脑中的陈列馆布局

和陈列馆式布局相似，九宫格是非常经典的设计布局。其展示形式简单明了，用户接受度很广。当元素数量固定不变为 8、9、12、16 时，则适合采用九宫格式布局。iPhone iOS 和 Android 手机的大部分桌面都采用这种布局。九宫格式也往往和陈列馆式、选项卡式相结合，使得桌面的视觉更丰富(图 18-13)。在这种综合布局中，选项卡的导航按钮项数量为 3 ~ 5 个，大部分放在底部以方便用户操作，而九宫格则以 16 个按钮的方式排列，通过左右滑动可以切换到更多的屏幕。选项卡式适合分类少及需要频繁切换操作的菜单，而九宫格式或陈列馆式适合选择更多的 App。

图18-13　九宫格式布局是智能手机最常见的导航界面形式之一

滚动图片式布局是把并列的元素（导航和信息）横向显示的一种布局。常见的工具栏等都采用这种布局。受屏幕宽度限制，手机单屏可显示的内容数量较少，但可通过左右滑动屏幕或点击箭头查看更多内容，不过这需要用户进行主动探索，它比较适合元素数量较少的情形。当需要展示更多的内容时，采用竖向滚屏则是更优的选择。除了应用于手机，横向滚动图片式也应用在电视和 iPad 等宽屏幕媒体上（图 18-14）。

图18-14　横向滚动图片式界面主要应用在电视等宽屏幕媒体

抽屉式导航就是将内容先藏起来，在需要时再展开。弹出框一般是完成设置或完成某个任务，而抽屉展示的一般是具体内容（图 18-15）。这种折叠式菜单在传统的网页界面设计中已经有广泛的应用。抽屉在交互体验上更加自然，和原界面融合较好。抽屉栏一般从顶部或底部拉出，若是从左侧或右侧拉出，就是侧边栏式。抽屉式导航的特点是突出核心功能，隐藏其他功能，让用户聚焦于核心内容，同时导航的菜单项目不受数量限制，所有信息入口都可以加入到抽屉导航中。扩展性强，配置灵活。这种布局的不足之处在于：用户需要一定的记忆成本。对入口交互的功能可见性要求高，同时容易与应用内的其他交互模式冲突，比如侧滑手势操作。

图18-15　抽屉式导航是很多App界面采用的风格

折叠式布局也叫风琴布局，常见于两级结构的内容。传统的网页树状目录就是这种导航的经典形式。用户通过点击分类可展开并显示二级内容（图 18-16）。在不用的时候，内容是隐藏的。因此它可承载比较多的信息，同时保持界面简洁。一些导航栏的主页还通过侧面弹出式菜单来展现二级内容。折叠式不仅可以减少界面跳转，提高操作效率。而且在信息构架上也显得干净、清晰，是电商 App 的常用导航方式。

图18-16　采用折叠式布局可以在同屏展示更多的信息

弹出菜单或弹出框是手机布局常见的方式。弹出框把内容隐藏起来，仅在需要的时候才弹出，以节省屏幕空间。弹出框可在原有界面上进行操作，不必跳出界面，用户体验比较连贯（图 18-17）。但弹出框显示的内容有限，适用于特殊的场景。

图18-17　弹出菜单或弹出框是手机布局常见的方式

图表式布局主要是借助手机本身带有的数据收集功能，以形象直观的方式展示变化的数据，如天气、温度、身体指标，或者机器本身的状态，如 WiFi 流量、系统优化或者一些需要提示的信息等。用图表呈现的形式简洁、直观，适合表现时间段内的趋势走向，如股票、运动量或者气候变化等信息。目前很多手机在开机的个性主页上会呈现天气、温度、时间等动态信息，也会以图表的方式呈现（图 18-18）。

图18-18　天气、温度、时间等动态信息往往以图表的方式呈现

18.4　图标设计

图标是具有特殊意义的符号，是以精练的形象表达一定含义的图形、文字，同时也是超浓缩、独特的视觉语言。它是人们用来识别和传达信息的象征性视觉符号，具有识别、传递、审美和凝聚的功能。许多知名企业都有令人印象深刻的企业标志（图 18-19）。以寓意深刻、形态简洁的视觉符号形象来象征或指称某一事物，表达一定的含义，传达特定的信息的图形设计称为标志设计。如果是专门针对特定的媒体界面的图形要素（企业标志、字体、商标、产品缩略图和导航图标等）的设计，可以称之为图标设计。瑞士语言学家费尔迪南·德·索绪尔（Ferdinand de Saussur，1857—1913）认为图标符号具有任意性，虽然符号本身没有内涵意义，但潜藏在符号后面的产品、服务或者信息导航具有意义。符号的含义是社会文化习俗所规定的，因此符号有文化属性，如东方人认为绿色代表生命，红色代表喜庆等。北京申办 2008 年奥运会的竞选城市标志和北京奥运会标志就代表了东方特色（如图 18-20）。

图18-19　许多知名企业都有令人印象深刻的标志

图18-20　具中国特色的“太极五环”（左）和“北京印”（右）

界面设计的内容主要有启动界面、主题风格、主页设计、二级页面、系统控件、导航按钮（菜单）、图标与标识、面板与窗口、标签和字体、滚动条与状态栏、表单和音视频设计等（图 18-21）。从设计风格上，图标又可以分为写实（拟物）图标（图 18-22）类、扁平化图标类、2D 和 3D 图标等，风格在更大程度上反映了设计者的产品定位、审美品味和对流行趋势的把握。如写实（拟物）图标忠实于客观物象的自然形态，经过提炼、概括和简化，突出与夸张其本质特征，作为标志的图形。这种形式具有易识别的特点，更适合表现青春靓丽的主题。扁平化图标包括意向形式和抽象形式。前者以某种物象的形态为基本意念，以装饰的、抽象的图形或文字符号为表现形式；后者则以完全抽象的几何图形、文字或符号为表现形式。这种图形往往简洁清晰，具有深邃的抽象含义、象征意味或神秘感，更具有强烈的现代感、符号感和可用性。

图18-21　界面设计包括导航、标志、色彩、布局和音视频等内容

图18-22　锤子手机Smartisan OS系统的界面风格

18.5　跨平台设计

随着移动设备的普及，仅在电脑上浏览网页已经不能满足人们的需求了。越来越多的人想学习移动设备的网页设计开发，但是在浏览器只有几种的情况下就已经遇到跨浏览器支持的问题。移动设备品牌这么多，仅使用 Apple iOS 和 Android 系统就有多种不同规格尺寸的手持设备，更何况还有其他的平板设备，不可能为每种尺寸都做一个界面。因此，设计能够满足所有设备的响应式或自适应的页面设计就十分重要。响应式网页可以根据浏览器窗口自动调整栏目和插图的位置等元素（图 18-23）。无论是 iPhone、iPad、智能手机还是电脑屏幕或是电视屏幕，这种网页都可以自动调节版式以适应浏览器窗口。这种设计的核心是通过在 H5 页面中嵌入多套 CSS 样式方案，然后通过检测浏览器的大小来选择页面的 CSS 规则。在图 18-24 中可以看到网页（中间）可以自动调整为适合平板电脑（左侧）和移动媒体（右侧）的大小。

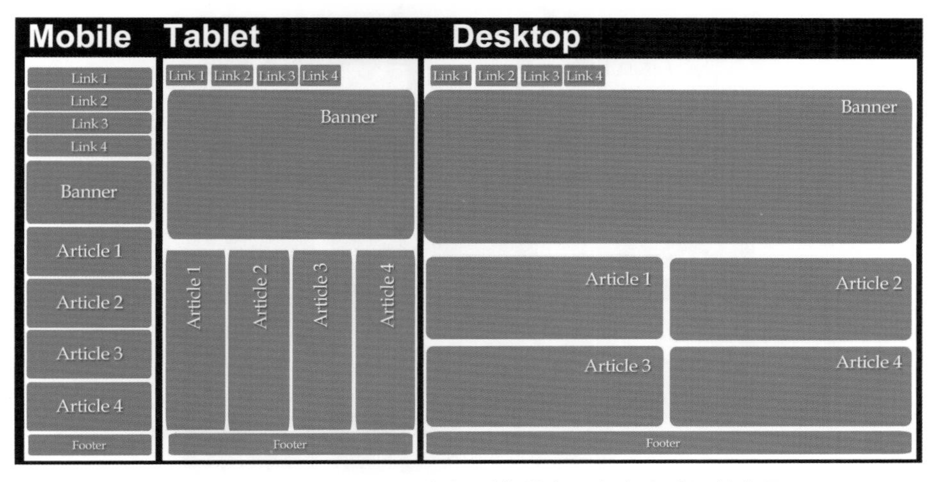

图18-23　响应式网页可以根据浏览器窗口大小自动调整布局

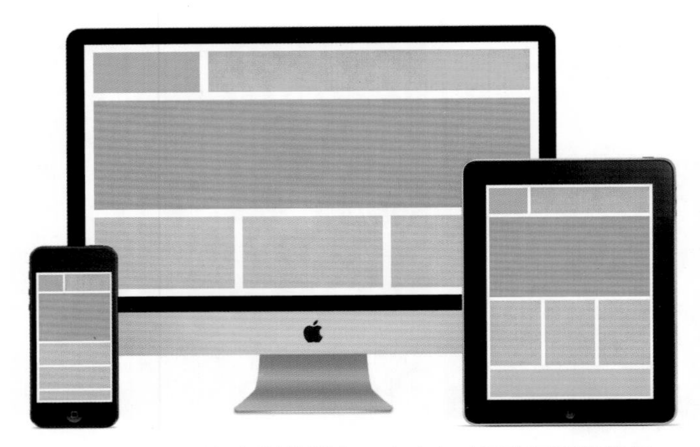

图18-24　可以根据浏览器窗口大小自动调整网页的范例

在大多数情况下，当设计人员创建一个响应式设计时，可以设计 3 种不同页面窗口：①移动媒体，对于智能手机如 iPhone6、三星 Galaxy Note2 要小于 750 像素；②平板电脑，为 768 ~ 1540 像素（iPad Mini 3）；③桌面电脑，通常为 1024 ~ 1232 像素。根据上述原则就可以设计不同的 H5 页面的 CSS 样式方案，并最终实现跨平台的响应式网页设计。目前移动设备开发应用程序大致分为两种。一种是原生 App (Native App)，它利用该移动设备平台提供的语言写出专用应用程序。例如，苹果 Apple iOS 程序开发工具 XCode、Android 程序开发工具 Eclipsc IDE，这些工具开发的 App 可以在各厂家的设备下载安装，其最终页面可以呈现在不同的媒体上（图 18-25）。

图18-25　苹果Apple iOS程序开发工具Xcode开发的自适应网页

另一种是跨平台开发工具，如 jQuery Mobile，该软件以 jQuery 和 jQueryUI 为基础，提供了一个兼容多数移动设备平台的用户界面函数库，能够适用于所有流行的智能手机和平板电脑。该软件为前端开发人员提供了一个拥有出色的弹性、轻量化、渐进增强性和可访问性的设计工具。jQuery Mobile 页面也是由 H5 标准及 CSS3 规范组成的，对于学过 H5 与 CSS3 的设计开发人员来说，jQuery Mobile 页面架构清晰，使用方便，易于学习，而且在不同媒体上的版式还可以保持相对的一致性，这可以使得公司和产品形象能够有相对统一的设计风格（图 18-26）。此外，jQuery Mobile 还提供了多种函数库，例如键盘、触控功能等，不需要设计师辛苦编写程序代码，只要稍加设置，就可以产生想要的功能，大大减少了编写程序所耗费的时间。此外，jQuery Mobile 还提供了多样的布景主题及主题滑动菜单（ThemeRoller）工具，只要通过下拉菜单进行设置，就能够制作出相当有特色的网页，并且可以将代码下载下来应用。

图18-26　跨平台开发工具开发的H5网页

对于跨平台移动 App 开发来说，除了 Xcode、jQuery Mobile 外，近年来还出现了一些新的前端开发代码库，如 AngularJS、Ionic 和 Firebase 等。AngularJS 诞生于 2009 年，是一款优秀的前端 JavaScript 框架，已经被用于谷歌的多款手机产品。AngularJS 有着诸多特性，如模块化、自动化双向数据绑定、语义化标签和依赖注入等，可以优化 HTML、CSS 和 JavaScript 的性能，构建高效的应用程序，是一个用来开发手机 App 的开源和免费的代码库。Ionic 是一个可扩展的网络应用实时后台，它可以帮助用户摆脱管理服务器的麻烦，快速创建 Web 应用。同样，Firebase 软件可以自动响应数据变化，为用户带来全新的交互体验。用户可以使用 JavaScript 直接从客户端访问 Firebase 中存储的数据，无须运行自有数据库或网络服务器即可构建动态的、数据驱动的网站。

18.6 交互特效

交互性是所有移动媒体页面设计中都极为重要的内容。特别是对于扁平化的页面来说，由于视觉缺乏纵深感，往往会使用户感觉有些单调，如果在切换图标或场景中加入交互特效，如划入 / 划出、魔法瓶（苹果桌面 iOS 的页面开启 / 关闭）、淡入 / 淡出、3D 翻转或弹跳式翻页，就可以让用户有更好的体验。通过重力、旋转、摇晃或者语音等方式同样可以达到更有趣的互动效果。

交互特效在儿童电子图书或 App 中有着广泛的应用。兴趣是激发孩子主动、积极地参与学习的动力，他们对直观的、形象的物体往往容易产生浓厚的探索兴趣。数字媒体技术正是通过对声、形、光、色的处理，以交互动画的形式直观而生动地展示电子绘本内容，变抽象为形象，化静态为动态，给角色赋予生命，以形象、生动、逼真、直观的方式激发儿童的阅读兴趣，拓宽儿童的阅读视野，提高儿童的阅读能力。电子绘本按照故事内容组织图画语言，把故事描绘得既好看又清晰，以图为主，图文并茂。特别是在封面设计上，简洁、清晰、色彩艳丽的图画往往能吸引儿童的注意，同时再辅以音乐和清晰的导航，经过初步的训练后，儿童们就可以自己或在大人的陪同下阅读电子图书，享受知识与美的熏陶。例如，在国外出版的一个 iPad 儿童绘本 App 中，读者可以对着麦克风吹气，来模拟现实中蒲公英花吹散的状态（图 18-27）。

图18-27　如果对着麦克风吹气，程序中的蒲公英花就会被“吹散”

在另一款名为《小狐狸的音乐盒》的 iPad App 中，手指触控可以产生各种交互效果。所有的角色都有非常有趣的声音效果，尤其是小狐狸的家里，每一个瓶瓶罐罐都有不同的音阶，每只小青蛙也都有不同的音色，还有不同的小鸟、露珠、勺子等，音效做得美妙细致又有趣，读者在敲击它们的同时，就像自己在现场演奏一样，伴随着小狐狸欢快的舞步，心灵也会跟着翩翩起舞，愉悦富足。山间的烟雾随着手指的触动方向散发开来，美得令人陶醉（图 18-28）。

图18-28　国外的儿童绘本中手指触控产生的特效

借助预制动画来实现转场和页面特效也是普遍采用的方法。例如，在儿童绘本《莫瑞斯·莱斯莫尔先生的神奇飞书》中，故事角色都可以和读者互动，第一个场景巨风吹过书堆的动画就需要读者来控制，手指滑过会带来一阵巨风把书刮起。手指轻触房屋，房屋也会被连根拔起，接着下个场景，iPad 可以通过判断读者的旋转手势来实现浓云旋转、滚动房屋的动画特效，让人为之惊奇。在整个互动的过程中，每个动作的设计都充满想象、生动幽默，常常有意想不到的惊喜（图 18-29）。

图18-29　电子书《莱斯莫尔先生的神奇飞书》中手指滑动时的动画特效

在电子绘本页面的切换上，除了我们熟悉的单击翻页按钮直接切换页面、手指触屏拖动页面和模拟翻书动作的翻页效果外，还有一些更加别致巧妙的设计形式，比如在《灰姑娘》App 中，就运用了许多电影的镜头语言来实现页面间的衔接（图 18-30）。轻击翻页按钮后，页面之间并没有明显的切换，而是巧妙利用角色、道具、背景等来进行推、拉、摇、移的镜头变化，就像电影的一段长镜头一样自然流畅，在巫婆使用魔法时，还运用模拟梦幻的魔法效果实现特效般的转场，点缀得十分巧妙，又增加了奇幻感。读者操作的同时恰恰能感觉像是自己身临其境地在推动这部影片的进展，这不仅仅是阅读绘本，更像是在欣赏和体验一部流畅的动画电影。

图18-30　运用电影的镜头语言来实现页面转场的电子绘本《灰姑娘》

因此，电子绘本的设计不是单纯地将纸绘本数字化，而是从数字作品的角度对内容进行再创作和延伸，让故事内容充分利用电子设备的长处和表现力。读者在智能手机或平板电脑上阅读绘本时，不仅可以利用其触屏感应系统与故事中的角色进行有趣的互动，控制角色的动作，拖曳物件的位置等，还能利用其重力感应系统和声频感应系统来控制角色动作方向和一些意想不到的互动形式。这种电子图画书不仅具有多媒体性、互动性与游戏性，而且能够将动画、转场、视频和绘本中的文字与图画内容结合起来。通过亲子互动的环节，还可以提高大人与孩子共同游乐和学习的兴趣，对于促进儿童的智力发育和情商发展也大有裨益。

思考与实践18

一、思考题

1. 界面设计的内容包括哪三个层面?

2. 什么是扁平化设计?

3. 从媒介变迁的角度说明扁平化设计风格流行的原因。

4. 瑞士设计风格与扁平化设计有何联系?

5. 智能手机屏幕的导航设计分为几种类型?

6. 举例说明什么是写实（拟物化）图标风格。

7. 什么是响应式网页? 其编程基础是什么?

8. 目前移动设备跨平台 App 的开发工具有哪几类? 各自特点是什么?

9. 举例说明电子绘本的特效（转场）设计的类型。

二、实践题

1. 对于设计师来说，扁平化设计风格相对于拟物化设计更抽象，更清晰，同时两种设计风格之间也可以相互转换。例如，图 18-31 所示的左侧（扁平化）界面就是对右侧拟物化界面的改造。请根据网格化设计方式，选择一组拟物化风格的手机界面，如锤子 Smartisan OS 系统，将其改造成为更抽象的卡片式设计风格。

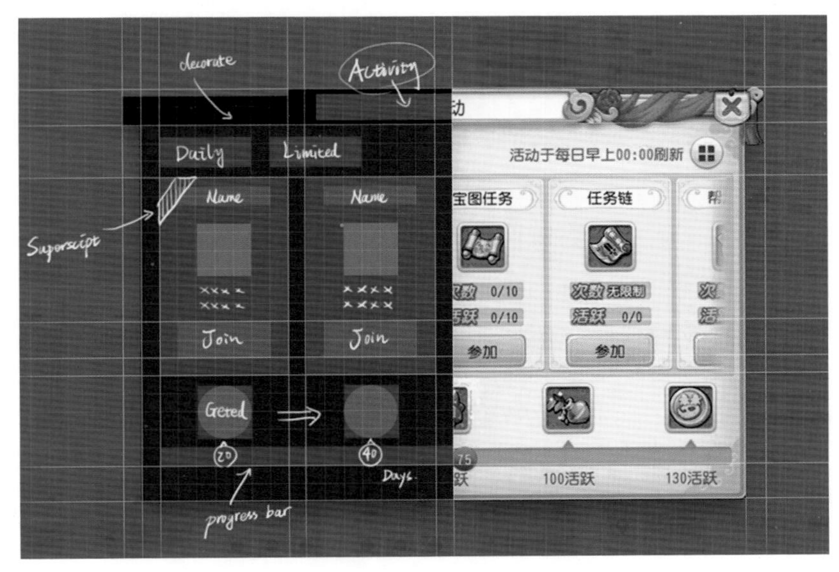

图18-31　扁平化界面与拟物化界面的转换

2. 瀑布流形式的图片陈列馆式界面（如 Pinterest、花瓣网、快手网）因其高效、简洁的卡片式呈现风格，成为近年来手机媒体社交、影视、购物和分享 App 的界面设计潮流。请参考上述网站或 App 的设计风格，构建一个以少数民族服饰文化为核心的，集购物、旅游品信息和民俗图片分享为一体的手机服务平台。

第19课　设 计 原 则

19.1　可用性

谈到可用性、人性化设计和情感化设计，从文字表面上看似乎并不难，但落实到具体的人与环境的关系，也就是界面与交互设计，就不能仅仅从人机界面的角度来考虑，而应该从更广泛的产品、建筑、生活方式以及人与自然的联系来理解。例如，去日本旅游的中国游客都有一个共识，那就是这个国家的很多设计都非常温暖贴心，体现出了对细节的认真和对人性的关爱。例如，日本的家庭浴室虽然空间并不大，但处处体现出了可用性、易用性和情感化设计。以浴缸为例，日本人泡澡之前是要进行淋浴的，要先洗净身上的污垢再进入浴缸。淋浴是用来清洁身体的，而浴缸是为了通过泡澡来放松心情的。因此，浴缸对日本人来说有着非常重要的地位。这些洗澡水在浴缸的小锅炉里可以再次加热、过滤、循环。盖上盖子保温后，这些水就可以让家人重复使用或者拿来洗衣服，非常节能环保。此外，还有专门在泡澡时使用的架子放置物品。能伸缩调节与脸部的距离与角度的充气支架让你在泡澡时也不耽误看书玩手机。浴室还有电子控制板，可以定时加热，自动放水，保温，调温，控制浴室空调（图 19-1）。还能在泡澡的时候和家人通话，一旦发生了危险情况，家人第一时间就能知道。浴室里还用带挂钩的网袋来放置孩子们的小玩具、洗面奶、牙膏和浴球等。浴室虽小，但墙面整洁并提供收纳的功能。

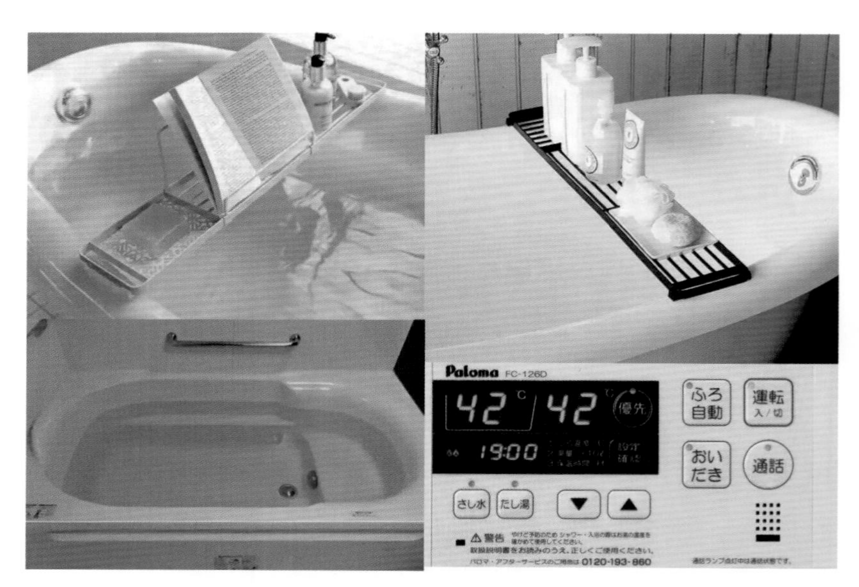

图19-1　日本家庭浴缸的设计体现了可用性

日本的浴室设计是可用性和人性化设计的典范。交互设计的核心在于满足用户对产品内容和交互方式的各种体验。交互设计的目标包括可用性目标（usability goal）和体验性目标（experience goal）。可用性目标是指符合使用标准的、基于人机工程学的目标或用户体验，如有效率、有效性、安全性、统一性、易学习、易记忆等。而体验性目标所关心的是使用该产品的体验的品质，也就是基于用户情感体验的指标，如满意度、享受乐趣、好玩有趣、娱乐性、有帮助、有启发性、具有愉悦美感、能激发创意、有成就感和挑战性等（图 19-2）。可用性和人性化设计相结合，就产生了丰富的用户体验，如日本的浴缸、智能坐便器和家庭厨房、浴室的设计。

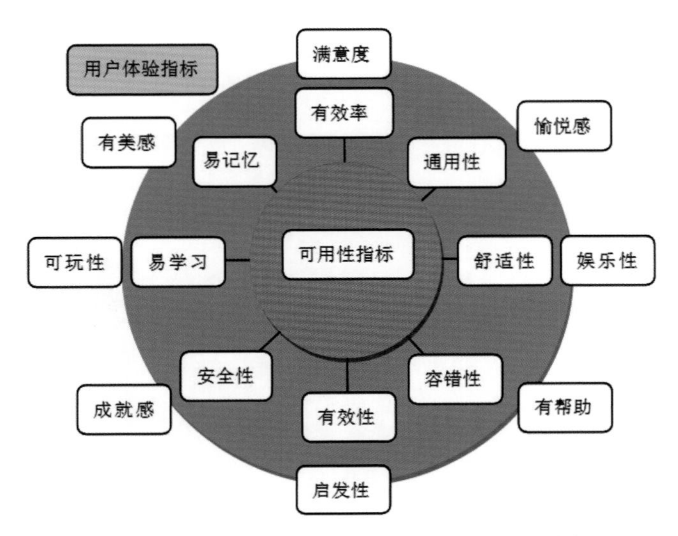

图19-2　交互设计的可用性指标和用户体验指标

针对数字媒体的界面与交互设计同样需要依据上述标准将可用性和情感化设计相结合来提升产品或服务的质量。从设计内容上看，数字产品设计包含以下三个目标，内容设计、行为设计和界面设计（视觉传达，其中也包含声音设计、动画和视频设计等）。因此，用户体验设计包括三个方面，即形式、行为和内容（图 19-3），界面设计以行为设计和形式设计为

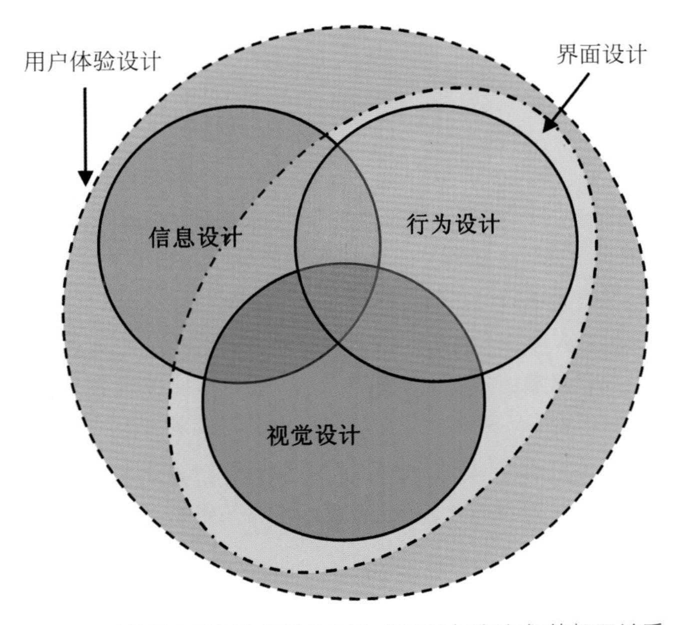

图19-3　基于用户体验设计的三个主要目标和它们的相互关系

主要内容；而用户体验则以形式设计为主，同时也涵盖信息构架和行为设计的部分内容。首先，信息设计是关于媒体信息本身的结构设计，如界面中所包含的信息的组织和材料的取舍与剪裁等，信息设计的目的在于让信息内容更加合理化、逻辑化，更容易被用户理解和接受（图 19-4）。媒体产品互动的呈现方式要依据恰当的交互设计形态来表达信息，如手机 App 的导航、菜单和触控方式设计等，使用户有直觉的、熟悉的互动操控感。视觉 + 行为就构成了界面设计的核心。对于交互设计师来说，内容设计、行为设计和视觉设计是媒体设计的相互依赖的统一体，偏废任何一个方面都不可能完成一个好的作品。

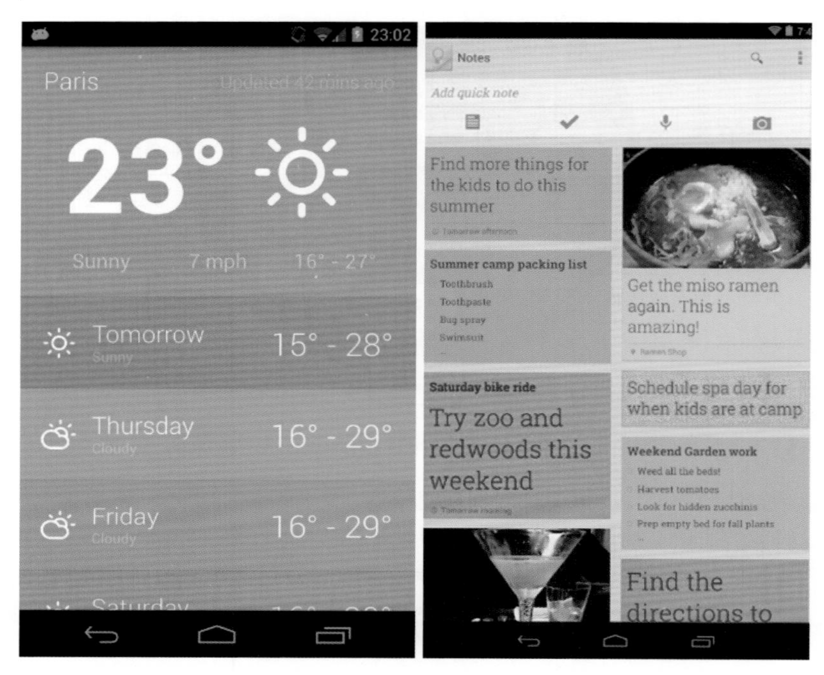

图19-4　信息内容的合理化、逻辑化和丰富性是用户体验的基础

19.2　设计原则

什么是优秀的界面设计？德国《愉快杂志》（*Smashing Magazine*）编著的《众妙之门：网站 UI 设计之道》（贾云龙、王士强译，人民邮电出版社，2010）给出了答案，该书指出，优秀的用户界面大都具有下面这八个品质或特点。

（1）简洁化。关键在于文字、图片、导航和色彩的设计。近年来扁平化设计风格的流行就是人们对简洁清晰的信息传达的追求。如音乐应用程序 Keezy 就鼓励用简单彩色瓷砖拼贴的风格来让用户选择自己内心的数字音乐摇滚明星（图 19-5）。

（2）清晰化。通过使用流程图、层级图和图标等视觉信息元素可以使界面更加干净简洁（图 19-6）。清晰的界面不仅赏心悦目，而且能使用户在使用的过程中减少犯错。

（3）熟悉感。人们总是对之前见过的东西有一种熟悉的感觉，自然界的鸟语花香和生活的饮食起居都是大家最熟悉的。在导航设计过程中，可以使用一些源于生活的隐喻如门锁、文件柜等图标，因为现实生活中，人们也是通过文件夹来分类资料的。

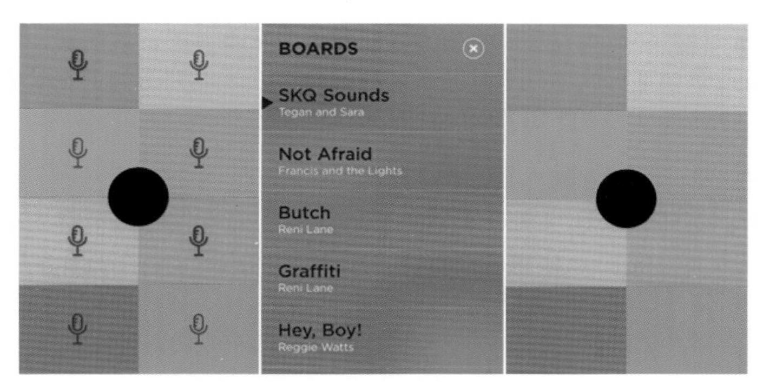

图19-5　简洁化的关键在于文字、图片、导航和色彩的设计

图19-6　通过使用流程图、层级图和图标等视觉元素可以使界面更清晰

（4）响应性。首先，响应必须迅速，一个良好的界面不应该让人感觉反应迟缓。其次，界面应该提醒用户发生了什么事，特别是通过清晰的操作反馈这些信息。例如，Facebook 推出的社交应用 Paper 就有一个生动个性的界面（图 19-7），它不仅提供了一个全新的观看新闻的方式，还可以通过帖子的随意滚动来切换不同的主题和收藏。该软件的照片浏览方式也独具特色，能够随时间呈现你的个人故事。

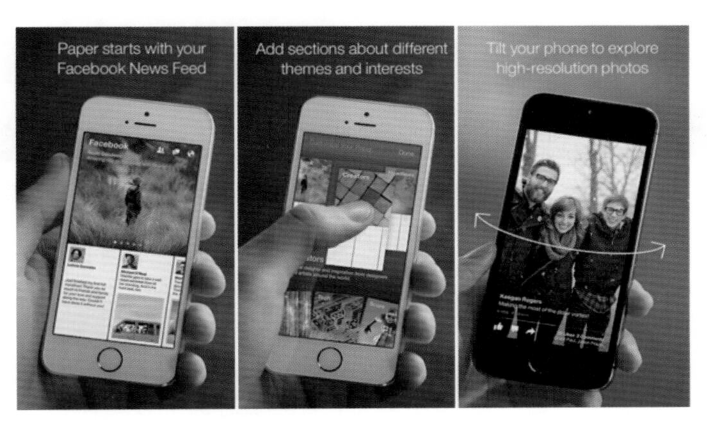

图19-7　Facebook推出的社交应用Paper的界面交互设计

（5）一致性。在整个应用程序中保持界面一致是非常重要的，这能够让用户识别出使用的模式。一旦用户学会了界面中某个部分的操作，他很快就能知道如何在其他地方或其他特性上进行操作，就好像他们早就知道似的。

（6）美观性。有一个好看的界面无疑会让用户工作或生活起来更开心。况且让用户开心绝对是一件好事。例如，家庭分享媒体 Vine 是一个界面简约但色彩丰富的应用程序，各项列表和栏目安排得赏心悦目（图 19-8）。该应用程序采用扁平化、个性化的界面风格，无论是购物清单、家务清单、家庭宠物还是一些更个性化的活动，该软件都保持井然有序和风格一致的界面来增强用户体验。

（7）高效性。时间就是金钱，一个伟大的界面应当通过快捷菜单或者良好的设计来帮助用户提高工作效率。毕竟这是科技带给人们的一个最大好处，它允许人们用更少的时间和努力来完成更多的工作。

（8）容错性。每个人都会犯错，如何处理用户的错误是对软件的一个最好的测试。它是否容易撤销操作？是否容易恢复删除的文件？ 一个好的用户界面不应当因为用户的错误而惩罚他们，而应该总是为他们提供补救方法。

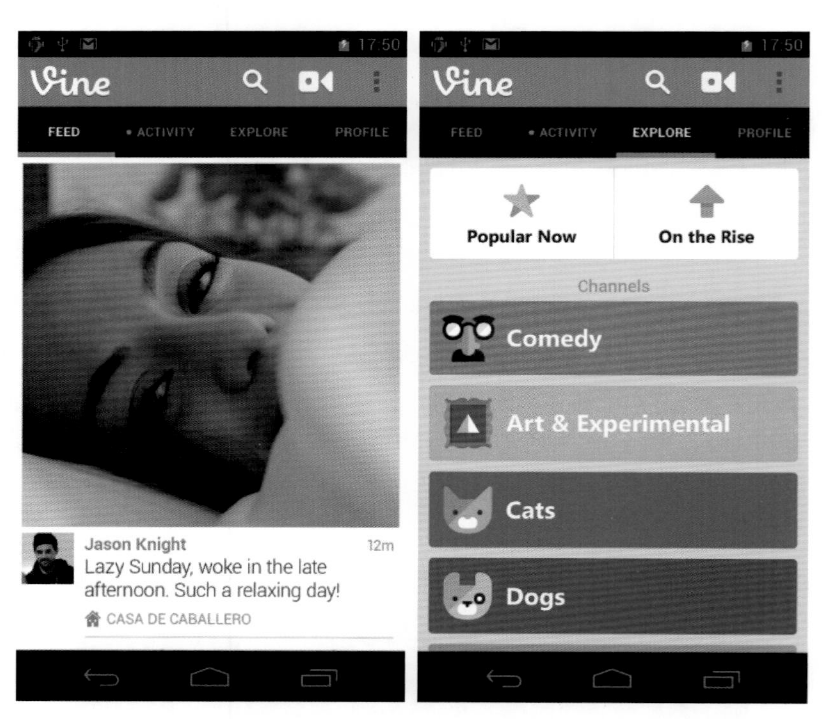

图19-8　家庭分享媒体Vine是一个界面简约但色彩丰富的应用程序

想要设计一个能够包含所有特性的用户界面非常困难，因为各个特性之间总是相互影响。设计者在界面中增加的元素越多，用户在使用上所花的努力就越大。当然，反过来亦是如此。如何设计既简洁、优雅又清晰、一致的用户界面，是摆在用户界面设计师面前最大的难题。依据 10 年来国内外研究者对网站用户体验的调研，可以总结出 Web 界面设计的一般规律（表 19-1）。虽然该总结并不是针对移动媒体的，但其中的 50 条设计标准仍可以为界面设计师提供一个有价值的参考。

表 19-1　根据网页构成要素总结的交互设计 Web 标准

体验分类	网站要素	交互设计与 Web 设计标准
感官体验	设计风格	符合目标用户的审美习惯，并具有一定的引导性
	网站标志	确保标志空间，品牌的清晰展示不占据过大的空间
	页面速度	正常情况下，确保页面打开速度
	页面布局	重点突出，主次分明，图文并茂，将用户最感兴趣的内容和信息放在重要的位置
	页面色彩	与品牌整体形象相统一，主色调 + 辅助色和谐
	动画效果	与主画面相协调，打开速度快，不干扰主画面浏览
	页面导航	导航条清晰明了、突出，层级分明
	页面大小	适合多数浏览器浏览 (以 15in 及 17in 显示器为主)
	图片展示	比例协调，不变形，图片清晰。图片排列疏密适中
	标识使用	简洁、明了、易懂、准确，与页面整体风格统一
	广告位置	避免干扰视线，广告图片符合整体风格，避免喧宾夺主
	背景音乐	与整体网站主题统一，要设置开关按钮及音量控制按钮
浏览体验	栏目命名	与栏目内容准确相关，简洁清晰，不宜过于深奥
	栏目层级	导航清晰，运用 JavaScript 等技术使层级之间放缩便捷
	内容分类	同一栏目下，不同分类区隔清晰，不要互相包含或混淆
	更新频率	确保稳定的更新频率，以吸引浏览者经常浏览
	信息编写	段落标题加粗，以区别于内文。采用倒金字塔结构
	新文标记	为新文章提供不同标识 (如 new)，吸引浏览者查看
交互体验	会员申请	清晰地介绍会员权责，并提示用户确认已阅读条款
	会员注册	流程清晰、简洁。待会员注册成功后，再完善详细资料
	表单填写	尽量采用下拉选择，需填写部分应注明要填写的内容，并对必填字段做出限制 (如手机位数、邮编等，避免无效信息)
	表单提交	表单填写后需输入验证码，提交成功后有提示
	按钮设置	交互性的按钮必须清晰、突出，确保用户清楚地点击
	点击提示	点击过的信息显示为不同的颜色以区别于未阅读内容
	错误提示	若表单填写错误，应指明填写错误并保存原有填写内容，减少重复输入
	页面刷新	尽量采用无刷新 (如 Ajax 或 Flex) 技术，以减少页面的刷新率
	新开窗口	尽量减少新开的窗口，设置弹出窗口的关闭功能
	资料安全	确保资料的安全保密，对于客户密码和资料加密保存
	显示路径	无论用户浏览到哪一层级，都可以看到该页面路径

续表

体验分类	网站要素	交互设计与 Web 设计标准
版式体验	文章导读	为重要内容在首页设立导读，使得浏览者可以了解到所需信息。文字截取应保证内容准确，避免断章取义
	精彩推荐	在频道首页或文章左右两侧提供精彩内容推荐
	内容推荐	在用户浏览文章的左右两侧或下部提供相关内容推荐
	收藏设置	为会员设置收藏夹，对于喜爱的产品或信息进行收藏
	信息搜索	在页面醒目位置提供信息搜索框，便于查找所需内容
	文字排列	标题与正文明显区隔，段落清晰
	文字字体	采用易于阅读的字体，避免文字过小或过密
	页面底色	不能干扰主体页面的阅读
	页面长度	设置页面长度，避免页面过长，对于长篇文章进行分页浏览
	快速通道	为有明确目的的用户提供快速入口
	友好提示	对于每一个操作进行友好提示，以增加浏览者的亲和度
情感体验	会员交流	提供便利的会员交流功能 (如论坛) 或组织活动，增进会员感情
	鼓励参与	提供用户评论、投票等功能，让会员更多地参与进来
	专家答疑	为用户提出的疑问进行专业解答
	导航地图	为用户提供清晰的 GPS 指引或 O2O 服务
	搜索引擎	查找相关内容可以显示在搜索引擎前列
信任体验	公司介绍	包括公司规模、发展状况、公司资质等
	联系方式	有准确有效的地址、电话等联系方式，便于查找
	服务热线	将公司的服务热线列在醒目的地方，便于用户查找
	投诉途径	为用户提供投诉 / 建议邮箱或在线反馈
	帮助中心	对于流程较复杂的服务，在帮助中心进行服务介绍

19.3 规范化设计

对于移动媒体的界面设计师来说，理解界面的技术构成、布局规则和设计标准是至关重要的事情。作为移动媒体界面的先行者，苹果公司多年来对 iOS 的设计规范进行了深入的研究，并向第三方设计师和软件开发商提供了详细的参考手册。2014 年，腾讯 ISUX 用户体验部完整翻译了苹果公司官方的《iOS 8 人机界面指南》，为国内的设计师提供了苹果手机的详细设计规范。其中的“为 iOS 而设计”(Designing for iOS) 标题就包含三大原则：

(1) 遵从。UI 能够更好地帮助用户理解内容并与之互动，但却不会分散用户对内容本身的注意力。

(2) 清晰。各种大小的文字都应该易读，图标应该醒目，去除多余的修饰，突出重点。

(3) 深度。视觉的层次和生动的交互动作会赋予 UI 活力并让用户在使用过程中感到惊喜 (图 19-9)。

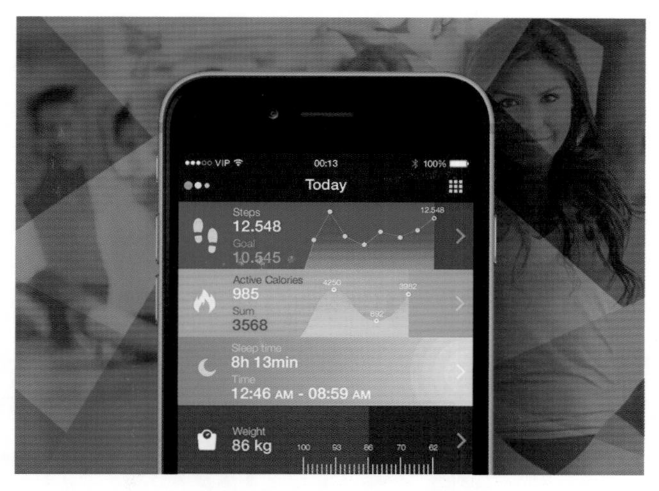

图19-9　视觉的层次和生动的交互动作会赋予UI活力

苹果公司建议设计师们无论是修改或是重新设计应用都可以尝试下列方法：

（1）去除 UI 元素，让应用的核心功能呈现得更加直接。

（2）直接使用 iOS 的系统主题让其成为应用的 UI，这样能给用户统一的视觉感受。

（3）保证你设计的 UI 可以适应各种设备和不同操作模式。

苹果公司认为：虽然明快美观的 UI 和流畅的动态效果是 iOS 体验的亮点，但内容始终是 iOS 的核心。例如天气应用软件，漂亮的天气图片充满全屏，呈现用户所在地当前天气情况（最重要的信息），同时也留出空间呈现每个时段的气温数据（图 19-10）。但应该尽量减少视觉修饰和拟物化设计的使用。UI 面板、渐变和阴影有时会让 UI 元素显得很厚重，致使 UI 抢了内容的风头。可以尝试使用半透明底板或半透明的控件来帮助用户看到更多的内容。在 iOS 中，透明的控件只让它遮挡住的地方变得模糊——看上去像蒙着一层米纸一样，但并没有遮挡屏幕剩余的部分。

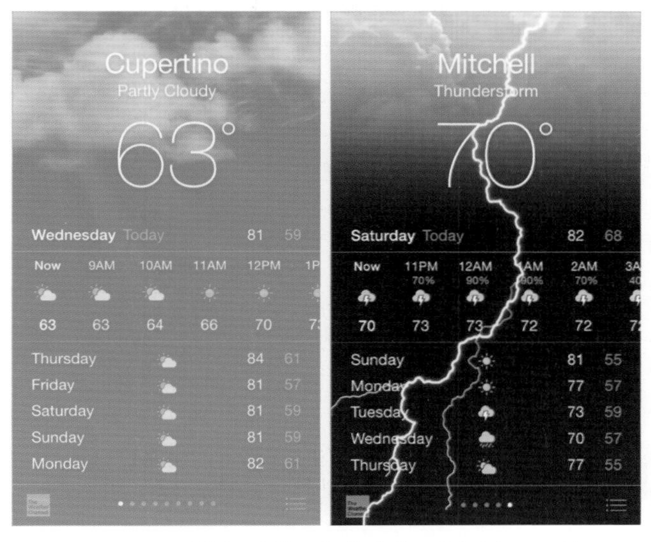

图19-10　简约设计的天气软件的UI更具有可用性

保证清晰度以确保你的应用中内容始终是核心。让最重要的内容和功能清晰呈现，易于交互。留白不仅可以让重要内容和功能显得更加醒目，而且可以传达一种平静和安宁的视觉感受，它可以使一个应用看起来更加聚焦和高效。一个主题色可以让重要区域更加醒目并巧妙地表示交互性。这同时也使应用有统一的视觉主题（图 19-11）。内置应用使用同色系的颜色，无论在深色和浅色背景上看起来都干净、纯粹。iOS 的系统字体自动调整行间距和行的高度，使阅读时文本清晰易读，无论何种字号都表现良好。在默认情况下，所有 iOS 工具栏上的按钮都是无边框的。无边框按钮以文字、颜色以及操作指引标题来表明按钮功能。当按钮被激活时，该按钮呈现高亮的浅色状态作为操作响应。

图19-11　界面设计应用统一的视觉主题

苹果公司进一步建议用深度和动画转换来体现界面的层次。通过使用一个在主屏幕上方的半透明背景浮层可以用来区分文件夹和其余部分的内容（图 19-12，左）。同样，苹果

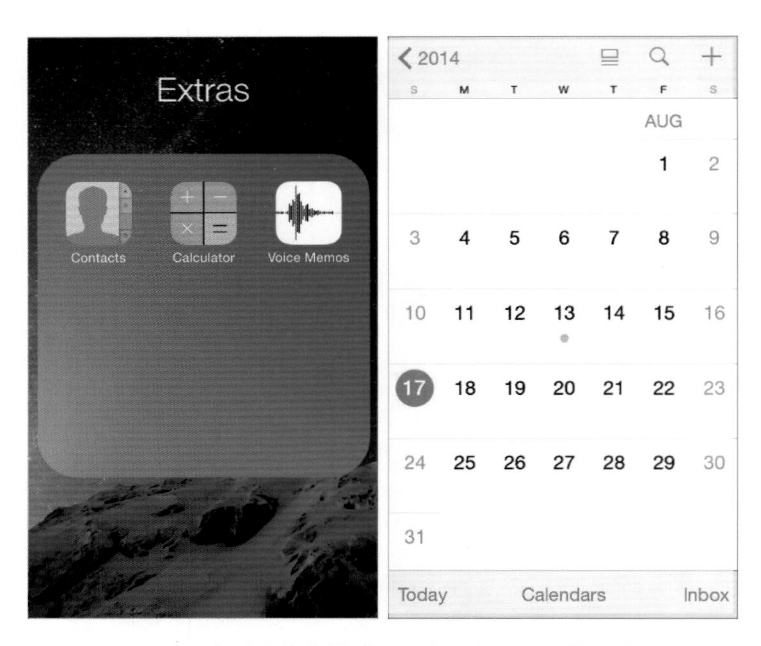

图19-12　半透明的背景浮层（左）和日历界面（右）

iOS 的日历也是一个范例（图 19-12，右）。该日历有 3 个层级，当用户在翻阅年、月、日的时候，系统就会循序切换相关的层次，给用户一种层级纵深感。在滚动年份视图时，用户可以即时看到今天的日期以及其他日历任务。当用户处于月份视图时，单击年份视图按钮，月份会缩小至年份视图中的所处位置。今天的日期依然处于高亮状态，年份出现在返回按钮处，这样用户可以清楚地知道他们在哪儿，他们从哪里进来并且知道如何返回。类似的过渡动画也会出现在用户选择一个日期时：月份视图从所选位置分开，将当前的周日期推向屏幕顶端并翻转出以小时为单位的当天时间视图。这些动画加强了日历上年月日之间的关系的感知度。

对于图标和图形的设计，苹果公司在《iOS 8 界面设计指南》中也给出了建议："每个应用都需要一个漂亮的图标。用户常常会在看到应用图标的时候便建立起对应用的第一印象，并以此评判应用的品质、作用以及可靠性。以下几点是你在设计应用图标时应当记住的。当你确定要开始设计时，需要参考苹果不同规格手机的图标尺寸规格（图 19-13）。应用图标是整个应用品牌的重要组成部分。将图标设计当成一个讲述应用背后的故事以及与用户建立情感连接的机会。最好的应用图标是独特的、整洁的、打动人心的、让人印象深刻的。一个好的应用图标应该在不同的背景以及不同的规格下都同样美观。"为了丰富大尺寸图标的质感而添加的细节有可能会让图标在小尺寸时变得不清晰。想要决定在工具栏和导航栏中到底是用图标还是文字，可以优先考虑一屏中最多会同时出现多少个图标。如果数量过多，可能会让整个应用看起来难以理解。使用图标还是文字还取决于屏幕方向是横向还是纵向，因为水平视图下通常会拥有更多的空间，可以承载更多的文字。

图19-13　苹果公司在《iOS 8界面设计指南》中规定的图标设计规范

《iOS 8 界面设计指南》指出：无论是需要展示用户的照片，还是需要创建自定义图片，以下这些需求都应该遵守：

① 支持 Retina 显示屏。确保应用中的所有图片资源都提供了高分辨率规格（图 19-14，右）。

② 显示照片或图片时请使用原始尺寸，并且不要将它拉伸到大于 100%。你不会希望在应用中看到拉伸和变形的图片。可以让用户自己来选择是否缩放图片。

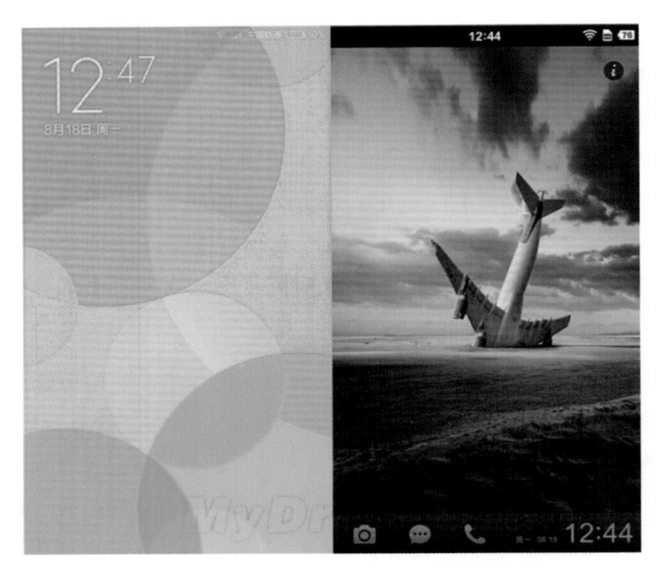

图19-14　手机应用中的图片或色彩都应该保证高分辨率的规格

19.4　视觉风格

“风格”或者说“时尚”代表着一个时代的大众审美。虽然从艺术上看，视觉风格主要与绘画流派相关，但是它却渗透到了生活的方方面面，如衣服的搭配、建筑设计、生活习惯甚至思维模式，无一不体现着这个时代的风格。拜占庭风格是 7 ~ 12 世纪流行于罗马帝国的艺术风格，这种风格的建筑外观都是层层叠叠，主建筑旁边通常会有副建筑陪衬。建筑的内饰也经过精心雕琢，墙面上布满了色彩斑斓的浮雕。而现代主义风格建筑的外观更多地运用了直线而非曲线，以体现现代科技感，内饰和家具也更加讲究朴素大方而非繁复夸饰（图 19-15）。风格除了具有时代性，还有地域性，所以产生了各式各样的风格及分支，如古典主义、浪漫主义、洛可可、巴洛克、哥特式、朋克式、达达派、极简主义、现代主义、后现代主义、嬉皮士、超现实主义、立体主义、现实主义、自然主义等。

图19-15　拜占庭、巴洛克和现代主义建筑的风格差异

关于视觉风格，百度百科的解释是“艺术家或艺术团体在实践中形成的相对稳定的艺术风貌、特色、作风、格调和气派”。对于风格来说“相对稳定”至关重要，因为一个风格的形成需要时间和文化的积淀，这也导致了风格是具有时代意义的。例如，通过了解建筑、画作、服装等的风格，便能基本判断其所处的年代。例如，“维多利亚时代风格”就是指1837—1901年英国维多利亚女王在位期间的风格，如束腰与蕾丝、立领高腰、缎带与蝴蝶结等宫廷款式，还可以联想到蒸汽朋克、人体畸形展、性压抑、死亡崇拜等一系列主题（图19-16）。维多利亚时代的文艺运动流派包括古典主义、新古典主义、浪漫主义、印象派艺术以及后印象派等。虽然很多设计师和画家都有着自己的个人风格，但是要想迎合大众的品位而非小众的审美，他们的创作就不能脱离他们所处时代的风格。所以个人风格更加类似于将自己的个性融入到一个时代的风格中去。如果在艺术创作中特立独行，独树一帜，那么在大众看来可能就会显得离经叛道、矫揉造作，为社会所不容。

图19-16　英国维多利亚时代的社交与服饰风格

从百年艺术史上看，风格（时尚）可以总结成两个主要的发展趋势：从复杂到简洁，从具象到抽象。这个规律同样也适用于科技产品的界面风格的变化。从大型机时代的人机操控到数字时代的指尖触控（图19-17），技术的界面越来越智能化，和人的关系也越来越密切。正如媒介大师米歇尔·麦克卢汉（Marshall McLuhan，1911—1980）所言：媒介（技术）就是人的延伸。

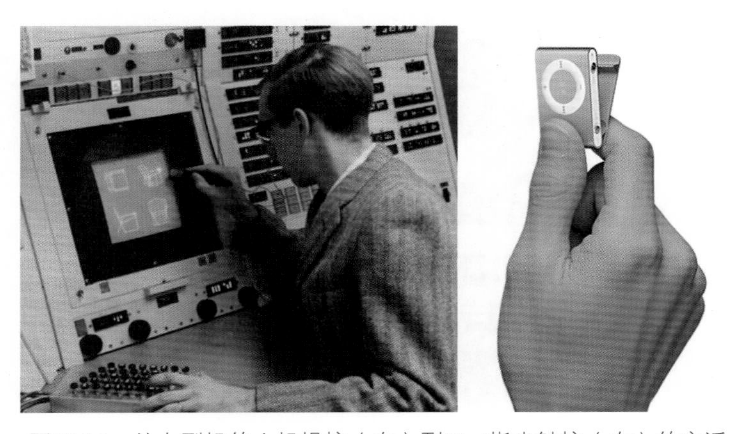

图19-17　从大型机的人机操控（左）到iPod指尖触控（右）的变迁

界面设计风格的变化往往与科技的发展密切相关。如2000年前后，随着计算机硬件的发展，图形图像的处理速度加快，网页界面的丰富性和可视化成为设计师们的追求。同时，JavaScript、Java Applet、JSP、DHTML、XML、CSS、Photoshop和Flash等RIA（Rich Internet Application，富因特网应用）富媒体技术或工具也成为改善客户体验的利器。到2005年，一批仿真度更高、更拟物化的网页开始出现，并成为界面设计的新潮（图19-18）。网页设计师喜欢使用PS切图制作个性的UI效果，如Winamp、超级解霸的外观皮肤，甚至于百变主题的Windows XP都是该时期的经典。设计师们通过PS、JavaScript和Flash等技术让WebUI更像是一件实物，为用户带来一种更为生动的感觉，希望能借此消除科技产品与生活的距离感。此时各种仿真的UI和图标设计（图19-19）生动细致，栩栩如生，成为21世纪前十年设计师所青睐的界面视觉风格。

图19-18　曾经在网页设计中流行的仿真与华丽的风格

图19-19　网页仿真图标曾经是人性化界面的代表

2007 年，苹果公司推出的 iPhone 手机代表了一个新的移动媒体时代的来临。此后多年，苹果公司的 iOS 界面风格主要采用模仿实物纹理（skeuomorphism）的设计风格（图 19-20）。iPhone 手机界面延续了苹果公司在桌面 MacOS 的设计思路：丰富视觉的设计美学与简约可用性的统一。苹果手机的组件——钟表、计算器、地图、天气、视频（YouTube）等都是对现实世界的模拟与隐喻。这种风格无疑是当时最受欢迎的样式，也成为包括 Android 手机在内的众多商家和软件 App 所追捧的对象（图 19-21）。

图19-20　苹果手机界面的模仿实物纹理风格

图19-21　丰富视觉的设计美学与简约可用性的统一

虽然广受欢迎，但使用拟物设计也带来不少问题：由于一直使用与电子形式无关的设计标准，拟物化设计限制了创造力和功能性。特别是语义和视觉的模糊性，拟物化图标在表达如“系统”“安全”“交友”“浏览器”或“商店”等概念时，无法找到普遍认可的现实对应物。拟物化元素以无功能的装饰占用了宝贵的屏幕空间和载入时间，不能适应信息化社会的快节奏。信息越简洁，对于现代人就越具有亲和力，因为他们需要做的筛选工作量大大减少了。同时，对于设计者来说，运用简洁风格也能节省大量的设计和制作时间，因此简洁的风格更受到设计师们的青睐（图 19-22）。近年来，以 Windows 8 和 iOS7 为代表，人们已经开始逐渐远离曾经流行的仿实物纹理的设计风格。随着 Android 5 的推出，在 UI 设计中进一步引入了材质设计（Material Design，MD）的思想，使得 UI 风格朝向简约化、多色彩、扁平图标、微投影、控制动画的方向发展（图 19-23）。对物理世界的隐喻，特别是光、影、运动、字体、留白和质感，是材质设计的核心，这些规则使得手机界面更加和谐和整洁。

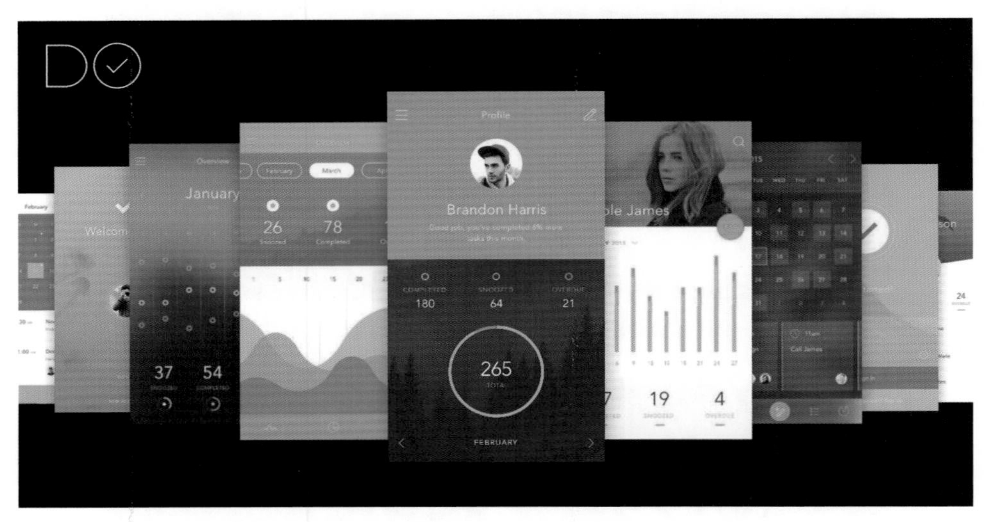

图19-22　省事，高效的简洁风格更受到设计师们的青睐

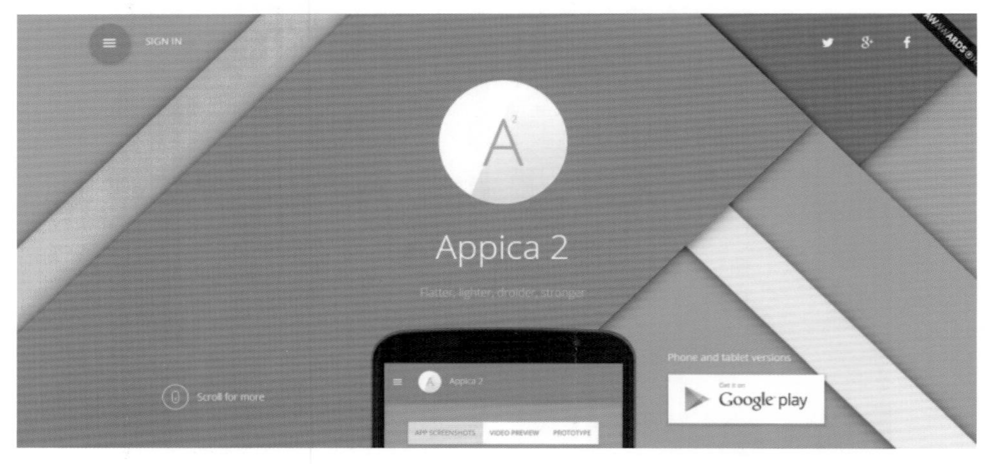

图19-23　谷歌提出的简约、多色彩、扁平图标、微投影和控制动画的UI风格

19.5 卡片设计

随着大屏幕智能手机的流行，如今全屏化的卡片式设计几乎无处不在，这种设计语言有其独特的美感和实用性。无论是手机、iPad 还是桌面电脑的网页设计，这种风格已经可以说是无处不在（图 19-24）。早在 2010 年，全球最大的图片社交分享网站 Pinterest（图 19-25）就采用瀑布流的形式，第一次给用户带来了这种清爽的卡片式设计。很多公司如花瓣网、好奇心日报等都紧随其后推出了自己的卡片式交互设计的网站，而这种卡片式的界面设计已成为当今应用程序 UI 设计的潮流趋势。

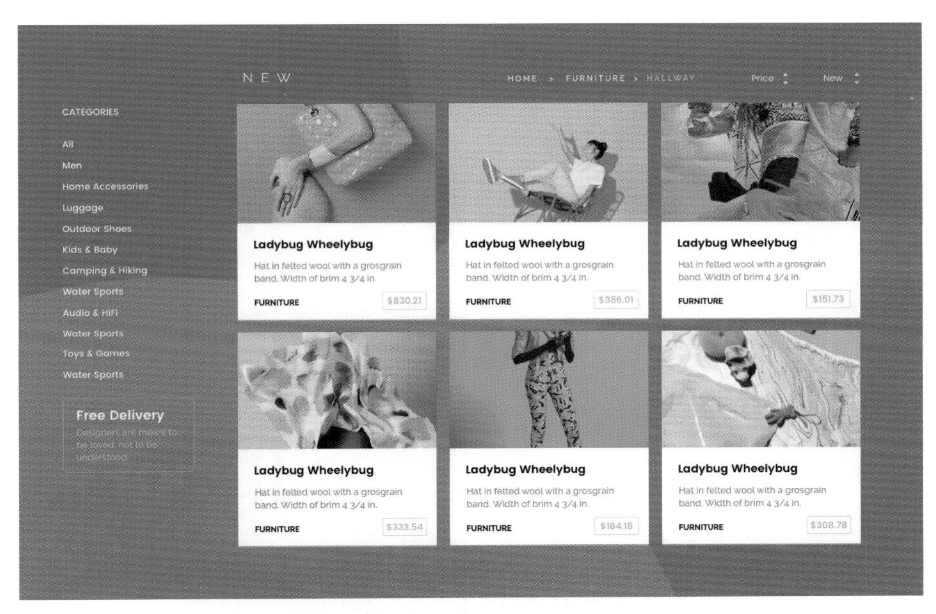

图19-24 全屏化的卡片式设计的网页

图19-25 全球图片社交分享网站Pinterest的“瀑布流”界面

卡片式的布局能够把信息、图像、文本、按钮、链接等一系列数据整合到各种矩形框中。这些模块可以分层或移动，并都倾向于调整到全屏幕尺寸。如果你把它滑动到手机的一侧，它就会和其他的卡片堆叠在一起。卡片式设计能够成为流行趋势的一个最重要的原因就是——卡片式设计能够完美地利用手机屏幕的空间，不但界面清爽，内容也一目了然。在大多数的交互场景下，卡片式设计与移动应用程序简直是绝配。而矩形的设计也能够完美体现出 UI 设计的简洁美。但苹果 iOS、Android 材质设计和微软 WP 的卡片式设计风格并不一样，苹果 iOS 7 使用了毛玻璃堆叠层级，Android 大量使用了阴影造就剪纸效果（图 19-26），而 WP 则是使用了类似杂志的图文混排设计 UI。它们总体上都属于扁平化的卡片设计的变种。

图19-26　苹果iOS 7图标使用了毛玻璃（左）而Android使用阴影（右）

卡片设计还能更自然地实现动画效果，这样更容易在触摸屏中展现出 UI 的层级。卡片式设计的鼻祖是 Palm 公司在 2009 年推出的 WebOS 操作系统。该公司的 UI 设计师加入谷歌后，安卓 4.0 就大量出现了 WebOS 的设计理念，如独到的卡片式多任务界面。在此后的 Android 5.0、6.0 中，谷歌使用了更新的材质设计，但卡片式多任务的设计依然被传承了下来。这个设计视觉效果不仅直观，也非常适合手势操作，因此也成为苹果 iOS 7 所效仿的对象。卡片式设计能够将可交互性和可用性完美融合在一起。无论是何种设备，卡片式设计都能提供一致的体验感受（图 19-27）。在响应式设计方面，因为卡片式设计是作为“内容存储的介质”，所以可以轻松地向上或向下扩展，这一“容器”几乎可以容纳所有类型的内容。这种设计语言对于那些以内容为主的网站和应用程序简直称得上是绝配。因为没有什么内容是卡片所装不进去的。卡片所能容纳的内容元素真的非常多，比如照片、文本、视频、优惠券、音乐、付款信息、注册表格、游戏数据、社交媒体流、共享文件、奖励信息以及链接等。

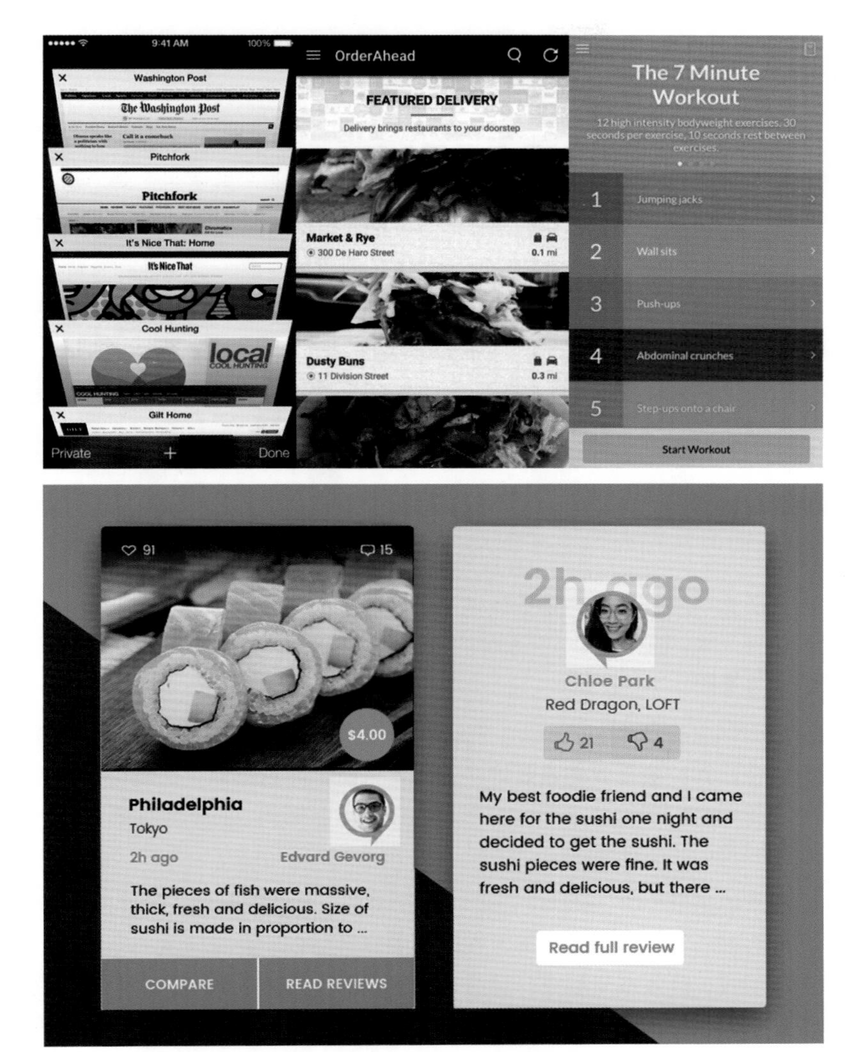

图19-27　对于多种设备，卡片设计都能提供清晰而丰富的体验

卡片式设计的规则如下：

（1）了解光线的物理性质。设计师应仔细考虑如何使用阴影和渐变，使元素看起来更加真实。这对于卡片式设计而言是非常重要的，因为它涉及卡片的“真实感”。如果阴影投射的方向没有规律，这种卡片式的体验可能就会被破坏掉。

（2）确保 UI 在黑白两色下能够正常使用。设计的第一步就是要抛弃颜色，这将使设计师明确地把设计重点放在实用性和内容上。设计师应该在设计的最后一步再添加颜色，颜色对 UI 设计只是起到点缀的作用。

（3）不要吝啬使用留白。请先给卡片一些空白的空间，之后再慢慢缩减这部分空白。留白是帮助设计师组织和分离各种元素的良师益友（图 19-28）。

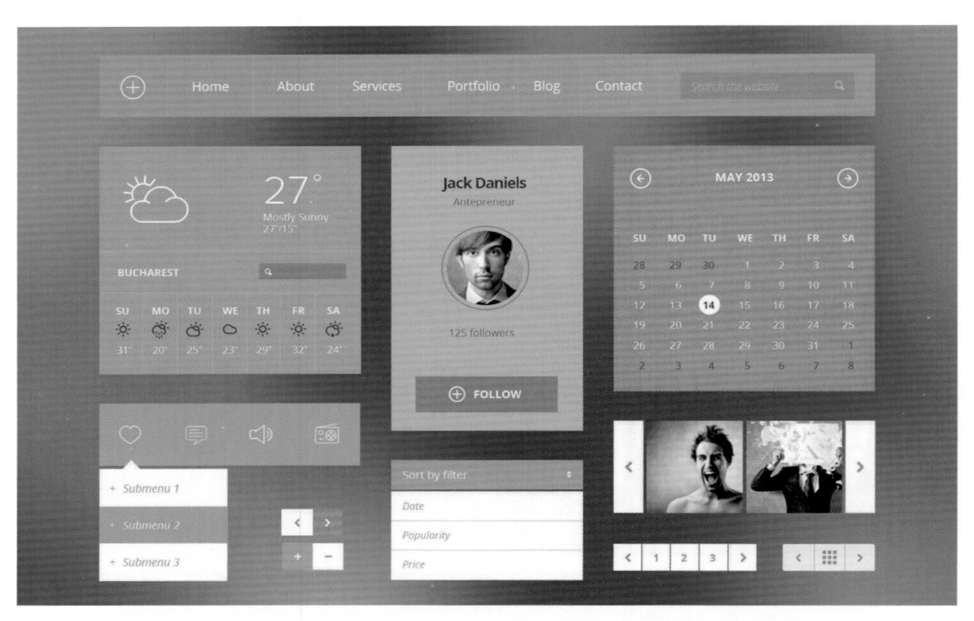

图19-28　留白（背景渐变色）是卡片布局与呈现的重要因素

（4）掌握分层文字的艺术。一定要使用一个明确的、清晰的图像作为背景。为了确保文本看起来效果更好一些,可以使用一个黑暗的色调来进行叠加,如把文字放进一个“盒子”里，或者是尝试虚化背景图。

（5）知道如何创建版式与颜色对比。无论是用大卡片还是小卡片，用更多的文字还是更少的文字进行组合，其实最重要的是要把这些元素有机地配合起来，达到吸引用户注意的目标。通过对卡片加以美化润色是一种取悦用户的好方法。例如，把阴影元素加进卡片中，就会使用户感到更加亲切自然。

从认知心理学的角度分析，卡片设计流行的原因在于其数字界面能够在现实中得到映射，用户很容易就能够融入其中。试想一下，在现实中你是如何玩扑克牌的——你可以将它们摞起来、铺展开、翻转、折叠或是放在扑克牌盒子里。而卡片化的数字界面具有与现实中的卡片相同的性质，这是一种天然的优势，能够给用户带来一个舒适的体验，因为用户可以轻松流畅地操作。设计者也能够充分利用用户的这种现实中的思维惯性来设计操作逻辑，从而实现在应用中的无缝连接与转换。而当用户与卡片进行交互时，他们就会自然融入到这种固有的行为模式之中。

19.6　材质设计

数字媒体的界面由字体、色彩、图形、图像、版式（样式与布局）、动画、交互元素（控件、按钮）和组件构成。随着近年来移动媒体的发展，快捷、高效和跨平台页面设计要求新的视觉规范。2014 年，谷歌发布了《材质设计规范手册》。这个手册定义了新的 UI 设计准则。该手册指出：我们挑战自我，为用户创造了崭新的视觉设计语言（图 19-29）。该语言除了遵循经典设计定则，还汲取了最新的科技，秉承了创新的设计理念。材质设计的核心是一种底层系统，在这个系统的基础之上，可以产生构建跨平台和适应不同设备尺寸的统一体验（图 19-30）。

图19-29　谷歌的《材质设计规范手册》定义了新的UI设计准则

图19-30　材质设计的核心是一种底层卡片系统，可以适应不同设备的尺寸

材质设计就是构建一种卡片式容器，这个材料是刚性、不可弯曲的，均匀厚度为 1 个虚拟像素（图 19-31，左上）。材料构成界面的容器（或平台），无论是动画、字体、色彩、图像、版式或组件都是在这个材质上呈现的。这个对象与现实生活中的物理对象具有相似的性质。在现实生活中，卡片材料可以被堆积或粘贴，但是不能彼此交叉穿过。虚拟的光线照射使场景中的材料对象投射出阴影，45° 照射的主光源投射出一个定向的阴影，而环境光从各个角度投射出连贯又柔和的阴影。环境中的所有阴影都是由这两种光投射产生的，阴影是光线照射不到的地方，包括直射光的阴影、散射光的阴影以及直射光和散射光混合投影。

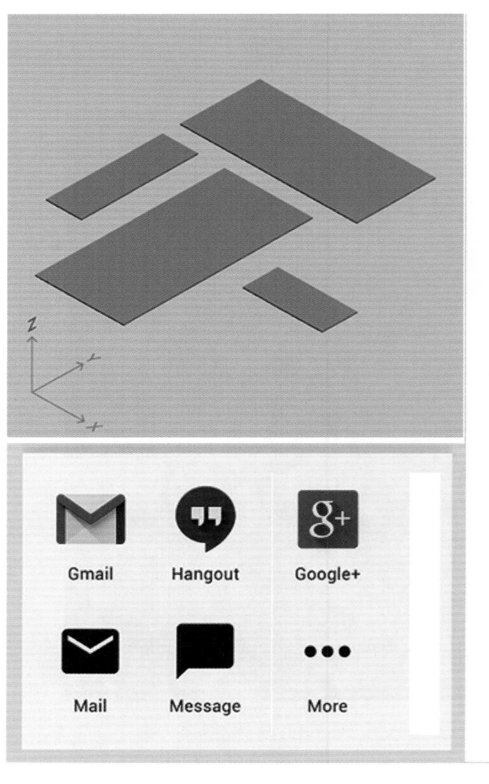

图19-31　材质设计就是构建一种卡片式容器，上面有字体和图标等

该手册规定，刚性材质遵循虚拟的牛顿物理学的规则，如不能折叠、不能彼此穿越以及不能改变其厚度。这些材质在颜色、宽度、形状和层次关系上可以自由改变，同样也可以产生或自然消失（动画中的放大、缩小），它总是带有投影，可以用来承载或显示各种内容，如图像、文字、视频等。实体的表面和边缘阴影提供基于真实效果的视觉体验，熟悉的触感让用户可以快速地理解和认知。实体的多样性可以呈现出更多反映真实世界的设计效果，但同时又绝不会脱离客观的物理规律。光效、表面质感、运动感这三点可以用来解释物体运动规律、交互方式、空间关系的关键。真实的光效可以解释物体之间的交合关系、空间关系以及单个物体的运动。

谷歌公司借鉴了传统的印刷设计，如排版、网格、空间、比例、配色和图像，并在这些基础的平面设计之上形成了材质设计的思想。基于这种理念而设计的界面不但可以愉悦用户，而且能够构建出视觉层级、视觉意义以及视觉聚焦。设计师通过精心选择色彩、图像、合乎比例的字体、留白，可以构建出鲜明、形象的用户界面，让用户沉浸其中。例如，材质设计的颜色表达生动、鲜活、大胆而丰富，这与单调乏味的周边环境形成鲜明的对比。强调大胆的阴影、渐变、投影和高光可以引出令人意想不到且充满活力的颜色。传统设计大多采用 2 ～ 4 种颜色，而材质设计的色彩运用达到了 6 ～ 8 种之多，所以，色彩的运用无疑是这种设计最重要的特征（图 19-32）。同样，材质设计的图标去掉了拟物化的大部分特征，更多地用色彩来表现，用色彩来刺激人的视觉，以达到更好的功能性。

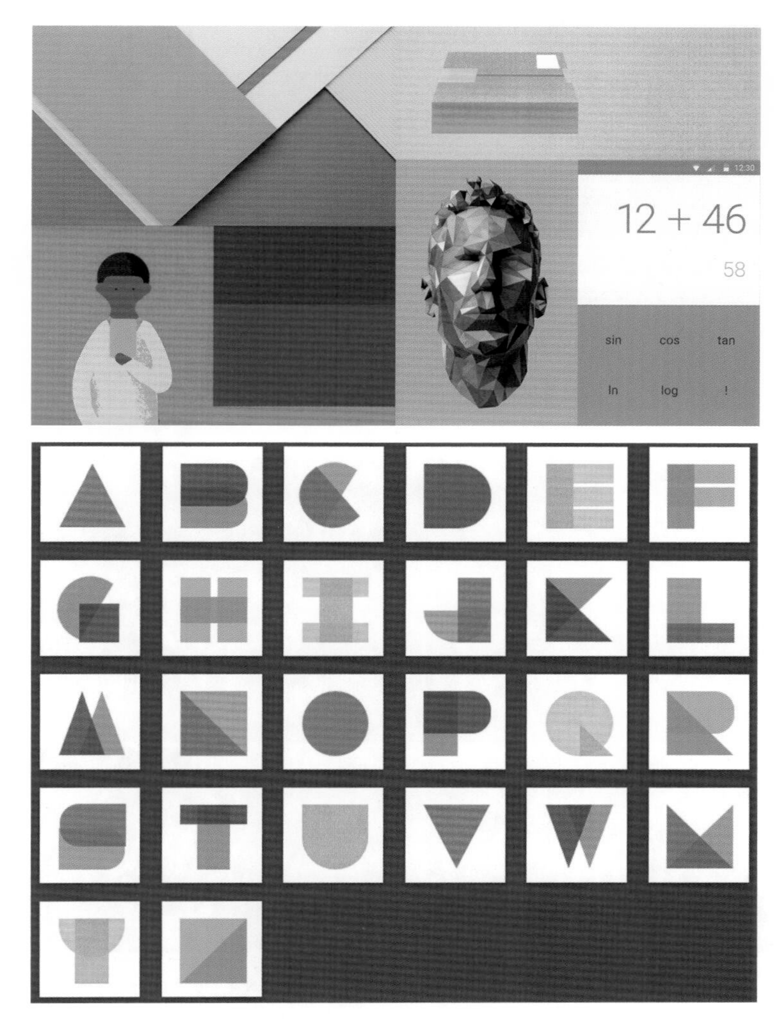

图19-32　色彩的运用无疑是这种设计最重要的特征

为了帮助设计师尽快熟悉材质设计的颜色构成规律，该手册还提供了详细的 UI 调色板。该调色板以一些基础色为基准，通过增加灰度为不同操作环境提供一套完整的颜色规范。基础色的饱和度是 500。最深为 900，最浅为 100。调色板通过同色系的颜色搭配营造了和谐、统一的感觉，也成为设计应用程序主题色调、导航和窗口的依据（图 19-33）。材质设计通过强烈的色彩对比使人能在第一时间发现信息。同时，材质设计相对于拟物化的设计少了很多细节，增加了图标对人的视觉刺激，使人机交互变得更加及时与高效。

除了色彩外，该手册还详细说明了动画和动效设计的重要性。动画效果（简称动效）可以有效地暗示和指引用户，让物体的变化以更连续、更平滑的方式呈现给用户，让用户能够充分知晓所发生的变化。根据设计规则，设计师进行动效的设计要根据用户行为而定，能够改变整体设计的触感，动效应当在独立的场景呈现。动效应该是有意义的、合理的，其目的是吸引用户的注意力以及维持整个系统的连续性体验。动效反馈应做到细腻、清爽、高效、明晰。

Base Color (50–900)	White	Brown 900
Deep Orange	20%	20%
Red	20%	20%
Pink	20%	20%
Brown	20%	20%

Base Color (50–900)	White	Deep Orange 900
Yellow	20%	20%
Amber	20%	20%
Orange	20%	20%

Base Color (50–900)	White	Blue Grey 900
Blue Grey	20%	20%
Light Blue	20%	20%
Cyan	20%	20%
Teal	20%	20%
Green	20%	20%
Light Green	20%	20%
Lime	20%	20%

Base Color (50–900)	White	Indigo 900
Blue	20%	20%
Indigo	20%	20%
Deep Purple	20%	20%
Purple	20%	20%

图19-33　材质设计调色板：同色系的颜色搭配产生协调与统一的风格

材质设计将动画作为真实物理世界的模拟，例如，一个物体的运动可以告诉我们它轻还是重，柔软还是坚硬，小还是大。在材质设计规范中，动作意味着物体在空间中的关系、功能以及在整个系统中的运动趋势。根据牛顿力学，物理世界中的物体拥有质量，所以只有人推动时才会移动，因此物体有加速度的过程。动画突然开始或者停止，或者在运动时突兀的变化方向，都会使用户感到意外和不和谐。因此，材质设计就在于如何让“动作”完整地展现物体的真实特性，如优雅、简约、美观和神奇的无缝的平滑运动体验。而线性动作会使人感到机械和死板，而弹性的运动则会使人感到自然和愉快。

转场的设计是材质动画的重点。所有的动画行为，如折叠菜单展开、圆形蒙版展开（图 19-34）、左右滚动展开、推拉转场、放缩蒙版或百叶窗栅格转场等，都要求模拟自然移动的规律。例如，一个人进入场景的时候，并不是从场景的边缘开始走入的，而是从更远的地方。同样，一个物体退出这个场景时，需要维持它的减速运动，缓慢地离开场景。此外，不是所有物体的移动方式都相同，轻的或小的物体可能会更快的加速和减速，大的或重的物体可能需要花更多的时间。设计师需要仔细琢磨如何将物体的动作应用到 App 的 UI 元素中。

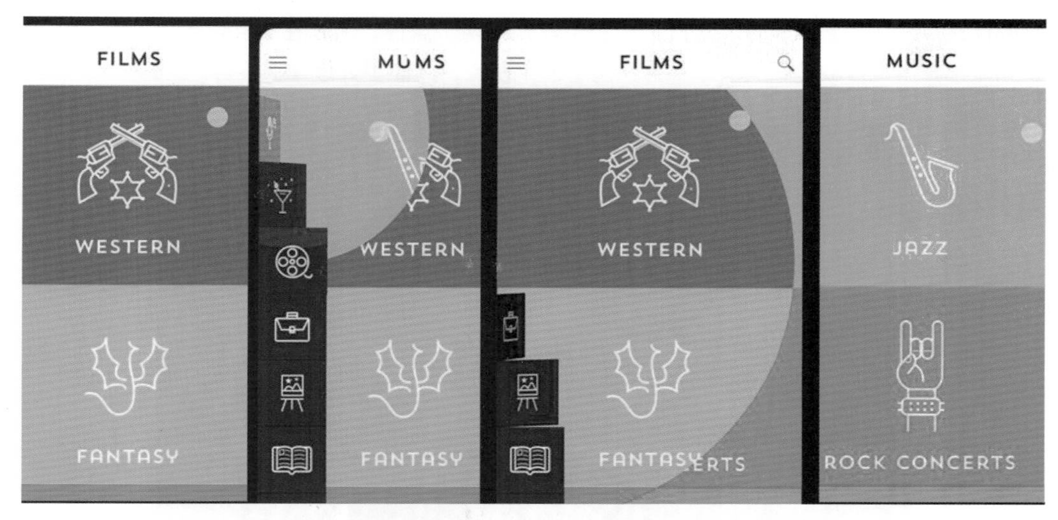

图19-34　放缩蒙版和逐渐展开的界面转场和菜单设计

人机交互中的动效设计同样是必不可少的。一个明显的动画视觉效果可以让用户清晰地感知自己的输入（触摸屏幕、语音输入等）。在用户的操作中心点应该形成一个像涟漪一样逐渐扩散的径向动效响应。涟漪效果应从触控点、语音图标或键盘输入时的按键点展开。无论是滑动、拖曳还是放大图像，系统应该立即在交互的触点上提供可视化的图形让用户感知到交互的反馈（图 19-35）。触控涟漪是这种触摸效果的核心视觉机制。在响应触摸事件时，设备能清晰而及时地让用户感知触摸按钮和语音输入时的变化。物体可以在触控或点击的时候浮起来，以表示该元素正处于激活状态。用户可以通过点击、拖动来生成、改变元素或者直接对元素进行处理。

图19-35　屏幕触点的图标可以让用户感知到交互的反馈

目前，色彩丰富、条理清晰、风格统一的材质设计已经成为一种潮流，大量的手机 UI 模板的出现就是这种风潮的代表（图 19-36）。在科技快速发展的今天，交互设计已经慢慢成为了主导视觉的最大载体，而设计也在引领着使用者的视觉审美。虽然材质设计在表面上可能是删减了一些设计细节，但是这种删减是一种艺术性的删减，所以，应该更理性地去分析它的优缺点。对于艺术来说，设计具有视觉与功能两个属性，所以在交互设计上无论视觉还是功能都是不可或缺的，只有掌握好这两者的平衡点，才能更好地掌握设计。

图19-36　手机材质设计的UI模板

思考与实践19

一、思考题

1. 举例说明什么是可用性和情感化设计。

2. 优秀的用户界面风格包哪几个品质或特点?

3. 苹果公司《iOS 8 人机界面指南》提出了哪几个设计规范?

4. 苹果公司建议设计师们可以采用哪些方法来改进 UI 设计?

5. 举例说明风格(时尚)的变化和发展的两个主要趋势。

6. 什么是模仿实物纹理的设计风格?

7. 卡片式布局的优势有哪些? 说明其设计的规则。

8. 什么是谷歌推出的材质设计风格?

9. 材质设计在视觉设计语言上有哪些特点?

二、实践题

1. 苹果公司针对 iPhone 智能手机界面的设计规范制作了一系列模板供设计师参考。请通过 Photoshop 和 AI 软件根据图 19-37 所示的模板进行一个手机智能化家居管理 App 的导航条、菜单栏、按钮、图标和信息栏(如温度、湿度)的设计。要求界面元素风格一致,功能标志简洁、清晰、明确、美观、可用性强。

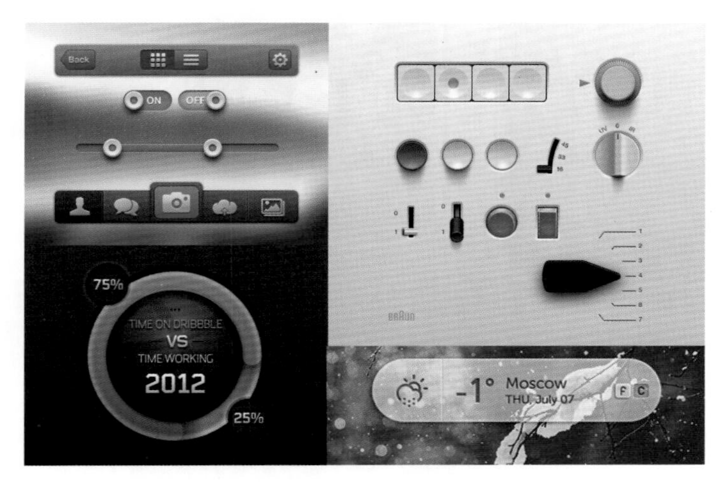

图19-37 苹果iPhone智能手机界面的UI元素模板

2. 有些人质疑谷歌的材质设计思想源于荷兰风格派(蒙德里安)和抽象主义绘画(康定斯基的点线面),其形式超过内容。如何通过借鉴自然主义和超现实隐喻来摆脱材质设计设计形式单一的局限性? 请通过 Photoshop 设计一种"反材质设计风格"的手机界面。

第20课　创 新 界 面

20.1　智能手表

2015 年 10 月，苹果公司发布了众人期待已久的苹果智能手表（Apple Watch，或 iWatch，图 20-1）。Apple Watch 从“健康管理”和“时尚”这两个用户痛点切入可穿戴市场。通过实用性、时尚性及时装化，让用户适应智能手表全新的交互方式。苹果在智能手表中引入了很多轻度社交化应用，如完善的健康监测以及消息提醒功能，同时苹果也为 Apple Watch 设计了全新的界面和交互方式，以适应这种设备小屏幕的特性。AppleWatch 并不是一个独立的产品，它在数据和功能上与现有 iOS 体系产品配合，其中关键的衔接点就是应用个人健康管理（HealthKit）的概念，这也反映了 Apple Watch 未来的发展方向。苹果智能手表将会对医疗行业产生新的变革，医生可以通过 Apple Watch 随时获取病人的医疗数据，它将会改变病人与医生的互动方式，还可以远程遥控孕妇的各种健康状况，甚至可以检测胎儿的心跳。

图20-1　苹果公司推出的苹果智能手表

随着苹果智能手表的发布，很多设计师也抓住时机设计了一款又一款的智能手表，如基于 Android 系统的 Moto360、谷歌的 Android Wear、三星的 Galaxy Gear 和索尼的 Smart Watch，国内如映趣科技的 inWatch 等，这些智能手表的 UI 设计对设计师来说是非常新鲜的体验和挑战。众所周知，虽然手表的圆形表盘司空见惯，但在以矩形界面为主流的数字媒体屏幕中，圆形却因制作工艺、信息展示习惯等原因一直很难跻身其中。传统的圆形，无论是钱币、标志或是指南针，处处体现了圆形的信息设计。因此，许多厂家仍然以圆形表盘为核心，通过界面切换的方式实现智能响应和 UI 界面的变化，如 Facebook 的通话设置（图 20-2）和谷歌的天气信息切换（如图 20-3）。

图20-2　Facebook智能手表的通话设置

图20-3　谷歌智能手表的天气信息切换界面

智能手表最突出的特征就是它能够支持可交互的表盘（interactive watch faces），即通过自身的应用驱动实现表盘中的计时、通话、日历、天气和社交等功能（图 20-4）。可交互表盘可以实现拖曳标签、点按切换、长按通话等。苹果和谷歌的设计团队就将设计重点放在手表的信息交互方式上。谷歌 Android Wear 的设计总监布瑞特·林德（Brett Lider）说："我们最关注的是在表盘上的直接操作行为，因为用户应该会下意识地点击他们所看到的信息。""开始我们将点击作为进入辅助界面的方法，但是几经波折，我们还将点击作为返回主表盘的方法"智能手表可以采用更多的交互方式如语音、滑动、长按、手势等，来淘汰传统点击的方式。

林德进一步指出：“我们着眼于未来是对的，但有时让现存的事物进化到你所看到的将来是需要时间的。作为设计师，我们要不断地尝试新的东西，同时也关注自己所处的现在，因为我们所见的未来就要来了，我们想做的是尽自己所能让它尽快降临。”

图20-4　智能手表最突出的特征就是它的可交互表盘

近年来，智能穿戴的发展成为业界最为关注的话题。在当前的互联网时代，在短短的二十年里，世界经历了从PC业的兴旺到iPhone引领的移动设备的爆炸式增长。互联网移动化、智能化及可穿戴化已经成为未来的发展趋势，而智能穿戴的基础设备就是手表。手表作为历史最悠久，持续时间也最长的“智能设备”，从机械表时代开始就是人们可以随身携带的设备里最精密最复杂的一件。在易用性和方便性上，手表几乎是智能穿戴中最合适的载体。不论是基础的传感器的安置，还是信息通过震动或屏幕的传递，又或者用于社交时的方便程度，手表的形态都是最完美的（图20-5）。因此，毫无疑问，智能穿戴的起点和核心就是智能手表。

图20-5　智能手表UI的概念设计：界面的切换

该产品的主要功能包括：通过各类传感器监测运动、生理、健康指标；通过屏幕、声音和震动完成手机为核心的推送信息传递以及初步的社交功能（微信加好友）。未来随着距离、运动、位置传感器的发展，对创新手势（如旋转操作，图 20-6）的支持，LBS（Location Based Service，基于位置服务）的引入以及更深入的社交功能，将逐渐把智能手表这一品类变得越来越不可或缺。

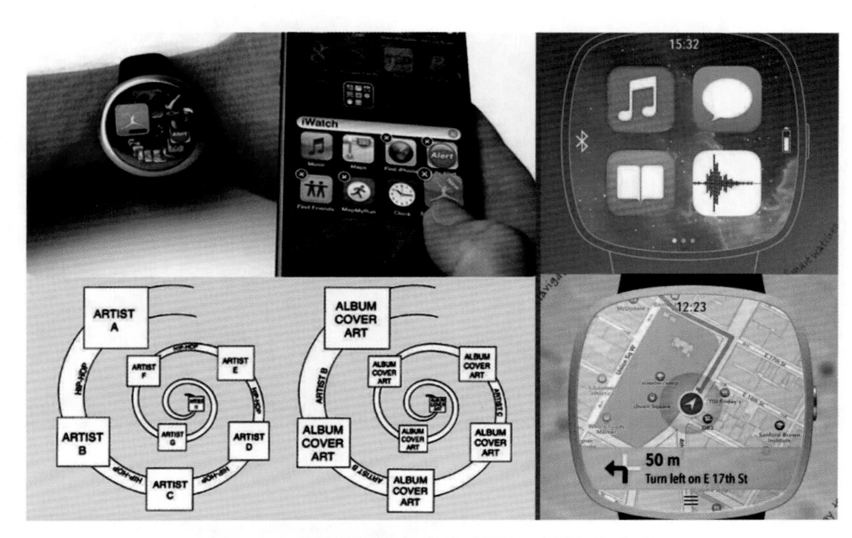

图20-6　创新手势会成为手表UI设计的亮点

20.2　手势交互

以手势体现人的意图是一种非常自然的交互方式，在几千年的进化发展过程中，人类已经形成了大量通用的手势，一个简单的手势就可以蕴含丰富的信息，人类通过手势能够高效传递大量的信息，因此将手势用于计算机能够极大地提高人机交互的效率，给用户自然的使用体验。例如，有的触摸屏还可以感应到手指按压的力度，能画出一条粗细浓淡变化丰富的线条。2015 年，迪士尼大导演格兰·基恩（Glan Keane）就表演了借助虚拟现实头盔和 VR 画笔程序 Tilt Brush 实现“立体绘画”的过程（图 20-7）。Tilt Brush 是谷歌的一款立体绘画软件，可以让用户通过定制的“画笔”在 VR 空间画出富有景深效果的图形。虚拟现实技术结合手势交互突破了传统的人机交互模式，使得整个操作过程更加有趣、自然。

手势界面的研究可以追溯到 1983 年贝尔实验室（Bell Labs）的工程师 Murray Hill 发表的《软机器》（*Soft Machine*）一文，该论文试图为基于触摸屏的用户界面提供一个更便于理解的定义。20 世纪 80 年代早期的虚拟现实研究也包括追踪手的动作的研究。1995 年，智能可触摸交互界面的概念开始出现。2005 年，纽约大学媒体研究室的研究员杰夫·韩（Jeff Han）利用 FTIR 技术在 36in×27in 大小的银幕上首次实现了双手触摸交互（图 20-8）。FTIR 技术是由 LED 发光照向塑料的内层表面，如果塑料表层是空气，光就会完全反射，但是如果有折射率比较高的物质（如皮肤）压住压克力表面，位于接触点的光就会散射（被吸收）。该技术成为多重触摸技术的基础。2007 年，苹果公司的 iPhone 成为多重触摸技术的里程碑产品。

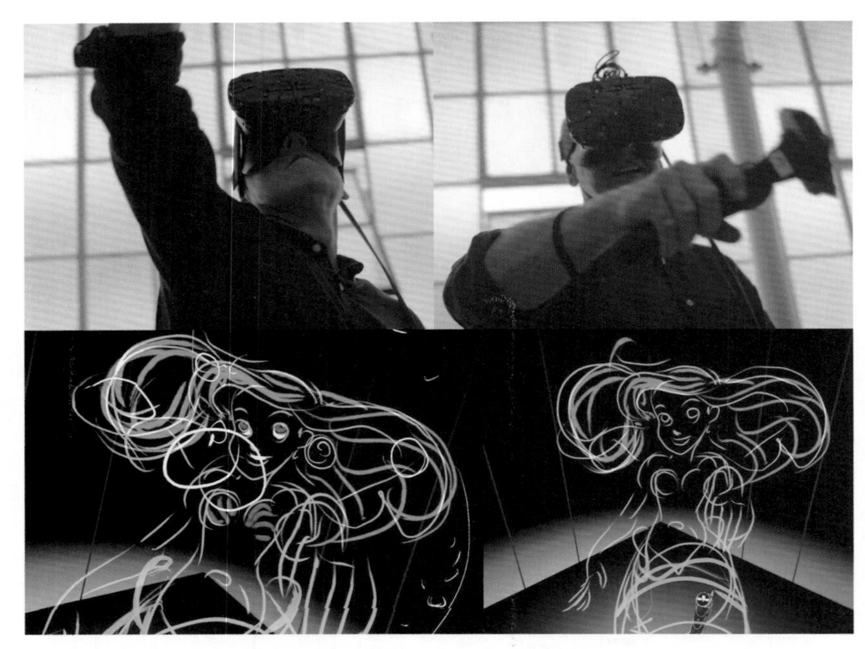

图20-7　格兰・基恩通过VR画笔程序Tilt Brush实现了“空中绘画”

图20-8　纽约大学媒体研究室的研究员Jeff Han（左）首次实现了双手触摸交互（右）

2008 年，微软推出了首个基于手势交互的平板电脑桌 Microsoft Surface。这个设备没有鼠标和键盘，通过人的手势、触摸和其他物体来和电脑进行交互，这完全改变了人和信息之间的交互方式。Surface 计算设备将内置红外传感器，无须碰触即可感知用户的手势和动作（图 20-9，右上）。Surface 具有一个可以支持多点触摸的平板显示屏，同时它还可以识别放在它上面的物体并触发不同的响应，因为在该计算机内部具有五个摄像头。比如你在餐馆就餐时，当你将饮料放电脑桌上时，它的所有信息就会在电脑桌上面呈现出来，比如相应的甜点的菜单，需要的话只要手指一点即可。

图20-9　微软Surface内置红外传感器，无须碰触即可感知用户的手势和动作

相对于传统图形用户界面（GUI）的WIMP（窗口、图标、菜单、光标），微软强调该智能电脑桌是基于自然用户界面（Natural User Interface，NUI）的“所用即所得”的概念，强调自然、亲切、易用、友好和快捷的操作环境。例如，传统界面的指针被替换成为水波纹或者光环互动的方式（图20-10）。每个用户手指的姿势应导致不同类型的水波纹或者光环。该智能电脑桌可以通过摄像头捕捉手的各种姿势（如单指、双手指、手掌）和各种不同尺寸的物理对象。通过拖曳等方式可以移动、旋转或放大物体（图20-11）。“光环”的边缘也有着不同的波纹，这可以响应不同的操作。同样，如果用户停止与电脑桌表面进行交互，该光环也会随着时间的推移逐渐淡化或消失。为了使得用户能够在各种光线环境下使用该设备，平板电脑桌Microsoft Surface特别使用中间色调和高饱和度的颜色作为背景，这可以使水波纹的感觉更加清晰可见。

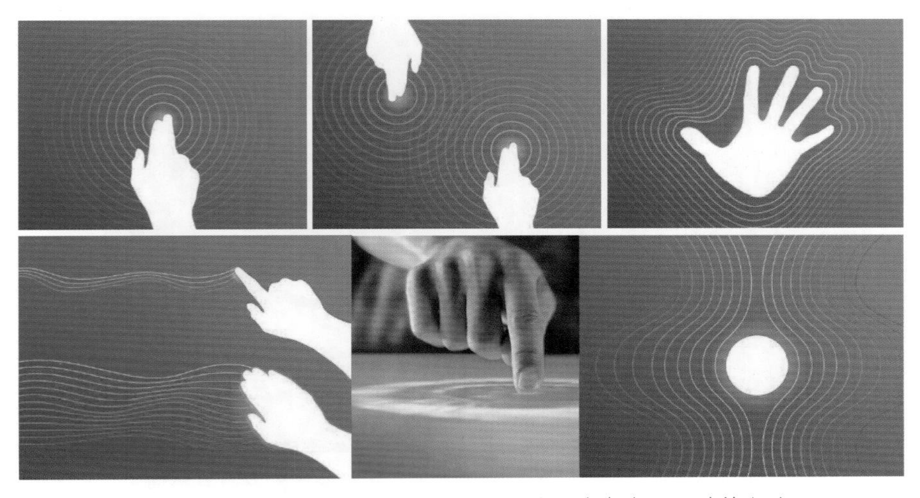

图20-10　交互桌的指针被替换成为水波纹或者光环互动的方式

图20-11　交互桌可以通过拖曳等方式移动、旋转或放大物体

20.3　可触媒体

在 2014 年意大利举办的“米兰设计周”上，一个特殊的“钢琴交响乐”演奏现场吸引了众多的观众。这个由麻省理工学院（MIT）研发团队设计的“钢琴”的“琴键”可以随着指挥的手势而上下起伏，并弹奏出美妙的音乐（图 20-12，左）。这就是目前 MIT 研究的热点领域——有形可触媒体(Tangible Media)。该研发小组由著名的人机交互专家石井裕(Hiroshi Ishii）博士（图 20-12，右上）等人领导。他们正在研究的“智能可变形家具”可以根据周围人的动作和情感来进行结构改变，成为未来的智能互动形式。这种变形家具的基础是可以上下起伏的底层，微处理器控制的 1152 个塑料柱构成了这个底层。电脑程序决定了每个塑料柱的动作，创造起伏的波浪运动，还可以建立沙堡状结构并形成某种具体形状。控制则由微软的 Kinect 传感器负责，当 Kinect 的传感器察觉有人接近并与家具互动时(如坐在沙发上)，它们会如同这个“钢琴”一样做出相应的上下起伏运动（图 20-12，右下）。

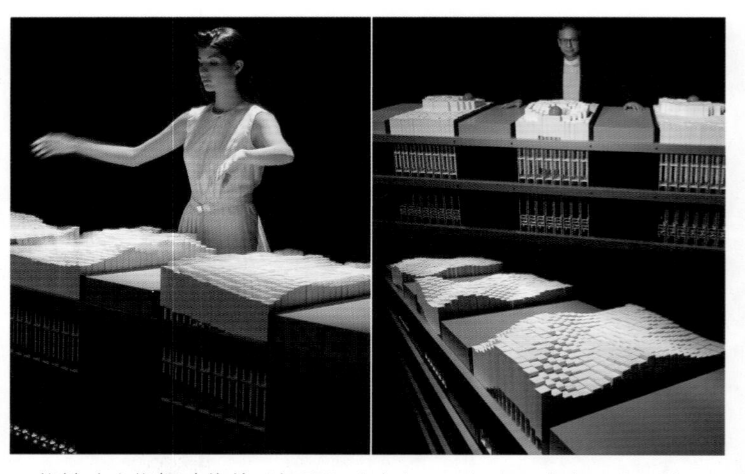

图20-12　能够响应指挥动作的“钢琴”（左），人机交互专家石井裕博士（右上）及其团队的智能可变形家具（右下）

家居摆设历来是一种静态的展示，桌子、椅子等家具千百年来一直保持僵硬和呆板的造型。MIT 正在研发的可变形家具很可能彻底改变家具未来的发展方向。试想一下，当你下班回家，家中沙发可以感觉到你的感受并作出相应的舒适度调整；或者你在沙发上休息得太久，沙发会自动从柔软变硬，敦促你从沙发中起身去户外运动。“可触媒体”是石井裕博士提出的一个交互设计的新观念。石井裕认为计算机是用像素（pixel）来显示信息的。像素是一种没有物理实体存在的东西，而可触媒体则反其道而行之，试图通过日常生活中大家早已熟悉的事物来进行新的数字产品设计并导入或“隐喻”新的人机交互关系。2013 年，石井裕博士发布了轰动互联网的 InFORM 项目——“远程触摸互动”。在屏幕中的用户可以通过一个特殊的立体触控板（柱形可变形交互界面）来远程触摸或操控物体（如抓住小球），这个立体触控板可以响应手的各种姿势，其表面形状可以相应地不断改变并控制物体（图 20-13）。这种技术的疯狂之处在于，有一天我们可能实际使用这种技术进行远距离沟通握手，人机互动将超越冰冷的屏幕和传统的 GUI。“可触媒体”还可能会改变设计师的工作方式。如 MIT 的另一个研究小组就开发了一个“立体桌面显示器”，它可以在一个立体的柔性表面，通过用户手指的操控而显示出三维立体地形（图 20-14），这可能会成为环境艺术设计师和建筑设计师未来工作的“立体沙盘”。

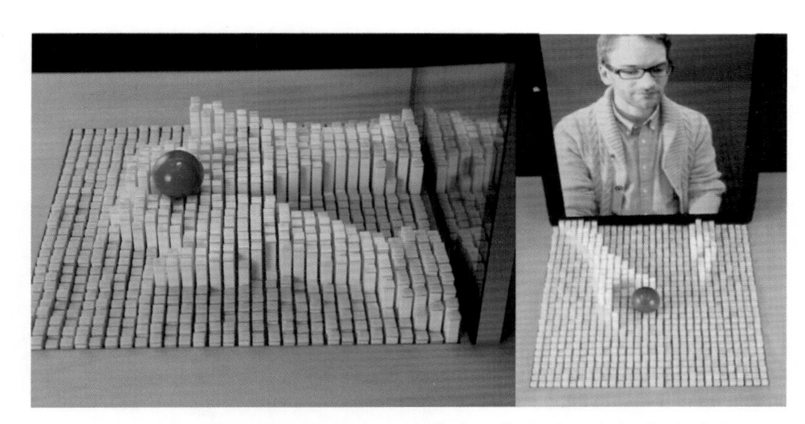

图20-13　立体触控板可以远程触摸或操控物体（如抓住小球）

图20-14　立体桌面显示器可以用手指“拖”出三维立体地形

石井裕博士指出："我们身处在海边，一边是原子的陆地，另一边是比特的海洋，我们是物理世界和数字世界的双重公民。如何接连好这两个身份是我们要面对的挑战。可触摸的比特将比特和原子这两个迥然不同的世界完美无缝地接合起来。"可触媒体的核心在于"功能可见性"（affordance）。如我国古代的算盘就通过算珠和特殊的构造来呈现所有的数字，人们可以在算盘上触摸、感知和进行计算。算盘的算珠既是输入也同时是输出。所有"内存"记忆或推算的概念都很透明，一切都非常直观。然而在计算机时代，这种直观的特性便不复存在了。现在一切都交由芯片处理，而芯片的运算逻辑是非专业人士难以了解或认知的。为了解决这种高科技的"复杂性"或"功能不可见性"，就必须回归到人类造物的基本思想——形式和功能的统一。

2000年，石井裕博士提出了"可触比特（tangible bits）"的长期项目计划，其产品的设计理念与当今科技产品的"多用途性"成为明显的对立。在2005年，石井裕等人就设计了一套inTouch系统：两组放置在异地的滚轴同步滚动，但它们并未真的连在一起，而是以数字方式进行连接的。两个人可以把各自的手掌放在滚轴上，感受彼此的动作，从而形成远程互动（图20-15，左）。此外，石井裕等人还设计了一组可交互的"音乐瓶"（图20-15，右）：他们设计了三种瓶子，分别装有古典、爵士和摇滚音乐。当打开玻璃瓶子的盖子时，音乐声会随之响起，当盖子盖上后则音乐就消失了。这个"音乐瓶"还能进行天气预报，如果第二天预报的是晴天，就会听到悦耳的鸟鸣声；如果听到的是淅沥的雨声，那就说明要下雨了。2000年6月，该项目获得了2000年度杰出工业设计奖（IDEA）银奖。该"音乐瓶"通过艺术和科技结合的手段来支持人性化的交互界面，是"直观界面"和"功能可见性"的代表。

图20-15　inTouch远程交互系统（左）和可交互的"音乐瓶"（右）

石井裕教授认为，目前大多数人并未意识到标准化的弊端。例如，标准字体固然有其优点，但同时也失去了传统书法中蕴含的韵律、情感和个性。因此，了解媒体的优势和局限是非常重要的。"可触媒体"所追求的目标就在于通过创新交互和界面来开启人们的创造潜能，激发出个人的想象力。例如，2016年，石井裕教授领衔的研究团队发布了"梦幻钢琴"的研究成果。通过投影到钢琴键盘上的奔跑跳跃的动画人或卡通动物来带动钢琴键的上下运动，从而"弹奏"出美妙的音乐（图20-16）。该"虚拟演奏家"甚至还可以和真人同台演出，产生更有趣的互动效果。石井裕教授指出："如今移动电话和互联网正试图在虚拟世界中重新创造出一个现实世界。而我所做的恰好相反，是把现实世界本身作为界面，而将数码比特和计算隐蔽起来，使其变得透明和无形。现在的主流技术，如视窗、计算机和移动电话，人人都认为它们很棒，我却不这么认为。我知道我在做的是反抗主流。主流技术的关键是像素和多用途性。我决定反其道而行之，用不同的方式和方法。这就是我的基本途径。”石井裕教授进一步指出：未来的 UI 将要从传统的 GUI 经过现在的可触控界面（Touch User Interface，TUI），随后会发展到智能环境时代，即通过可记忆、能交互、会变形的智能材料“自由基原子”（radical atoms）所引领的强智能交互时代（图 20-17）。

图20-16　投影在钢琴键盘上的奔跑跳跃的动画人或卡通动物可以弹奏音乐

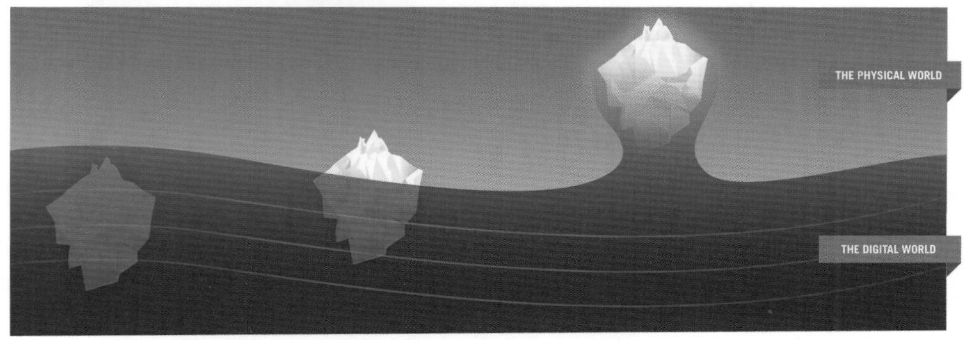

图20-17　未来的UI是“自由基原子”所引领的强智能交互时代

20.4 人脸识别

2015 年 3 月 16 日，全球最知名的 IT 和通信产业盛会 CeBIT（汉诺威消费电子、信息及通信博览会）在德国拉开帷幕。开幕式上，阿里集团总裁马云先生向德国总理默克尔与中国国务院副总理马凯演示了蚂蚁金服的 Smile to Pay 扫脸技术，为嘉宾从淘宝网上购买了 1948 年汉诺威纪念邮票（图 20-18）。一时间，马云的"刷脸支付"成为现场最火爆的看点。这项崭新的支付认证技术由蚂蚁金服与 Face++ Financial 合作研发，在购物后的支付认证阶段，用户可以通过扫脸取代传统密码。由此，支付宝依靠对人脸生物特征识别就完成了身份认证和线上支付。目前，支付宝已经可以实现"刷脸登录"，用户通过手机摄像头拍摄脸部，并完成两个指定动作，如"摇头""点头"或"眨眼"后，就可开启"刷脸登录"了（图 20-19）。

图20-18　CeBIT大会上，阿里集团总裁马云现场演示"刷脸支付"

图20-19　支付宝已经可以实现"刷脸登录"

蚂蚁金服柒车间是蚂蚁金服内部专职研发生物识别技术的团队，目前已研发指纹、掌纹、声纹、人脸、笔迹、击键等多项识别技术，其负责人陈继东表示："生物识别取代传统密码验证是一个行业趋势，人脸识别技术从 2015 年 7 月开始逐步在支付宝实名认证、重置密码、换绑手机、风险支付校验等功能中应用，现在扩大到了登录这个主流场景中，实践证明，真实应用场景下的识别成功率已经在 90% 以上。”目前该项技术已逐步应用于实名认证、重置密码、换绑手机、风险支付校验等功能中。总体来说，生物识别比传统验证方式更为安全，验证短信还可能被劫持，而生物特征被仿制的难度非常高。人脸因具有不可复制、采集方便、不需要被拍者的配合等特点而深受欢迎。人脸识别作为线上身份认证的理想解决方案将受益于“身份识别线上化”的趋势，替代指纹识别成为线上身份验证首选；同时手机以及公共场所随处可见的摄像头将为人脸识别多场景应用提供基础支撑。最重要的是非接触式的主动数据采集对于智能监控、边关安防以及人工智能等应用意义重大（图 20-20）。

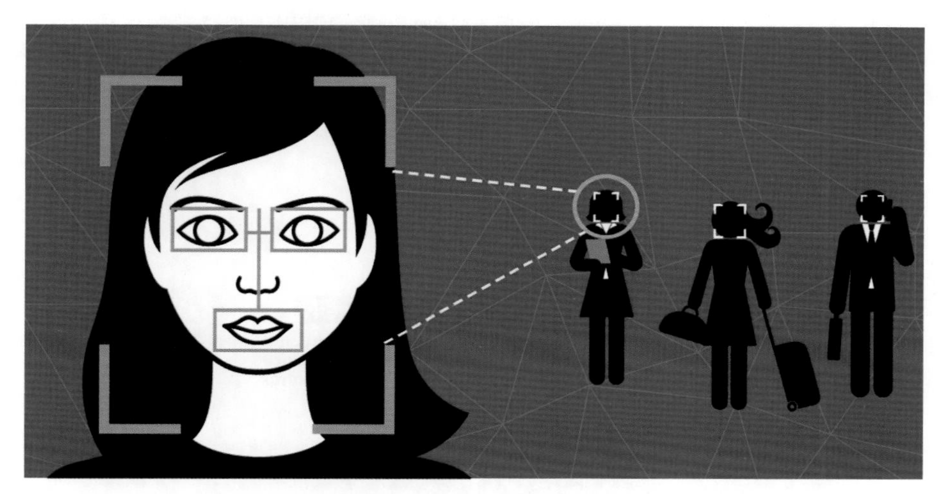

图20-20　人脸识别技术对于智能监控、边关安防以及人工智能等意义重大

随着用户习惯深入以及对人脸识别技术的认可，未来刷脸登录、刷脸交友等新型线上应用将成为趋势；此外，随着人脸识别技术的革新，智慧银行 VTM、新型安防系统以及后端海量视频数据检索等项目将大量上线，人脸识别效果的提升将打开前期受效果制约的应用场景。人脸识别的主要应用领域包括：

（1）公安刑侦破案。通过在数据库中查询目标人像数据来寻找嫌疑人，如在机场或车站安装系统以抓捕在逃案犯。

（2）门禁系统。以通过人脸识别辨识试图进入者的身份。

（3）摄像监视系统。在机场、体育场、超级市场等公共场所对人群进行监视，以达到身份识别的目的，如在机场安装监视系统以防止恐怖分子登机。

（4）网络应用。利用人脸识别辅助信用卡网络支付，以防止非信用卡的拥有者使用信用卡等。

2015 年以来，微软、谷歌、腾讯、阿里和民生银行等多个巨头纷纷涉足人脸识别产业。比尔·盖茨在博鳌论坛的演讲中指出“深度学习”和“计算机视觉”将是 IT 界的下一个大事件。谷歌于 2014 年收购了 4 家人工智能初创公司均涉及深度学习，其中 3 家涉及计算机视觉。腾讯财付通表示已与公安部所属的“公民身份证查询中心”达成人像比对服务的战略合作协议。腾讯与微众银行正在对金融、证券等业务进行人脸识别的应用尝试。

人脸识别系统通常包括图像摄取、人脸定位、图像预处理以及人脸识别（身份确认或者身份查找）几个步骤。系统输入一般是一张或者一系列含有未确定身份者的人脸图像，以及人脸数据库中的若干已知身份的人脸图像或者相应的编码，而其输出则是一系列相似度得分，表明待识别的人脸的身份（图 20-21）。人脸识别的算法种类包括基于人脸部件的多特征识别算法 (MMP-PCA recognition algorithms)、基于人脸特征点的识别算法（feature-based recognition algorithms）、基于整幅人脸图像的识别算法（appearance-based recognition algorithms）、基于模板的识别算法（template-based recognition algorithms）和利用神经网络进行识别的算法（recognition algorithms using neural network）几种。"偷不走"的用户生物特征未来很可能将取代密码，成为主流的身份验证方式；很多需要用户亲身到场办理的业务，也有可能只需要在电脑或手机前"刷个脸"，即可快速验明"真身"，不必再寻找网点，排队耗时。在移动支付和互联网金融领域，一个"靠脸吃饭"的时代正在向我们走来。

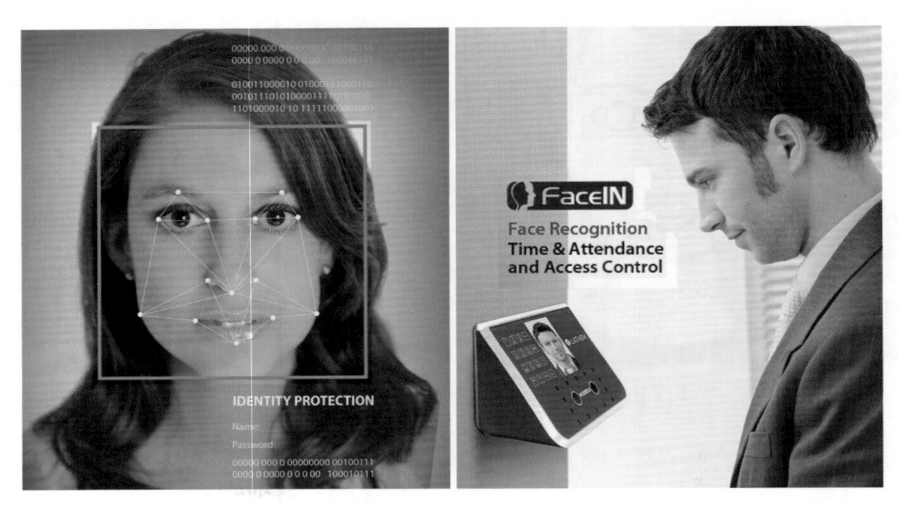

图20-21　人脸识别通过对脸部特征点编码（左）的提取和比对实现识别

20.5　表情识别

2015 年，香港的环球资源春季电子展沸腾了，因为有一个几可乱真的高仿机器人出现在展览的现场。这个名叫 Ham 的机器人是由美国著名机器人大师大卫・汉森（David Hanson）的机器人公司 Hanson Robotics 一手打造的。他最大的特点就是喜怒哀乐各种表情动作都几乎跟人类一模一样。它可以和人进行简单对话，还能识别人的表情。更夸张的是，他会看着你的眼睛，甚至根据反应来做出各种各样的表情。它的皮肤是使用仿生皮肤材料 Frubber 制成的，他脸上甚至有 4 ~ 40 nm 的毛孔，几乎跟人类一模一样，以至于很多人评论称，Ham 不应该叫"机器人"，而应该叫"仿生人"（图 20-22）。事实上，早在 2009 年 3 月，美国加利福尼亚大学举行的科技、娱乐与设计会议上就展出了一款"感情机器人"。它以科学家爱因斯坦长相为模型，"爱因斯坦"机器人的头部与肩膀的皮肤看上去与真人的皮肤没有什么两样，这种皮肤由一种特殊的海绵状橡胶材料制成，它融合了纳米技术以及软件工程学技术，连褶皱都非常逼真。另外，该机器人目光炯炯有神，可以做出各种表情，这让现场的与会者惊讶不已（图 20-23）。而这个"机器爱因斯坦"同样也是出自大卫・汉森的机器人公司。

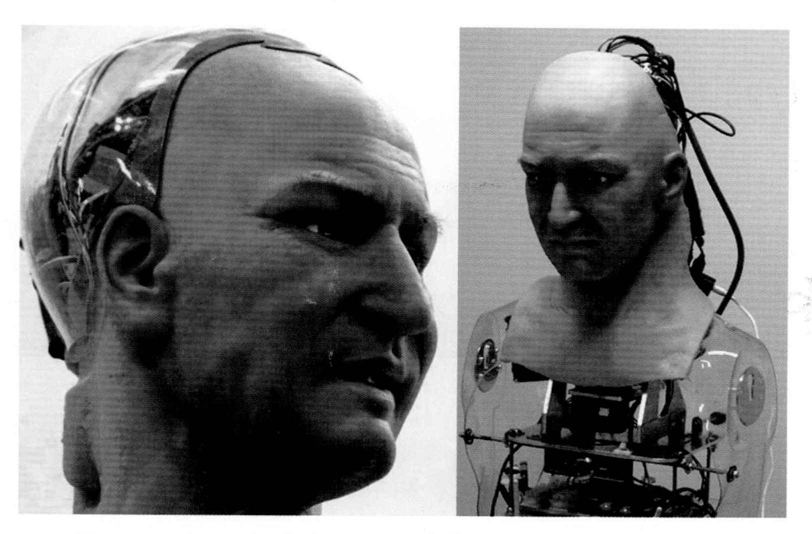

图20-22　大卫·汉森公司几可乱真的高仿人类表情机器人Ham

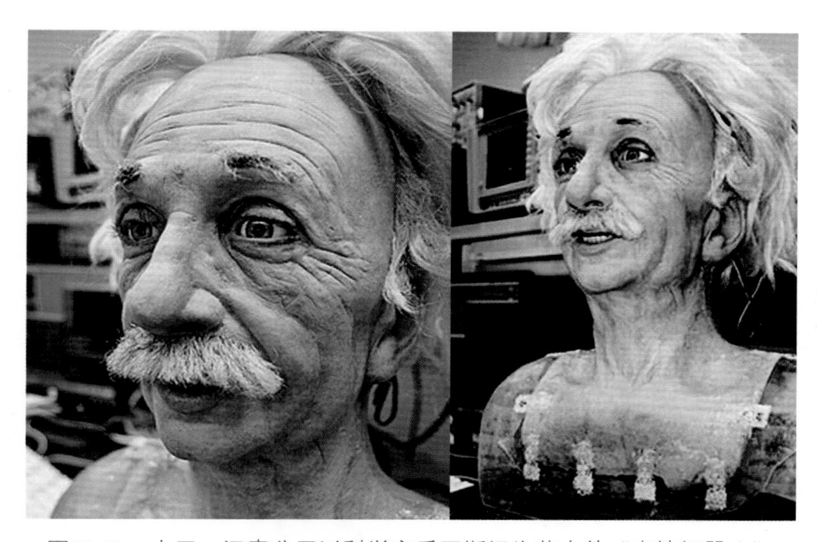

图20-23　大卫·汉森公司以科学家爱因斯坦为蓝本的“表情机器人”

面部表情是由脸部的肌肉收缩运动引起的，它使眼睛、嘴巴、眉毛等脸部特征发生形变，有时候还会产生皱纹，这种引起人脸暂时形变的特征叫做暂态特征，而处于中性表情状态下的嘴巴、眼睛、鼻子等几何结构、纹理叫做永久特征。人脸表情识别的过程就是将这些暂态特征从永久特征中提取出来，然后进行分析归类的过程（图 20-24）。表情识别从过程来看可分为四部分：表情图像的获取、表情图像预处理、表情特征提取和表情分类识别。到目前为止，国际上关于表情分析与识别的研究工作可以分为基于心理学的和基于计算机识别的两类。计算机的表情识别能力迄今还与人们的期望相差甚远，但科学家们仍在这方面作着不懈的努力，并已取得了一定的进展。例如，汉森制作的表情机器人面部装有 31 处人造运动肌，因此可以做出相当丰富的面部表情。而且，这款机器人“脑中”装有一个专门识别人脸表情的软件，这样机器人就能随时根据人类的情绪变化来改变自己的表情并与人互动。情感机器人目前可以识别悲伤、生气、害怕、高兴以及疑惑等情绪。

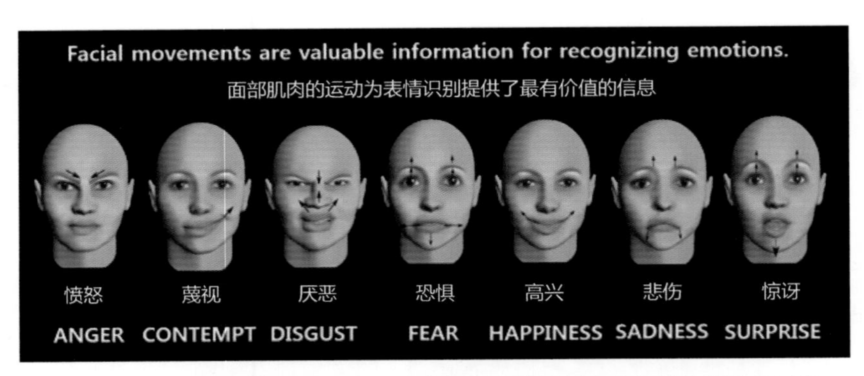

图20-24　“人脸表情识别”就是对脸部肌肉群的暂态特征进行提取的过程

研究表情识别的主要目的在于建立和谐而友好的人机交互环境。使得计算机能够看人的脸色行事，从而营造真正和谐的人机环境。人的面部表情不是孤立的，它与情绪之间存在着千丝万缕的联系。人的各种情绪变化以及对冷热的感觉都是非常复杂的高级神经活动，如何感知、记录、识别这些变化过程是表情识别的关键。从心理学角度来讲，情绪心理至少由情绪体验、情绪表现和情绪生理这三种因素组成。情绪表现是由面部表情、声调表情或身体姿态三方面来体现的。面部表情识别具有普遍的意义。在计算机自动图像处理的问题中，面部表情理解方面的问题主要有五个：人脸的表征(模型化)、人脸检测、人脸跟踪与识别、面部表情的分析与识别以及基于物理特征的人脸分类。人的表情是异常丰富的，用计算机来分析识别面部表情不是一件容易的事，关键在于建立表情模型和情绪分类，并把它们同人脸面部特征与表情的变化联系起来。而人脸是一个柔性体，不是刚体，因此很难用模型来精确描绘。在一些实际研究中发现，面部表情提供了大量的情感交流，效率甚至超过语言表达。国外研究者以此为灵感开发了 PrEmo 情感测量工具包括 12 种情感，其中有 6 种愉快的情感：渴望、愉快、惊喜、满足、着迷、平静，还有 6 种负面情感：鄙视、不满、失望、厌烦、悲伤、忧郁(图 20-25)。在该工具中，12 种测试情感中每个都有相应的面部表情非常丰富的卡通人物，分为男士和女士两种表情。该工具可用于测定设计是否表达了预期的情感因素。

图20-25　国外PrEmo情感测量工具提供了12种不同的情感

1971 年，美国心理学家 Ekman 和 Friesen 定义了 6 种最基本的表情：生气（angry）、厌恶（digest）、害怕（fear）、伤心（sad）、高兴（happy）和吃惊（surprise）以及 33 种不同的表情倾向。他们于 1978 年开发了面部动作编码系统（Facial Action Coding System，FACS) 来检测面部表情的细微变化（图 20-26）。系统将人脸划分为若干个运动单元（Action Unit，AU）来描述面部动作，这些运动单元显示了人脸运动与表情的对应关系。6 种基本表情和 FACS 的提出具有里程碑的意义，后来的研究者建立的人脸表情模型大都基于 FACS 系统，绝大多数表情识别系统也都是针对 6 种表情的识别而设计的。Ekman 和 Roseberg 后来提出的 FACSAID 系统将每种表情与肌肉的运动对应起来，只需观察肌肉的运动即可判断出表情类别。如研究者就根据美国总统奥巴马面部肌肉的运动提取来描述其丰富的表情（图 20-27）。

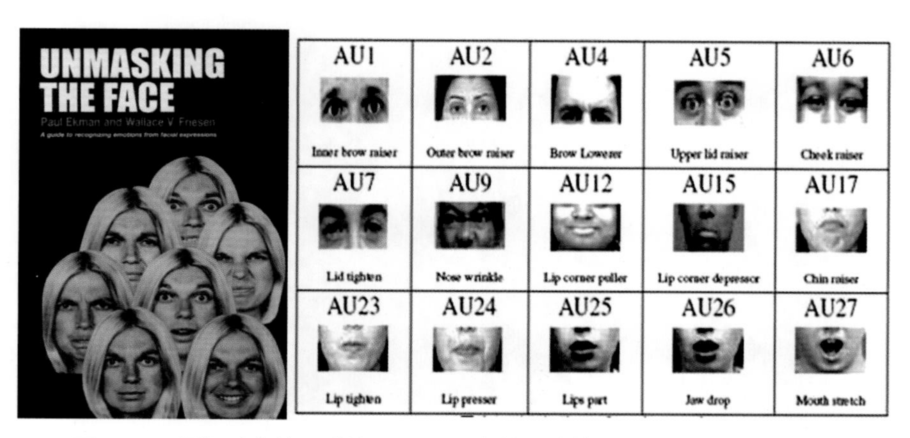

图20-26　面部动作编码系统（FACS）能够用来检测面部表情的细微变化

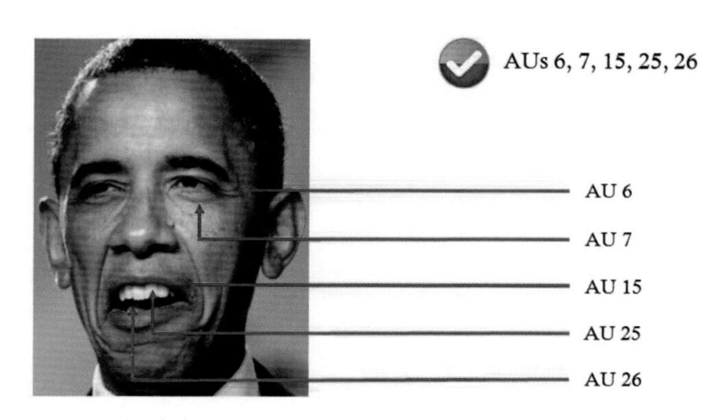

图20-27　面部动作编码系统（FACS）对美国总统奥巴马的表情分析

表情识别的应用领域包括：

（1）网络交流。如果我们和一个朋友在网上聊天的同时还可以看见他的影像，那么交流的效果肯定会更好。但因为流量及速度的限制，影像的传输非常缓慢，如果能够对用户表情进行分析输出，就可以大大提升交流的质量。

（2）安全和医疗。表情识别可用于强调安全的工作岗位，如核电站的管理和长途汽车司机等。在岗者一旦出现疲劳和瞌睡的征兆，识别系统就会及时发出警报避免险情发生。

表情和人脸识别还可用于公安机关的办案和反恐中。医疗领域的表情识别还可用于机器人手术操作和电子护士的护理。如可根据患者面部表情变化及时发现其身体状况的变化，避免悲剧发生。

（3）教育和电脑游戏。2008 年，美国加州大学圣地亚哥分校的一位计算机博士生将表情识别系统和教学系统整合在一起，教师们通过表情的探测来了解学生对于教学内容的反应，从而对教程进行改进。动画、影视和电脑游戏可能是脸部表情设计最有应用价值的领域。通过动作捕捉等方式赋予“虚拟角色”以真人的生动表情（图 20-28），这已成为影视、动画和游戏出奇制胜的法宝。

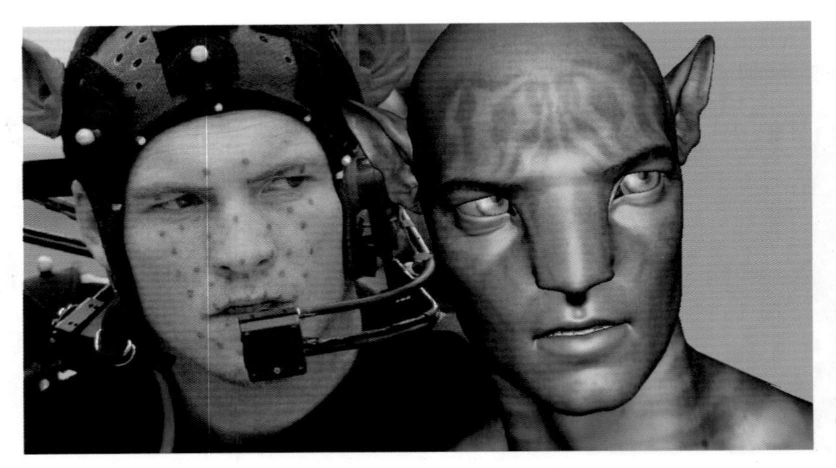

图20-28　电影《阿凡达》通过动捕技术赋予虚拟角色以真人的生动表情

思考与实践20

一、思考题

1. 苹果智能手表主打的功能和针对的用户群是什么?

2. 腾讯在产品开发时所遵循的价值观是什么?

3. 微软交互桌 Microsoft Surface 提供了几种交互方式?

4. 什么是有形可触媒体?

5. MIT 研究的“智能可变形家具”有哪些应用前景?

6. MIT 提出的“自由基原子”(radical atoms)是什么概念?

7. 手势交互和虚拟现实头盔相结合会带来哪些商机?

8. 人脸识别技术可以应用在哪些领域? 未来前景如何?

9. 什么是计算机的表情模型和情绪模型? 目前有哪几个表情识别系统?

二、实践题

1. 宠物作为人们生活的重要伴侣，其健康问题也受到了人们的关注(图 20-29)。某宠物医师需要定制一款可以帮助主人实时监控宠物活动和健康状况的可穿戴设备(与智能手机相联)。请调研其市场需求并设计该产品，其主要功能包括健康监测、GPS 防走失预警、动物脑波分析(动物心理与情绪)、动物叫声的语义识别。

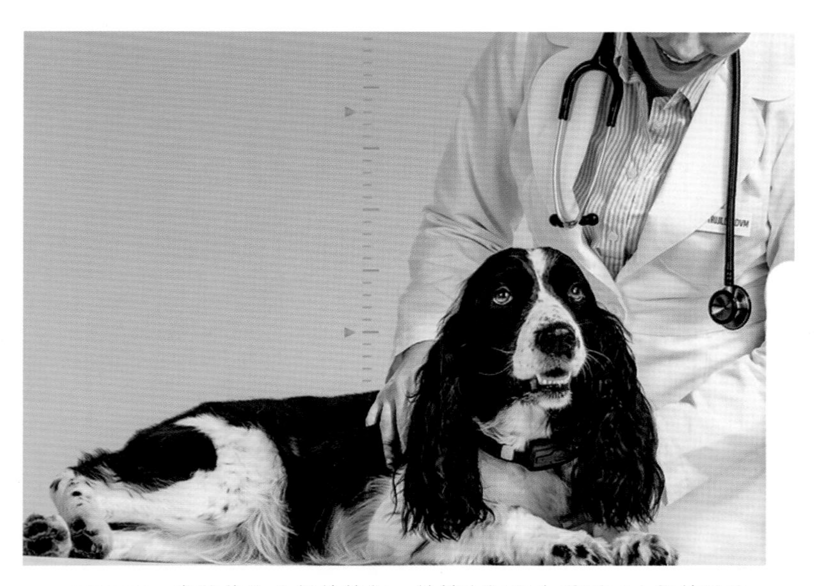

图20-29　宠物作为人们的伴侣，其健康问题也受到了人们的关注

2. 有形可触媒体的核心是把现实世界本身作为界面，而把计算和比特隐藏起来。请寻找并观察一棵大树的树洞，在里面设计一个可以播放音乐歌曲的交互装置，如果将手伸到树洞中就可以切换不同的歌曲，请附加原型图。

结束语

设计的未来

简约、高效、扁平化、直觉与回归自然代表了数字时代的美学标准。交互与服务设计正是秉承了网络时代共享、共创、共赢和个性化设计的理念。技术不仅改变了社会，同时也改变了设计法则，一种基于流动的、交互的、大众的和服务的设计美学呼之欲出。

20 世纪 50 年代，著名的媒介大师麦克卢汉断言："任何新媒介都是一个进化的过程，一个生物裂变的过程。它为人类打开通向感知和新型活动领域的大门。"计算机科学之父，人工智能先驱阿兰·图灵（Alan Turing，1912—1954）认为：计算机要成为未来的"世界机器"。在他看来，计算机正在构筑一个计算机化的宇宙模型，一个基于数字计算的完美的宇宙呈现。哲学家马丁·海德格尔（Martin Heldegger）所说的"计算式艺术"的目的也是要征服整个世界。计算机不仅能够模拟万物的形态和规律，模拟自然的法则，它同样也能模拟艺术世界的形式和法则。对于艺术家和设计师来说，计算机不仅是日常信息沟通的工具，而且是批判社会、表达观念和建构美学的载体。随着媒体的数字化，技术和艺术的联姻打开了通往时间、虚拟空间和互动生活方式的大门。技术不仅改变了社会，同时也改变了设计的法则。电子阅读替代了书籍，意味着静态的、叙事型的和线性的设计美学的终结。手机屏幕替代了海报，象征着以字体、版式、图像和图形构成的印刷世界被数字化媒体的"流动世界"所替代（图 A-1）。苹果的简约风吹遍全球，谷歌的材质设计成为 UI 设计的新标准，所有这些意味着变革的到来，一种基于流动的、交互的、大众的和服务的设计美学呼之欲出。

图A-1 触控屏幕替代了印刷，已成为数字化生活方式的基础

简约、高效、扁平化、直觉与回归自然代表了数字时代的美学标准。正如简洁干净的计算机程序所带来的美感一样，所有的"数据库逻辑"也成为新时代设计的主宰。美国南加州大学视觉艺术系的俄裔教授列夫·曼诺维奇（Lev Manovich）指出：在新媒体时代，数据库将成为一种文化和美学的形式。他进一步指出，数据库与叙事天生处于敌对状态，各自宣称拥有创造世界意义的独特权力。因为数据库将我们的生活世界以分类目录的方式呈现，拒绝世界的实际运作状态；而叙事则需要一个主角、叙事者，需要文本脉络、故事情节以及因果关系等表面上并非符合列表次序的结果。所以通过非线性或数据库呈现的世界具有着多重的、共时的、全新的含义。这也成为所有非线性媒体（手机、iPad、平板电脑）所依赖的美学形式。智能手机时代，明亮的色彩、几何卡片式布局、手指的触感、流动的窗口和跳跃的文字已成为界面与图形设计规范的新标准（图 A-2）。

图A-2　微软Windows 8 Metro（城市地铁标识）的风格带动了UI的新潮

信息时代的核心就是“服务”与“民主”。也只有现在这个时代，由于网络的不断进步，让我们能够更加平等地站在一起。搜索引擎让我们用最快的速度找到需要的信息，博客与微信让每个人都有机会畅所欲言，淘宝让每个人都可以是老板，P2P 让人人都能分享好的资源。共享、共创、共赢的理想从更深层次上表达了服务的本质。十多年前，苹果 Macintosh 电脑设计先驱杰夫·拉斯基（Jef Raskin）出版了著名的《人本界面：交互式系统设计》一书，提出了人本界面的设计思想。而伴随着近年来“以用户为中心”设计理念的流行，交互式沟通和设计中的“民主”界面再一次成为人们对于产品与设计的追求。越来越多的设计师不再沉迷于某一个设计风格，或者自诩某一个设计流派，而将设计的原始权利交给最终设计产品的使用者，这种开放原则正在成为最前卫的设计哲学。今天，无所不在的互联网深深影响了设计界，传统的器物化审美失去了光芒。如何在手机屏幕中呈现出生动、高效、有趣的购物界面，比塑造一个玻璃杯的曲线更有诱惑力。电影版《变形金刚》的角色设计最能体现这个选择：一方面要考虑孩之宝大批量生产玩具的商业利益，另一方面又要征求动画片时代《变形金刚》超级“粉丝”们的意见。导演麦克·贝和孩之宝玩具设计主管亚伦·阿切认为：由设计师凭空想象灌输给消费者的时代早就过去了。因为消费者有选择权，甚至在最初就参与设计，这种新型的设计与消费者关系已成为服务设计的准则。按照杰夫·拉斯基在《人本界面》中的说法，以人为本已经不只是一种人机关系的理想，而是可以体现在服务平台、界面以及相关软硬件技术上的设计原则。设计师作为产品与界面设计的执行者，他们的设计体现了跨越技术、美学与服务的桥梁（图 A-3）。

图A-3　人本界面：跨越技术、美学与服务的桥梁

1975 年，年轻的工程师斯蒂夫·沃兹尼克灵机一动：如果把计算机电路和普通打字机键盘、视频屏幕连接在一起会是个什么东西？由此，他和乔布斯在自家车库中的发明所引发的计算机的革命至今仍然在改变着人类世界。但技术和商业上的成功没能改变沃兹淘气而又害羞的性格，更没能让他放弃对技术理想的坚持。他的设计成就了最初的苹果电脑公司，但是与乔布斯在性格上的天壤之别还是让他离开了苹果。一个电脑天才最终成了新技术商业化的冷眼旁观者。设计师是这样一群人：他们对自己身边的物质世界不满，不满足于别人塑造出来的瓶瓶罐罐，不满足于那些大牌设计师勾勒出来的各种产品，更不满足于自己对于每天使用的东西毫无发言权。人类最伟大的事情就在于我们每个人都是不同的。所有设计师都拥有独特的个性、追求和信仰（图 A-4），那么，为什么不能发挥每个人的想象力和创造力？为什么不能为每个人量身定制“个性化的设计”？为什么我们每天要用同样的手机？要去同一家餐馆吃饭？早在 50 年前，前卫艺术家约瑟夫·博伊斯（Joseph Beuys）就宣称一个“人人都是艺术家”的时代的来临。而交互与服务设计正是秉承共享、共创、共赢和独特的个性化设计的理念。后直觉主义、材料美学、超实用性、自然的借鉴、维度的突破、交互与流动、触摸与灵感……所有这一切都将成为新时代的设计语言，个性、顿悟、创意、梦想、浪漫、伤感、回归和对人生价值的追求已成为未来设计师的坐标。

图A-4　所有设计师都拥有独特的个性、追求和信仰

早在一百年前，法国《费加罗报》曾引用过意大利诗人菲利波·马里内蒂的宣言："我们站在各个世纪的峰顶！当我们要打开这扇不可能的神秘之门时，为什么还要回头看？时间和空间在昨天已死去，我们已经生存在绝对时空里。"为了与传统决裂，未来主义运动诞生了。于是，汽车、飞机以及地铁重新建构了时间和空间；白炽灯光模糊了白天和黑夜的分界；x 射线和空调则混淆了内外空间；留声机、摄像机、收音机拓展了人们的感官。马里内蒂要求同时代的人们告别过去，大胆地迈向新的时代。光阴似箭，日月如梭，未来主义百年之后，我们同样开始怀疑，由印刷机、涡轮机和发电机掌控的电气时代的美学规则，显然已经不符合这个由智能手机、服务器和路由器组成世界。科幻小说家威廉·吉布森曾说："未来已来临，只是尚未广为人知而已。"我们展望未来，但未来始于现在。或许，随着科技进步，人机界面终将消失，智能代理（情感机器人）将会替我们打理一切，但人类永不满足的好奇心、对未知世界探索的勇气、对丰富内心体验的渴望都会成为设计师们的奋斗目标。境由心生，新奇与独创乃设计之本，美的体验则为心灵震撼之源（图 A-5）。

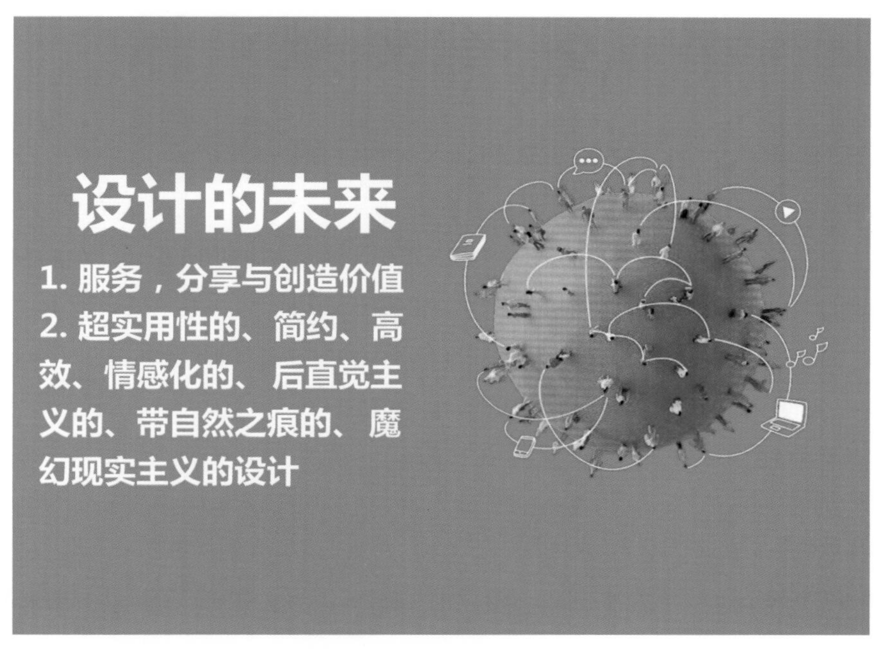

图A-5　新奇与独创乃设计之本，美的体验则为心灵震撼之源

维基百科的创始人吉米·威尔斯说，“我的梦想就是让这个星球上的每个人都能接触到人类知识的总和。”一个津巴布韦的孩子能和一个美国阿拉巴马州的孩子一起分享知识。威尔斯说，10 年后，也许维基百科并不存在了，但维基的这种社会架构还会存在下去。人们可以分享一切，不论是一部百科全书、一部字典还是人们多样的生活方式。分享、互动、沟通与服务意味着对每个生命个体的尊重。认识到每个独立个体的生存价值，尊重他们创造与成长的权利，这就是设计的未来。在一个由卫星、网络和光纤构成的“地球村”里，没有家长，却有设计师，他们像大自然的园丁，不断打理和浇灌盛开的花圃，为“地球村”的人们提供着美和生命的意义。

参 考 文 献

[1] 李世国，顾振宇 . 交互设计 .2 版 . 北京：中国水利水电出版社，2016.

[2] 赵大羽，关东升 . 交互设计的艺术：iOS7 拟物化到扁平化革命 . 北京：清华大学出版社，2015.

[3] 刘津，李月 . 破茧成蝶：用户体验设计师的成长之路 . 北京：人民邮电出版社，2014.

[4] 王国胜 . 服务设计与创新 . 北京：中国建筑工业出版社，2015.

[5] 向怡宁 . 就这么简单——Web 开发中的可用性和用户体验 . 北京：清华大学出版社，2008.

[6] 茶山 . 服务设计微日记 . 北京：电子工业出版社，2015.

[7] 腾讯用体验部 . 在你身边，为你设计：腾讯的用户体验设计之道 . 北京：电子工业出版社，2013.

[8] 善本出版有限公司 . 与世界 UI 设计师同行 . 北京：电子工业出版社，2015.

[9] Stephen P. Anderson. 怦然心动：情感化交互设计指南 . 徐磊，等译 . 北京：人民邮电出版社，2015.

[10] 琼・库珂 . 交互设计沉思录 . 方舟，译 . 北京：机械工业出版社，2012.

[11] 克拉格・瓦格，等 . 创新设计：如何打造赢得用户的产品、服务与商业模式 . 吴卓浩，郑佳朋，等译 . 北京：电子工业出版社，2014.

[12] 加瑞特 . 用户体验要素：以用户为中心的产品设计 . 范晓燕，译 . 北京：机械工业出版社，2011.

[13] Terry Winograd. 软件设计的艺术 . 韩柯，译 . 北京：电子工业出版社，2005.

[14] Alan Cooper，等 .About Face 3.0 交互设计精髓 . 刘松涛，等译 . 北京：电子工业出版社，2008.

[15] 雅各布・施耐德，等 . 服务设计思维 . 郑军荣，译 . 南昌：江西美术出版社，2015.

[16] 科尔伯恩 . 简约至上：交互式设计四策略 . 李松峰，秦绪文，译 . 北京：人民邮电出版社，2011.

[17] Branko Lukic，等 .Nonobject 设计中文版 . 蒋晓，等译 . 北京：清华大学出版社，2014 .

[18] 布朗 .IDEO，设计改变一切 . 侯婷，译 . 北京：万卷出版公司，2011.

[19] 宝莱恩，等 . 服务设计与创新实践 . 北京：清华大学出版社，2015.

[20] 杰夫・拉斯基 . 人本界面：交互式系统设计 . 史元春，译 . 北京：机械工业出版社，2004.

[21] Steven Heim. 和谐界面——交互设计基础 . 李学庆，译 . 北京：电子工业出版社，2008.

[22] 唐纳德・A・诺曼 . 设计心理学 . 梅琼，译 . 北京：中信出版社，2003.

[23] 唐纳德・A.・诺曼 . 情感化设计 . 付秋芳，等译 . 北京：电子工业出版社，2004.

[24] 克里斯・安德森 . 创客：新工业革命 . 萧潇，译 . 北京：中信出版社，2012.